Uni-Taschenbücher 1166

T0233960

UTB

Eine Arbeitsgemeinschaft der Verlage

Birkhäuser Verlag Basel und Stuttgart
Wilhelm Fink Verlag München
Gustav Fischer Verlag Stuttgart
Francke Verlag München
Harper & Row New York
Paul Haupt Verlag Bern und Stuttgart
Dr. Alfred Hüthig Verlag Heidelberg
Leske Verlag + Budrich GmbH Opladen
J. C. B. Mohr (Paul Siebeck) Tübingen
C. F. Müller Juristischer Verlag — R. v. Decker's Verlag Heidelberg
Quelle & Meyer Heidelberg
Ernst Reinhardt Verlag München und Basel
K. G. Saur München · New York · London · Paris
F. K. Schattauer Verlag Stuttgart · New York
Ferdinand Schöningh Verlag Paderborn · München · Wien · Zürich
Eugen Ulmer Verlag Stuttgart
Vandenhoeck & Ruprecht in Göttingen und Zürich

Schriftenreihe: Grundlagen der Psychologie
In Zusammenarbeit mit der
Fernuniversität Hagen herausgegeben von
Helmut E. Lück

Gerd Mietzel

Interpretation von Leistungen

Dargestellt aus der Sicht
der Attribuierungstheorie

Springer Fachmedien Wiesbaden GmbH

CIP-Kurztitelaufnahme der Deutschen Bibliothek

Mietzel, Gerd:
Interpretation von Leistungen: dargest. aus
d. Sicht der Attribuierungstheorie / Gerd
Mietzel. – Opladen : Leske und Budrich, 1982.
(Uni-Taschenbücher ; 1166)
ISBN 978-3-8100-0401-7   ISBN 978-3-322-85761-3 (eBook)
DOI 10.1007/978-3-322-85761-3

NE: GT

© 1982 Springer Fachmedien Wiesbaden
Ursprünglich erschienen bei Leske Verlag + Budrich GmbH, Opladen 1982
Satz: Satzatelier Willy Villier, Köln

Vorwort

Innerhalb der letzten zehn bis fünfzehn Jahre haben wissenschaftliche Beiträge, die eine kognitive Orientierung ihrer Autoren erkennen lassen, einen wahren Boom erfahren. Das gilt insbesondere auch für die Theorie der Kausalattribuierung, die der kognitiven Psychologie zugeordnet ist. Die hierzu vorgelegte Literatur ist kaum noch von Spezialisten zu übersehen. Da jedoch die innerhalb der Attribuierungsforschung untersuchten Variablen und Zusammenhänge inzwischen Eingang in nahezu alle Teilbereiche der Psychologie (z.B. in die Entwicklungs-, Sozial-, Motivationspsychologie usw.) gefunden haben, erscheint es dringend angeraten, Interessenten, die sich bezüglich des hier in Rede stehenden Gebietes als Nichtspezialisten verstehen, einen Überblick zum gegenwärtigen Forschungsstand zu geben.

Zu den Angesprochenen gehören nicht nur Psychologen sondern ebenso angehende (Studenten) und praktizierende Lehrer, für die das Thema ‚Leistungsverhalten' relevant ist. Das dritte Kapitel der vorliegenden Monographie dürfte insbesondere dem Pädagogen Aufschlüsse über Ursachenzuschreibungen in der Lehrer-Schüler-Interaktion vermitteln und aufzeigen, welche Folgen daraus erwachsen können.

Das vorliegende Buch ist im Rahmen eines Forschungsprojekts entstanden, das der Minister für Wissenschaft und Forschung des Landes Nordrhein-Westfalen gefördert hat. Diese Monographie baut auf drei Kurseinheiten auf, die im Jahre 1980 für die Fernuniversität Hagen geschrieben, in der vorliegenden Fassung allerdings erheblich verändert und erweitert worden sind. Herr Prof. Dr. Lück, Hagen, gehört deshalb zu jenen, die diese Arbeit mit angeregt haben.

Ganz besonders zu bedanken habe ich mich bei Frau Dr. Rüßmann-Stöhr, Duisburg, und Herrn Dr. J. Butzkamm, Neukirchen-Vluyn, weil sie mir wesentliche Impulse zur Gestaltung dieser Arbeit gegeben haben. Frau Annette Witthoff verdanke ich beträchtliche Hilfen bei der Beschaffung und Organisation der zugrundeliegenden Literatur. Ebenso bedanke ich mich bei Frau Dorothee Weber und Frau Melanie Sperling für das sorgfältige Korrekturlesen.

Duisburg, im April 1982   Gerd Mietzel

Inhalt

1. Kapitel: Theoretische und methodische Grundlagen der Kausalattribuierung

1.1 Einführung

Ein Mensch kommt mit seiner Arbeit nicht so recht voran. Er bemerkt dies; er begnügt sich aber nicht damit, seine unbefriedigenden Leistungsergebnisse nur festzustellen, sondern er sucht nach Ursachen. Hat er sich eventuell zu wenig Schlaf oder Erholung gegönnt? Geben andere Menschen ihm vielleicht nicht genügend Ruhe? Übersteigen die Anforderungen der Aufgabe womöglich seine Fähigkeiten?

Ein Autofahrer, dem ein Fehler unterläuft, muß damit rechnen, daß andere (neben ihm selbst) sein Verhalten interpretieren. Ein noch vergleichsweise günstiges Urteil liegt vor, wenn in der Interpretation davon ausgegangen wird, daß er „geschlafen" habe. In härteren Stellungnahmen wird einem Fahrer u. U. sogar die Zurechnungsfähigkeit abgesprochen.

In einer anderen Situation findet sich der Lehrer, dem ein Schüler aufgefallen ist, der gelegentlich recht gute, vielfach aber auch ziemlich mäßige Leistungen erbringt. Auch in diesem Fall wird nach einer Ursache gesucht. Sind die zeitweilig herausragenden Leistungsergebnisse vielleicht Ausdruck einer überdurchschnittlichen Intelligenz? In den schwachen Leistungen könnte Faulheit zum Ausdruck kommen. Möglicherweise hat der Lehrer es aber auch mit einem durchschnittlich begabten Schüler zu tun, bei dem sich gelegentlich Glück und Fleiß kombinieren.

Es kann weiterhin vorkommen – und damit sei ein vorläufig letztes Beispiel genannt –, daß man in einem Bus von einem anderen Fahrgast kräftig auf den Fuß getreten wird. Sicherlich ruft eine solche Situation spontane Reaktionen hervor. Eventuell erfolgt eine Reaktion aber erst, nachdem man sich ein Urteil darüber verschafft hat, wie es zu dem schmerzhaften Zwischenfall kommen konnte. War der andere Fahrgast möglicherweise ziemlich unachtsam? Hegt er vielleicht feindliche Intentionen? Möglicherweise war das Ergebnis auch völlig unbeabsichtigt, als Folge des erheblichen Gedränges im voll besetzten Bus zustandegekommen.

Ebenso wie in diesen Beispielen zeigen viele Beobachtungen des Alltags, daß wahrgenommene Ereignisse von einem Menschen nicht nur passiv registriert werden. Sie scheinen vielmehr durch eine ausgeprägte Bereitschaft zu kennzeichnen zu sein, das Beobachtete zu interpretieren. Dabei werden nicht nur die Verhaltensweisen anderer, sondern ebenso die eigenen Verhaltensweisen zum Ausgangspunkt für Interpretationen.

Wie kommen nun solche Interpretationen zustande und welchen Einfluß nehmen diese auf das nachfolgende Verhalten? — Mit solchen Fragen beschäftigt sich ein besonderer Forschungsbereich der Psychologie, der unter der noch zu erläuternden Bezeichnung Ursachenzuschreibung (Kausalattribuierung) firmiert.

Die entscheidenden Anregungen für diesen Forschungszweig gehen auf Fritz *Heider* (1944, 1958) zurück, der in seinen Arbeiten bereits grundlegend analysiert hatte, wie Menschen das Verhalten anderer wahrnehmen und wie sie dieses interpretieren. Die akademische Psychologie ließ die Gedanken *Heiders* zunächst für einige Zeit unbeachtet. Erst nachdem die amerikanischen Psychologen Edward *Jones* und Keith *Davis* (1965) sowie Harold *Kelley* (1967) *Heiders* Gedanken aufgegriffen und systematisiert haben, setzte eine intensive Forschungstätigkeit innerhalb des hier in Rede stehenden Forschungsgebiets ein; eine kaum noch zu überschauende Anzahl von Publikationen zeugt von dieser hohen Aktivität.

Inzwischen gibt es kaum noch ein sozialpsychologisches Themengebiet, das von *Heiders* Anregungen nicht direkt oder indirekt beeinflußt worden ist. So berücksichtigt man — um nur wenige Beispiele zu nennen — die Attribuierungstheorie in der Psychologie der Hilfeleistung (*Ickes* und *Kidd*, 1976), in der Aggressionsforschung (*Dyck* und *Rule*, 1978) und in Untersuchungen zur Bestimmung sozialer Attraktivität (*Regan*, 1978). In der vorliegenden Darstellung geht es vor allem darum, Erkenntnisse der Attribuierungsforschung heranzuziehen, um inter- und intraindividuelle Differenzen im Leistungsverhalten zu erklären, d. h. es soll aufgezeigt werden, wie Leistungshandelnde Erfolg und Mißerfolg interpretieren und wie diese Interpretationen nachfolgendes Verhalten beeinflussen können.

1.1.1 Aufbau des ersten Kapitels

In dem hier abgegrenzten Rahmen stellt sich die Frage nach den Determinanten von Leistungsverhalten. Viele Forschungsarbeiten, die in der ersten Hälfte dieses Jahrhunderts u. a. zur Beantwortung dieser besonderen Frage durchgeführt worden sind, ließen eine behavioristische bzw. eine neobehavioristische Orientierung erkennen. Allmählich verstärkte sich jedoch die Anzahl der Kritiker, die diesen Ansatz für zu eng und inadäquat hielten. Zur Überwindung der behaupteten Schwächen haben einige von ihnen — Vertreter der kognitiven Psychologie — die Berücksichtigung kognitiver Prozesse gefordert. Ziel der nachfolgenden Abschnitte wird es sein, wesentliche Kennzeichen des kognitiven Ansatzes darzustellen.

Weiterhin wird auf die bereits getroffene Feststellung zurückzukommen sein, daß Menschen Beobachtetes nicht nur registrieren, sondern unter bestimmten Voraussetzungen bemüht sind, dieses auf Ursachen zurückzuführen. Warum werden solche Interpretationen vorgenommen? Zu den Zielen des ersten Kapitels gehört es, darauf eine Antwort zu geben.

Zwischen der Beobachtung einer Verhaltensweise bzw. ihren Effekten (z. B. Erfolg oder Mißerfolg) und der Interpretation liegen zweifellos komplizierte Prozesse. Ihre Untersuchung stellt die Forschung vor recht schwierige, teilweise sogar bis heute ungelöste methodologische Probleme. Zum Abschluß des ersten Kapitels wird eine Übersicht über jene Methoden zu geben sein, die im Rahmen von Experimenten zur Erforschung dieser Prozesse in leistungsbezogenen Situationen Anwendung fanden.

1.1.2 Ausblick auf die weiteren Kapitel

Da sich beim Menschen offenkundig inter- und intraindividuelle Unterschiede bei der Interpretation von Erfolgen und Mißerfolgen registrieren lassen, stellt sich damit die Frage nach den Determinanten dieser Interpretationen. Ziel des zweiten Kapitels ist die Darstellung jener Merkmale (Variablen), die den Prozeß der Ursachenfindung (der Interpretationssuche) mitbestimmen können. Weiterhin soll aufgezeigt werden, welchen Einfluß die jeweils gefundenen Interpretationen auf das Verhalten auszuüben vermögen.

Das dritte Kapitel verfolgt das Ziel, dem Leser aufzuzeigen, welche Möglichkeiten der Anwendung die Theorie der Kausalattribuierung im schulpädagogischen Bereich eröffnet. Insbesondere ist darzustellen, in welcher Weise bestimmte Interpretationsmuster des Lehrers sein Verhalten gegenüber dem Schüler bestimmen können und welche Methoden zur Verfügung stehen, um stabilisierte Interpretationstendenzen beim Schüler zu verändern.

1.2 Ein mechanistisch konzipiertes Experiment über die Wirkung von Erfolg und Mißerfolg

Das Interesse, das Leistungsverhalten und seine Bedingungen zu erforschen, läßt sich bereits auf das klassische Altertum zurückverfolgen. Eine historische Darstellung kann hier jedoch nicht vorgenommen werden.

In der pädagogischen und psychologischen Literatur erfolgt die Definition des Leistungsbegriffs keineswegs einheitlich. Soweit zu sehen ist, stehen den zahlreichen Kennzeichnungen mindestens ebenso viele Kritiken gegenüber. Auf eine Wiedergabe dieser Diskussion sei hier verzichtet.

Im Rahmen psychologischer Studien bezeichnet man in der Regel das als Leistung, was Versuchspersonen als Reaktion auf Aufgaben oder Fragen erbringen, die ihnen der Versuchsleiter vorgelegt hat, wobei über die Menge oder die Güte der Reaktionen das Leistungsniveau bestimmt wird.

Während des Zeitraums, da behavioristische Konzeptionen vorherrschten, ging man von dem Vorliegen recht starrer Wenn-dann-Beziehungen aus, d. h. man war an der Identifikation von Reizbedingungen interessiert, die – den Annahmen entsprechend – bestimmte Verhaltensweisen auslösen konnten. Typisch für jenen Ansatz und für den hier vorliegenden thematischen Rahmen relevant ist ein Experiment, das Elisabeth *Hurlock* im Jahre 1925 veröffentlicht hat. Es ging dabei um die Klärung der Frage, wie sich Lob, Tadel und Ignorieren auf Schülerleistungen auswirkten.

Hurlock teilte 106 Mädchen und Jungen des 4. und 6. Schuljahrs in vier Gruppen ein und stellte ihnen Rechenaufgaben, die sie an fünf Tagen für jeweils eine Viertelstunde zu bearbeiten hatten. Die eine Gruppe sollte im Verlauf des Experiments Erfolge mitgeteilt bekommen. Deshalb wurden ihre Mitglieder einzeln aufgerufen und für ihre Leistungen am Vortag gelobt. Die Angehörigen der zweiten Gruppe sollten Mißerfolge erfahren. Sie erhielten folglich für ihre Leistungen am Vortag Tadel. Die Versuchspersonen der dritten Gruppe hörten zwar, daß andere gelobt und getadelt wurden; zu ihren eigenen Leistungen hat man jedoch nicht bewertend Stellung genommen. Diese Kinder sind also praktisch ignoriert worden. Eine vierte (Kontroll-) Gruppe arbeitete in einem gesonderten Raum. Ihre Mitglieder erhielten weder

Lob noch Tadel; sie hörten auch nichts über die Behandlung der anderen Gruppen.

Die Ergebnisse aus der Untersuchung von *Hurlock* lassen sich in Form einer Graphik darstellen.

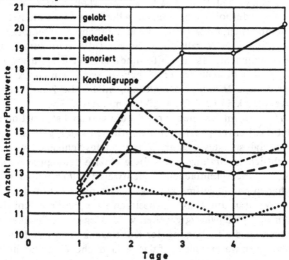

Abb. 1.1: Der Einfluß von Lob, Tadel und Ignorierung auf das Leistungsverhalten von Schülern (nach: *Mietzel*, 1973, S. 324)

Wie die Abbildung zeigt, sind die Leistungswerte der vier Gruppen zu Beginn der Untersuchung gleich. Bereits am zweiten Tag ergeben sich jedoch Unterschiede zwischen den Gruppen. Insgesamt lassen sich *Hurlocks* Ergebnisse wie folgt zusammenfassen:

1. Die Leistungen der *gelobten* Gruppe stiegen unter den gegebenen Bedingungen fast kontinuierlich an.
2. Die Leistungen der *getadelten* Gruppe stiegen bis zum zweiten Tag, um danach jedoch hinter den Leistungen der gelobten Gruppe zunehmend zurückzufallen.
3. Die Leistungen der *ignorierten* Schüler sowie der Kontrollgruppe änderten sich nur wenig; während die Kontrollgruppe allerdings keinen Zuwachs zeigte, stiegen die Leistungen der ignorierten Gruppe noch geringfügig an.

Mit der Interpretation dieser Leistungsunterschiede sollte man jedoch vorsichtig sein; sie sind statistisch nicht signifikant (nur bei der

gelobten Gruppe ist der Zuwachs am fünften Tag hoch genug, um —
im Vergleich zur Kontrollgruppe — statistisch abgesichert zu sein).
Der Frage nach dem Einfluß von Ermutigung (bzw. Lob) und Ent-
mutigung (bzw. Tadel) auf das Leistungsverhalten ist man — neben
Hurlock — wiederholt nachgegangen. Allerdings waren die Ergebnisse
recht uneinheitlich, teilweise sogar widerspruchsvoll (*Goldberg*, 1965;
Weiner, 1975). Eine Verallgemeinerung auf die Bedingungen des alltäglichen Unterrichts lassen die Befunde erst recht nicht zu. Warum
— so muß man deshalb fragen — gelingt es mit einem Experiment
nach der Anlage *Hurlocks* offenkundig nicht, die Zusammenhänge
grundlegend zu klären? — Dafür gibt es mehrere Gründe.

Wenn *Hurlock* im Rahmen ihrer Studie gefragt hat, ob Lob besser
als Tadel das Leistungsverhalten beeinflussen kann, geht sie implizit
davon aus, daß sich das Leistungsverhalten des Schülers — wenigstens
in beträchtlichem Umfang — auf diese einzige Bedingung zurückführen läßt, — eine vereinfachende Sichtweise! *O'Leary* und *O'Leary*
(1977) haben darauf aufmerksam gemacht, daß das Lob des Lehrers
nur dann Verstärkungsfunktion besitzen kann, wenn es kontingent,
spezifisch und glaubwürdig gegeben wird. Wegen der falschen Rückmeldungen war die Bedingung der Kontingenz nicht erfüllt, d. h. die
Stellungnahmen waren nicht auf das tatsächliche Verhalten der Schüler bezogen; somit ist das Kontingenzerleben der Versuchsteilnehmer
als fraglich zu bezeichnen. Die Schüler erhielten zudem nur pauscha-
le Stellungnahmen; sie erfuhren also nicht, welche Besonderheiten
ihrer Leistungen die jeweiligen Bewertungen rechtfertigten (Spezifi-
tätsaspekt). Ob den Versuchspersonen unter diesen Bedingungen die
Rückkoppelung glaubhaft vermittelt worden ist, muß bezweifelt
werden.

Im übrigen sind die drei von *O'Leary* und *O'Leary* genannten Voraussetzungen, die wenigstens erfüllt sein müssen, bevor lobende Stellungnahmen Verstärkungsfunktion annehmen können, auch im normalen Klassenzimmer nicht
gegeben. Deshalb, so stellt *Brophy* (1981) schlußfolgernd fest, „wirken die
meisten Lehrer-Stellungnahmen, soweit sie offensichtlich als Verstärker ge-
dacht sind, wahrscheinlich als solche nicht sehr erfolgreich, weil sie nicht systematisch auf das gewünschte Verhalten bezogen sind, mangelhaft die zu verstär-
kenden Verhaltenselemente spezifizieren und/oder zu wenig Glaubwürdigkeit
besitzen."

Ebenso wie die zeitgenössischen behavioristisch orientierten Lern-
psychologen glaubte *Hurlock* offenkundig, durch Manipulation von
Verhaltenskonsequenzen (Lob und Tadel) Einfluß auf das Verhalten
nehmen zu können. Menschen sind aber keine Automaten, die sich
mit der Belohnung und Bestrafung an jede Umweltbedingung anpas-

sen lassen (*Bandura*, 1974). Die Auffassung, daß es allein durch Veränderung des Lob- und Tadelverhaltens von Lehrern gelingen könnte, Einfluß auf Schülerleistungen zu nehmen, erhält durch Untersuchungsergebnisse nur schwache Bestätigung. Entsprechend stellt *Brophy* (1981) nach Analyse einschlägiger Studien fest, daß das Lehrerlob kaum oder keinen Einfluß auf Schülerleistungen ausübt, jedenfalls nicht in typischen alltäglichen Klassenraum-Interaktionen.

Es stand im Einklang mit der Orientierung *Hurlocks*, daß Schülermerkmale bei ihr unberücksichtigt geblieben sind. Es wurde folglich nicht aufgedeckt, wie die Kinder die (falschen!) Rückmeldungen bewertet und erlebt haben. Inzwischen weiß man, daß mehrere Schüler das gleiche Leistungsergebnis sehr unterschiedlich wahrnehmen können. So hat sich z. B. nachweisen lassen, daß Menschen mit hoher Selbstachtung (*self-esteem*) ihre Leistungsergebnisse positiver einschätzen als solche mit geringer Selbstachtung und zwar auch dann, wenn sie sich bezüglich ihres Leistungsniveaus nicht unterscheiden (*Shrauger*, 1972). *Shrauger* und *Lund* (1975) fanden in einer Studie, daß Versuchspersonen, die durch ein generell positives Selbstbild (*high self-esteem*) zu kennzeichnen waren, dazu neigten, die Urteilskompetenz eines anderen in Frage zu stellen, wenn er ihnen negative statt positive Rückmeldungen gegeben hatte. Damit bleibt allerdings unbeantwortet, ob Schüler gegenüber Lehrern ebenso reagieren würden.

Hurlock verfügte weiterhin über keinerlei Informationen bezüglich der Eingangserwartungen ihrer Schüler. Es ist zu vermuten, daß die bewertenden Stellungnahmen nicht immer im Einklang mit den Erwartungen der Schüler gestanden haben. Wenn aber Rückkoppelungen von ursprünglichen Erwartungen abweichen, ist die Wahrscheinlichkeit herabgesetzt, daß sie genau erinnert werden, daß man sie als gültiges Urteil akzeptiert oder mit einem relativ überdauernden Merkmal der eigenen Person in Beziehung setzt (*Shrauger*, 1975).

Untersuchungsbefunde der genannten Art belegen, daß mehrere Schüler auf das gleiche Lob oder den gleichen Tadel sehr unterschiedlich reagieren können. *Hurlock* meinte, Verhaltensveränderungen ließen sich vor allem auf Merkmale der Reizsituation zurückführen; sie interessierte sich nicht dafür, wie Lob und Tadel von den Schülern verarbeitet und interpretiert worden sind. Bei Außerachtlassung kognitiver (d. h. informationsverarbeitender, bewertender) Prozesse, die das Verhalten entscheidend mitbestimmen, ist zu erwarten, daß Wiederholungen des Experiments von *Hurlock* in verschiedenartigen Situationen mit anderen Schülerstichproben keine übereinstimmenden Ergebnisse erbringen.

1.3 Kennzeichen des kognitiven Ansatzes

Das Experiment *Hurlocks* ist zu einem Zeitpunkt durchgeführt worden, da sich eine wachsende Anzahl von Psychologen an behavioristischen Konzepten orientierte. Subjektive Prozesse, wie z. B. bewertende und deutende Stellungnahmen eines Menschen, blieben unberücksichtigt, weil sie nur über die Introspektion zugänglich waren. Das Ignorieren kognitiver Prozesse mußte jedoch mit einem entscheidenden Nachteil erkauft werden. Ebenso wie im Falle des Experiments von *Hurlock* erbrachten Nachprüfungen nicht immer übereinstimmende, teilweise sogar widersprüchliche Ergebnisse.

Die in den folgenden Abschnitten darzustellende Theorie der Kausalattribuierung ist im Rahmen eines kognitiven Ansatzes anzusiedeln. Zwei wesentliche Merkmale sind dabei besonders herauszustellen.

1.3.1 Aktiver statt passiver Organismus

Behavioristisch orientierte Psychologen sahen tierische und menschliche Organismen als passive Wesen an. Verhalten war nach ihrer Auffassung im wesentlichen darauf gerichtet, „Stör"-Reize wie z. B. Hunger, Durst oder schädigende Reize, zu beseitigen. Nach Erreichung dieses Ziels hätte ein Organismus in einen Ruhezustand eintreten müssen. Tatsächlich läßt sich aber jederzeit nachweisen, daß sich ein ausgeschlafenes, gesättigtes und mit Schmerzreizen nicht belastetes Tier keineswegs zur Ruhe legt. Tiere und Menschen laufen u. U. umher, um ihre Umgebung zu untersuchen; dabei scheinen sie ausschließlich ihre Neugier zu befriedigen. Offenbar geht es ihnen um die Aufnahme neuer Reizeindrücke. Behavioristen moderner Couleur versuchen solchen Beobachtungen Rechnung zu tragen, allerdings unter Inanspruchnahme mechanistischer Erklärungsprinzipien.

Bereits in den zwanziger Jahren dieses Jahrhunderts hatte sich der Entwicklungspsychologe Jean *Piaget* von entscheidenden behavioristischen Konzepten seiner Zeit abgehoben. Aufgrund seiner sehr sorgfältigen Beobachtungen von Kindern vermochte *Piaget* nicht zu glauben, daß diese nur auf Umweltreize warteten, um darauf zu reagieren. Er ging vielmehr davon aus, daß bereits Säuglinge aktiv sind und entsprechend von sich aus Reizsituationen aufsuchen. ,,Der Säugling ist neugierig und wartet nicht darauf, daß sich in seiner Umwelt irgendetwas ereignet, sondern macht die Ereignisse selbst ausfindig und ist immer um Verhältnisse bemüht, die ihn stimulieren und anregen" (*Ginsburg* und *Opper*, 1975).

1.3.2 Geistige Prozesse als Verhaltensdeterminante

Wie läßt sich erklären, daß zwei Menschen auf identische Reize unterschiedlich reagieren? Zwei Schüler werden von ihrem Lehrer in gleicher Weise gelobt, reagieren aber unterschiedlich: der eine steigert daraufhin seine Leistungen, der andere setzt scheinbar unbeeindruckt sein bisheriges Leistungsverhalten fort. – Wäre nicht der Verdacht angebracht, daß etwas *in* den Schülern deren unterschiedliches Reagieren bestimmt haben könnte? – Für den kognitiv orientierten Psychologen steht fest, daß Ereignisse der Umwelt nicht passiv zur Kenntnis genommen, sondern interpretiert werden.

Nur in Ausnahmefällen befindet sich der Mensch in einer Situation, in der nur ein einziger Reiz wirksam ist. Normalerweise treffen sehr viele Reize auf den Menschen, der – ihrem zugeschriebenen Bedeutungsgehalt entsprechend – einigen mehr als anderen Beachtung schenkt. Reize sind für den kognitiv orientierten Psychologen nicht einfach Verhaltensauslöser, sondern Informationen, die mit bereits Bekanntem in Beziehung gesetzt, aufgearbeitet und verschlüsselt werden können; einige Informationen regen Denkprozesse an und werden Grundlage für Entscheidungen. Der kognitive Psychologe hält es deshalb für unerläßlich, daß diese geistigen Prozesse bei der psychologischen Analyse Berücksichtigung finden. Wenn die Voraussetzungen zum Erklären und Vorhersagen verbessert werden sollen, muß die bekannte Reiz-Reaktions (S-R)-Formel der früheren Behavioristen erweitert werden:

S – Kognitive Prozesse – R

1.4 Kausalattribuierung und ihre allgemeine motivationale Grundlage

Bereits in der Kritik des *Hurlock*-Experiments ist darauf hingewiesen worden, daß Menschen auf Lob und Tadel nach Überzeugung des kognitiv orientierten Psychologen nicht automatenhaft reagieren. Für ihn stellt sich die Frage, ob und wie ein Mensch die lobenden und tadelnden Stellungnahmen interpretiert, d. h. u. a., welche Ursachenzuschreibungen, welche Kausalattribuierungen er vornimmt (Kausal = ursächlich, causa = der Grund; attribuieren = zuschreiben). Eine Attribuierung liegt vor, wenn angesichts eines beobachteten Ereignisses eine Aussage bezüglich der Frage gemacht wird, warum es aufgetreten ist, d. h. welche Ursache oder Ursachen es hervorgerufen haben.

Ein Mensch beantwortet aber nicht nur Warum-, sondern ebenso Wozu-Fragen. Darauf hat bereits *Heider* (1958) hingewiesen, denn er schrieb: Wir werden „den Begriff Absicht immer dann benutzen, wenn wir uns auf das beziehen, *was* eine Person gerade zu tun versucht, d. h. auf das Ziel oder das Ergebnis und nicht, *warum* sie es zu tun versucht. Letzteres bezieht sich stärker auf die Gründe, die der Absicht zugrunde liegen." Inzwischen hat Allan *Buss* (1978) den Attribuierungstheoretikern vorgeworfen, keine Unterscheidung zwischen Gründen und Ursachen zu treffen. Dabei definiert auch *Buss* eine Ursache als etwas, was eine Veränderung herbeiführt. Dagegen ist ein Grund etwas, um dessenwillen eine Veränderung herbeigeführt wird. Bei Zuschreibung eines Grundes ist im folgenden auch von Attribuierungen mit finalem Charakter zu sprechen.

Um die Forderung von *Buss* zu erfüllen, ist es allerdings nicht damit getan, daß man im Experiment neben Warum-Fragen auch noch Wozu-Fragen stellt. Möglicherweise gibt eine Versuchsperson nämlich Antworten, die Ursachen zu enthalten scheinen und tatsächlich eine Absicht verbergen sollen. Ein Schüler könnte z. B. angeben, er führe sein schlechtes Leistungsergebnis auf unzureichende Fähigkeit zurück. Möglicherweise ist diese Antwort aber gar nicht kausal, sondern final gemeint: der Schüler verfolgt damit den Zweck, Leistungsanforderungen von seiten der Umwelt abzuwehren. Ebenso kann ein Schüler aussagen, sein Erfolg sei auf hohe Anstrengung zurückzuführen. Tatsächlich ist er jedoch davon überzeugt, Glück gehabt oder leichte Aufgaben vorgefunden zu haben. Die Attribuierung auf Anstrengung hat aber den Zweck, Anerkennung in der Umwelt zu finden.

Der Experimentator muß also damit rechnen, daß er auf seine Warum-Fragen Antworten erhält, bei denen es sich um Attribuierungen mit finalem Charakter handelt. Hinter diesen Gründen können aber sehr wohl uneingestandene oder nach außen zu verbergende Kausalattribuierungen stehen. Die gesonderte Erfassung von Gründen und (evtl. nach außen zu verbergende) Ursachen (oder umgekehrt) ist mit den bislang verwendeten Methoden (s. S. 37 f.) nicht möglich. Vielleicht liegt es an methodischen Schwierigkeiten, daß man in der Forschung die Unterscheidung zwischen Ursachen und Gründen bislang – wenn man von Experimenten *Kruglanskis* (1975) absieht – nicht berücksichtigt hat. Immerhin ist die Diskussion, die *Buss* neuerlich angeregt hat und auf die *Harvey* und *Tucker* (1979) sowie *Shaver* (1981) mit kritischen Stellungnahmen reagiert haben, zum gegenwärtigen Zeitpunkt noch nicht abgeschlossen.

Viele Experimente im Rahmen der Attribuierungsforschung waren insofern wirklichkeitsfern, als die Versuchspersonen *gebeten* wurden, Interpretationen vorzunehmen. Erfahrungen mit alltäglichen Situationen lehren demgegenüber, daß Menschen *von sich* aus Kausalattribuierungen vornehmen. Aber auch experimentell war inzwischen zu belegen, daß Menschen Ursache-Wirkungs-Beziehungen und Persönlichkeitsmerkmale spontan in Anspruch nehmen, wenn man sie lediglich auffordert, Beobachtetes zusammen mit den dabei erlebten Gefühlen zu beschreiben (*Harvey* et al., 1980). Der Attribuierungstheoretiker Harold *Kelley* (1967), Universität Kalifornien in Los Angeles, geht davon aus, daß der Mensch „motiviert ist, eine kognitive Beherrschung der kausalen Struktur seiner Umwelt zu erreichen". Er bedient sich dabei naiver, d. h. nicht wissenschaftlicher, alltäglicher, aber rationaler Methoden.

Das Interesse der Attribuierungsforschung hat sich vor allem auf die Klärung der Frage gerichtet, wie Menschen beobachtete Verhaltensweisen interpretieren; der belgische Psychologe Albert *Michotte* (1974) konnte in einer Serie von Experimenten beobachten, daß auch Bewegungen von Objekten unter bestimmten Bedingungen so wahrgenommen werden, als ob es sich dabei um menschliche Lebewesen handeln würde.

1.4.1 Kausalattribuierung in der Objekt-Wahrnehmung

Michotte verwendete in einem seiner Experimente eine Pappscheibe, auf die er zwei Linien in schwarz und grau aufgetragen hatte. Die Scheibe wurde senkrecht montiert. Ein davor aufgebauter Schirm verdeckte die Gesamtansicht; lediglich ein waagerechter Schlitz – er ist auf der Abbildung gestrichelt dargesellt – gab einen Ausschnitt frei. Die beiden Linien nahm der Beobachter durch den Schlitz als ein schwarzes oder ein graues Quadrat wahr. Eine langsame Drehung der Scheibe um ihre Achse rief beim Betrachter den Eindruck hervor, daß die Quadrate sich in waagerechter Richtung hin- und herbewegten.

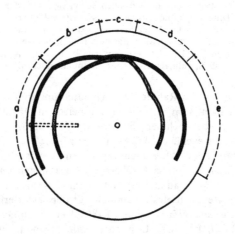

Abb. 1.2: Darstellung einer Scheibe, die *Michotte* in einem Experiment rotieren ließ, und die von den Versuchspersonen durch einen waagerechten Schlitz zu betrachten war (nach: *Krech* und *Crutchfield*, 1976, S. 56).

In einer experimentellen Situation bewegte sich A (schwarzes Quadrat) auf B (graues Quadrat) zu, um dort anzuhalten. Unmittelbar darauf setzte sich B in Bewegung. Sofern die Annäherung von A schneller als die anschließende Bewegung von B war, entstand für die Beobachter der Eindruck, daß das Abrücken von B durch A verursacht worden ist; einige Versuchspersonen meinten, B könnte *ärgerlich* auf A gewesen sein. Wenn *A* sich dagegen langsam angenähert hatte und B sich daraufhin schneller entfernte, interpretierten die Versuchspersonen die Bewegung von B als spontane Flucht, die durch *Furcht* vor A motiviert sein konnte. Diesen Eindruck teilten die Betrachter vor allem nach einem vergleichsweise kurzen „Kontakt" zwischen A und B mit. Wenn demgegenüber ein längerer Kontakt bestanden hatte, deuteten die Betrachter das Wahrgenommene als vorübergehende Harmonie zwischen zwei Gefährten, die sich jedoch im Verlauf des Kontakts zerstritten und schließlich auseinandergingen.

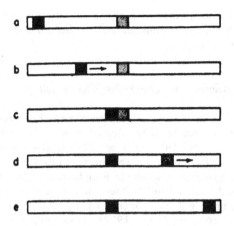

Abb. 1.3: Darstellung der Reizsequenz, die Versuchspersonen in dem Experiment *Michottes* dargeboten bekamen (nach: *Krech* und *Crutchfield*, 1976, S. 134).

1.4.2 Kausalattribuierung in der Person-Wahrnehmung

In der Person-Wahrnehmung ist die Neigung, die Vielzahl tatsächlich stattfindenden Verhaltens auf einige wenige Ursachendimensionen zurückzuführen, allgemein vorhanden. Der Sohn erklärt sich die Ablehnung seiner Bitte auf Erhöhung des Taschengeldes mit dem „Geiz" des Vaters. Man führt die fehlende Bereitschaft eines jungen Mannes, ein Mädchen zum Tanz aufzufordern, auf dessen „Schüchternheit" zurück. Die Aufregung eines Kandidaten vor der Prüfung wird mit dessen „Angst" in Beziehung gesetzt. Die nachfolgende Darstellung wird weitere Beispiele vor allem in der Person-Wahrnehmung in leistungsbezogenen Situationen geben.

Menschen beschränken sich also offenkundig nicht einfach auf die Beobachtung von Ereignissen, insbesondere von Verhaltensweisen. Sie versuchen, das Beobachtete vielmehr zu interpretieren. Es werden Ursachen dafür gesucht – und offenkundig auch gefunden –, warum eine Verhaltensweise oder ein Ereignis aufgetreten ist. Diese Ursachen lassen sich nicht unmittelbar beobachten; sie stellen das Ergebnis einer schöpferischen Leistung des Wahrnehmenden dar.

Die Tendenz des Menschen, von beobachteten Verhaltensweisen auf zugrundeliegende Ursachen zu schließen, bezeichnet man als Kausalattribuierung. Die Theorie der Kausalattribuierung (oder

Theorie der Ursachenzuschreibung) enthält Aussagen über jene psychischen Prozesse, die Einfluß auf das Zuschreiben von Ursachen für Verhaltensweisen nehmen.

1.4.3 Kausalattribuierung in der Selbst-Wahrnehmung

Es läßt sich nachweisen, daß Menschen nicht nur beobachtetem Verhalten anderer eine Ursache zuschreiben; auch das eigene Verhalten wird interpretiert. Muß man aber nicht davon ausgehen, daß der Selbst- und Fremdattribuierung verschiedene Prozesse zugrunde liegen? Vermag man nicht die eigene Freude unmittelbar zu erleben, während dasselbe Gefühl bei anderen nur über das Verhalten, über Gestik und Mimik, mit mehr oder weniger großer Sicherheit zu erschließen ist? Daryl *Bem* (1967, 1972), der sich mit diesem Problem beschäftigt hat, verneint solche Fragen. Eine seiner fundamentalen Feststellungen lautet: „Individuen lernen ihre eigenen Einstellungen, Gefühle und andere innere Zustände teilweise dadurch kennen (*come to 'know'*), indem sie diese von Beobachtungen ihres geäußerten (*overt*)Verhaltens und/oder den Umständen erschließen, unter denen dieses Verhalten auftritt" (*Bem*, 1972). Der Mensch sei sich bei der Wahrnehmung seiner inneren Zustände keineswegs so sicher, wie er normalerweise annimmt. Je schwächer die inneren Hinweisreize sind, desto mehr ist man nach *Bem* darauf angewiesen, das eigene Verhalten wie ein Außenstehender zu beobachten, um dann Schlußfolgerungen zu ziehen. So stellt man z. B. fest, daß man – ohne von anderen dazu gedrängt worden zu sein – schon sehr viel getrunken hat und schließt daraus, daß man wohl sehr durstig gewesen sein muß. Man hilft einem gebrechlichen Menschen, die Straße sicher zu überqueren und gelangt anschließend zu der Feststellung, daß man offenkundig ein sehr hilfsbereiter Mensch ist.

Bem wollte mit seinem Beitrag, der rationale, informationsverarbeitende Prinzipien in Anspruch nahm, zunächst nur eine Alternative zu den vorherrschenden Dissonanz- und Konsistenztheorien aufzeigen. Es wurde jedoch sehr schnell erkannt (*Kelley*, 1967), daß *Bem* die Attribuierungstheorie um einen wesentlichen Aspekt zu bereichern vermochte.

1.4.4 Motivationale Grundlagen der Tendenz zur Kausalattribuierung

Es stellt sich die Frage, warum der Mensch sich nicht auf das Beobachten von Verhaltensweisen beschränkt, sondern offenkundig darüber hinausgeht und nach Ursachen sucht. Weshalb schreibt man einigen Menschen z. B. „Geiz", „Schüchternheit" oder „Furchtsamkeit" zu? Die Antwort der Attribuierungstheoretiker lautet, daß der Mensch nach Ursachen sucht, um für die sehr komplexen und zunächst verwirrend erscheinenden Ereignisse in seiner Umwelt ebenso wie für Veränderungen bei sich selbst ein besseres Verständnis zu gewinnen, das wiederum Voraussetzung ist, um Kontrolle auszuüben und Vorhersagen zu machen. Wenn man aufgrund vorausgegangener Erfahrungen z. B. „weiß", daß ein Mensch geizig ist, erscheint nicht nur sein gezeigtes Verhalten verständlicher; man kann auch vorhersagen, wie ein so gekennzeichneter Mensch zukünftig wahrscheinlich auf Situationen reagieren wird, die ihm finanzielle Opfer nahelegen. Es fällt leichter, bestimmte Verhaltensweisen eines Menschen zu verstehen, wenn man „weiß", daß er schüchtern ist. Man stellt sich darauf ein, daß mutiges Handeln von ihm nicht zu erwarten ist.

Auf diesem Hintergrund wird auch das Verhalten verständlich, das Versuchspersonen in einem Experiment von *Harvey* et al. (1980) zeigten. Sie sahen einen Film, in dem mehrere Personen eine Unterhaltung führten. Die Versuchspersonen wurden danach aufgefordert, das Beobachtete zu beschreiben. Von sich aus nannten sie zusätzlich Kausalattribuierungen. Wenn man den Versuchspersonen mitteilte, sie würden mit einer der dargestellten Personen später noch persönlichen Kontakt haben, erhöhte sich die Anzahl mitgeteilter Attribuierungen statistisch eindeutig. Offenkundig bereiteten sich die Versuchspersonen damit auf das angekündigte Ereignis vor, denn wenn sie „wußten", warum sich die dargestellten Personen so verhielten, wie sie es taten, konnten sie der Begegnung vermutlich mit mehr Sicherheit entgegensehen.

Mehrere psychologische Theorien versuchen, den vielfältigen Beobachtungen Rechnung zu tragen, wonach Menschen sich offenkundig darum bemühen, ihr Verständnis von den beobachteten Ereignissen zu erhöhen, um ein möglichst hohes Maß an Kontrolle und Vorhersagemöglichkeit zu gewinnen. Auch George *Kelly* (1955) fragte z. B., ob nicht jeder Mensch, dem Wissenschaftler vergleichbar, ständig bemüht ist, den Lauf der Dinge vorherzusagen und jene Ereignisse zu kontrollieren, mit denen er zu tun hat. Mehrere Autoren (de *Charms*, 1972; *Kelley*, 1972; *White*, 1959) haben die Überzeugung vertreten, daß eine fundamentale Motivation des Individuums darin besteht, auf die Umwelt einzuwirken, sie zu kontrollieren bzw. das Gefühl der Zufriedenheit zu erleben, wenn dieses Ziel erreicht wird.

Aufgrund dieser Feststellungen wäre zu schlußfolgern,

1. daß der Mensch bestrebt ist, einen möglichst hohen Grad des Verständnisses, höchste Klarheit bezüglich des Beobachteten zu gewinnen und

2. daß der Mensch zu Erreichung dieses Ziels motiviert ist, Beobachtetes zu interpretieren, d. h. Kausalattribuierungen vorzunehmen.

Beide Aussagen bedürfen der Einschränkung.

Im Gegensatz z. B. auch zu *Festingers* (1954) Theorie der sozialen Vergleichsprozesse, wonach Menschen stets motiviert sind, bezüglich ihrer Verhaltensweisen und ihrer Ursachen Klarheit zu erhalten, meinen Melvin *Snyder* und Robert *Wicklund* (1981), daß es Bedingungen gibt, die Menschen nutzen, möglicherweise sogar herbeiführen, um Motive bzw. Persönlichkeitsmerkmale zu verbergen, die hinter ihrem Verhalten stehen. Es handelt sich dabei um mehrdeutige Situationen, das sind solche, in denen mehrere Attribuierungen (kausale und solche mit finalem Charakter, s. S. 22) möglich sind; unter Bedingungen der Mehrdeutigkeit (Ambiguität) kann man sich vor sich selbst und vor anderen in anerkennenswerter aber eben nicht in aufrichtiger Weise repräsentieren. Zur Herstellung von Ambiguität stehen dem einzelnen bestimmte Maßnahmen zur Verfügung (*Snyder* und *Wicklund*, 1981): er erfindet z. B. zusätzliche Gründe für sein Verhalten, verhält sich inkonsistent oder versucht den Eindruck zu erwecken, alle würden ebenso wie er auf eine bestimmte Situation reagieren (womit einer internalen Attribuierung entgegenzuwirken ist). Beobachtungen sprechen also dafür, daß der Mensch keineswegs immer Klarheit seines Verhaltens und seiner Ursachen sucht, sondern im Gegenteil bemüht sein kann, Mehrdeutigkeiten zu bevorzugen oder zu schaffen.

Eine weitere Einschränkung ist vorzunehmen, weil es sicherlich zu weit geht, dem Menschen ein generelles Erklärungs-„Bedürfnis" zu unterstellen (*Heider*, 1977; *Shaver*, 1975). Danach wäre der Mensch unablässig damit beschäftigt, für sämtliche Wahrnehmungen eine Erklärung zu finden. Nicht jeder Mitmensch, der — eventuell nur flüchtig — in den Aufmerksamkeitskreis des Wahrnehmenden gerät, gibt Anlaß zu einer Kausalattribuierung, sondern nur jener, der tatsächlicher oder potentieller Interaktionspartner ist, der Maßnahmen trifft oder treffen könnte, die für den Wahrnehmenden von Bedeutung sind. Auch Karl *Hausser* (1980) hat sich nachdrücklich dagegen ausgesprochen, den Menschen mit einem „nimmermüden kausalen Suchautomaten" zu vergleichen, denn — so stellt *Hausser* weiter fest: „nicht jedes von einem Subjekt perzipierte und kognizierte Ereignis ist an sich bereits erklärungsbedürftig. Es muß vielmehr, um erklärungswürdig zu werden, für das Subjekt Bedeutung haben." Doch wann ist ein Ereignis bedeutungsträchtig? Darauf vermag die Attribuierungsforschung erst wenige Antworten zu geben. Die Suche nach Interpretationen tritt offenkundig bei unerwarteten relevanten Ereignissen gehäuft auf (*Kelley*, 1972); Menschen bilden Erwartungen auf der Grundlage intuitiver Kausaltheorien. Wenn diese Erwartungen bestätigt werden, bedarf es nur eines Rückgriffs auf die bereits vorliegenden Theorien; die Suche und Verarbeitung neuer Informationen erscheint in einem solchen Fall überflüssig. Wenn dagegen unerwartete Ereignisse eintreten, reichen vorliegende Interpretationsmuster offenkundig nicht; in einer solchen Situation besteht folglich eine höhere Wahrscheinlichkeit, daß neue relevante Informationen eingeholt und verarbeitet werden, um eine angemessene Kausalattribuierung vornehmen zu können (*Pyszczynski* und *Greenberg*, 1981). Deshalb fordert auch die Leistung eines an sich guten Sportteams, das einem für schwach gehaltenen Gegner unterliegt, eher Warum-Fragen heraus, als im Falle eines erwarteten Siegs (*Lau* und *Russel*, 1980). Entsprechendes gilt bei Auftreten von (in der Regel nicht erwarteten) Frustrationen. Aus diesem Grunde lösen Mißerfolge eher eine Suche nach Ursachen aus als Erfolge (*Wong* und *Weiner*, 1981).

Camille *Wortman* (1976) hat mehrere Belege zusammengetragen, die nach ihrer Überzeugung die Feststellung rechtfertigen, „daß Menschen Kausalattribuierungen machen, um das Gefühl der Kontrolle über ihre Umwelt zu erhöhen". Bereits ein vorübergehender Verlust der Kontrolle würde − so meint sie − Angstgefühle hervorrufen, vorausgesetzt allerdings, so ist hier noch einmal zu ergänzen, es handelt sich um relevante Ereignisse, die sich der Kontrolle entziehen oder zu entziehen scheinen.

Die hier in Anspruch genommene *Kontrollmotivation* bestimmt nach Beobachtungen von *Miller* und *Porter* (1980) vor allem die Interpretation aktueller Ereignisse. Beide Autoren registrierten eine eindeutige Tendenz ihrer Versuchspersonen, das eigene Verhalten sowie eigene Handlungsergebnisse umso stärker als situativ kontrolliert wahrzunehmen, je weiter sie zurücklagen. Ihre früheren Verhaltensweisen sahen die Befragten − im Vergleich zu aktuellen − mehr normativ, d. h. nachträglich meinten sie, sich ebenso wie andere Menschen in der gleichen Situation verhalten zu haben; für weiter zurückliegende Ereignisse erschien ihnen offenbar die Wahrnehmung eigener Kontrolle nicht mehr so wichtig. „Es mag ein wenig Trost damit gewonnen werden, daß man die fernere Vergangenheit in einem normativen, gesetzmäßigen und unpersönlichen Zusammenhang setzt. Obwohl Kontrolle für die Gegenwart gewünscht sein mag, könnte Verständnis in bezug auf die Vergangenheit wünschenswerter sein" (*Miller* und *Porter*, 1980).

In den letzten Jahren sind zahlreiche Beobachtungen aus experimentellen und alltäglichen Situationen zusammengetragen worden, aus denen hervorgegangen ist, daß einige Bedingungen offenbar eine Verminderung, andere eine Erhöhung der Bereitschaft zur Übernahme von Verantwortung für aufgetretene Ereignisse nahelegen. Man hat daraufhin Spekulationen darüber angestellt, ob die Übernahmebereitschaft von Verantwortung u. a. Ausdruck einer Motivation sein könnte, Kontrolle über relevante Ereignisse zu bewahren oder möglichst zu steigern. Wie die Kontrollmotivation möglicherweise wirksam wird, ist im folgenden an einigen Beispielen zu erläutern.

1.4.4.1 Abwehr-Attribuierungen

Wenn man erfährt, daß anderen Menschen ein schweres Unglück widerfahren ist, könnte sich die Frage aufdrängen, ob man selbst nicht in gleicher Weise betroffen werden kann. Man beobachtet u. a., daß Menschen in besonders schwerer Form erkranken, Opfer von Verkehrsunfällen oder kriminellen Delikten werden. Wie sehr man in solchen Ereignissen auch eine Bedrohung für die eigene Person sieht, hängt davon ab, wie man sie interpretiert. Wenn allein der Zufall die Opfer für schwere Schicksalsschläge auswählt, muß man in hohem Maße befürchten, jederzeit selbst der Betroffene zu sein; die Bedrohung erscheint entsprechend groß. Eine andere Situation ist gegeben, wenn unheilvolle Ereignisse so wahrgenommen werden, daß sie „schon irgendwie" vom einzelnen verschuldet sind; in einem solchen Fall würden sie sich nicht jeglicher Kontrolle entziehen, und das hätte eine beruhigende Wirkung.

Wenn ein unerwünschtes Ereignis so interpretiert wird, daß sein bedrohlicher Charakter für den Wahrnehmenden gemindert oder gar abgebaut wird, liegt eine Abwehr-Attribuierung vor. Eine solche Abwehr-Attribuierung wird in Melvin *Lerners* (1965, 1970) „Hypothese einer gerechten Welt" (*just world hypothesis*) behauptet. Danach halten die Angehörigen dieser Gesellschaft an der Überzeugung fest, daß in dieser Welt die Gerechtigkeit dafür sorgt, daß jedermann das bekommt, was er verdient und jeder das verdient, was er bekommt: Die guten Menschen werden belohnt, die schlechten erhalten ihre wohlverdiente Strafe. Trotz dieser Überzeugung muß man jedoch immer wieder zur Kenntnis nehmen, daß Menschen Opfer von Kriegen, Gewaltverbrechen, Naturkatastrophen, Unfällen usw. werden.

Um den Glauben an eine „gerechte Welt" dennoch nicht aufgeben zu müssen, kann der Mensch nach *Lerner* (1965, 1970) eine von zwei Maßnahmen ergreifen: er bemüht sich entweder selbst, dem Opfer zu helfen oder er entscheidet, daß das Opfer sein Schicksal verdient haben muß. Im Falle der zweiten Maßnahme redet man sich ein, daß das Unglück nur schlechte Menschen trifft, und da man sich selbst für untadelig hält, ist man vor einer Bedrohung geschützt.

Eine ähnliche Position hat Elaine *Walster* (1966) eingenommen. Ebenso wie *Lerner* geht *Walster* davon aus, daß Menschen dazu neigen, jene zu bestrafen, die Taten mit negativen Folgen begangen haben. *Walster* meint, die Bestrafung wäre durch den Versuch motiviert, dem Wiederauftreten unerwünschter Verhaltensweisen entgegenzuwirken. *Lerner* vertritt den Standpunkt, daß zwischen dem Verhalten und einem unerwünschten Geschehnis eine Beziehung besteht.

Je verhängnisvoller ein Ereignis erscheint, desto mehr wird auch dessen Bedrohlichkeit wahrgenommen, der ein Attribuierender dadurch entgegenzuwirken versucht, daß er dem unglücklichen Opfer entsprechend erhöhte Verantwortlichkeit zuschreibt. Dadurch verliert das unheilvolle Geschehen den Charakter der Unberechenbarkeit; es erscheint nicht mehr unkontrollierbar und ist entsprechend besser vorhersagbar. *Walster* (1966) hat die hier behaupteten Zusammenhänge folgendermaßen in Worte gefaßt:

„Wenn die Stärke eines Unheils wächst, wird es mehr und mehr unangenehm, anzuerkennen, daß ,dies etwas ist, was jedem passieren könnte'. Wenn ein schwerer Unfall als Folge unvorhersehbarer Umstände gesehen wird, jenseits jedermanns Kontrolle und Erwartung, muß ein Mensch sich zwangsläufig zugestehen, daß die Katastrophe auch ihn treffen könnte. Sofern er demgegenüber entscheidet, daß das Ereignis vorhersagbar, kontrollierbar war, wenn er entscheidet, daß jemand für das unangenehme Ereignis verantwortlich war, sollte er sich etwas mehr imstande fühlen, ein solches Unglück abzuwenden."

Den hier behaupteten Zusammenhang zwischen der Stärke eines negativen Ereignisses und seiner Interpretation haben nicht alle Nachuntersuchungen bestätigen können (z. B. *Shaver*, 1970). Im übrigen läßt er sich auch erklären, ohne motivationale Einflüsse in Anspruch zu nehmen. *Tyler* und *Devinitz* (1981) haben in einer (von ihrer Aussagefähigkeit her ansonsten allerdings wenig überzeugenden) Arbeit darauf hingewiesen, daß *Walster* in ihrer Studie ungeprüft gelassen hat, ob ihre Versuchspersonen auf die Schwere der von den Handelnden jeweils ausgelösten Konsequenzen oder auf die damit korrelierende statistische Wahrscheinlichkeit des Auftretens reagiert haben. Sehr unheilvolle Ereignisse treten im Vergleich zu solchen, die nur mit geringen Schäden verbunden sind, einfach seltener auf; erstere werden deshalb auch nicht erwartet. Wenn sie dennoch passieren, mag es plausibel sein, daß auch der Verursacher bzw. das Opfer eine mitverursachende Rolle gespielt hat (*Brewer*, 1977; *Younger* et al., 1978).

1.4.4.2 Kontrollierbarkeit als Illusion

Es gibt Ereignisse, die eindeutig vom Zufall oder von Einflüssen abhängen, die sich der Kontrolle des einzelnen entziehen. So entscheidet z. B. bei echten Glücksspielen über Gewinn oder Verlust ausschließlich der Zufall. Weiterhin gibt es Naturkatastrophen, unheilbare Krankheiten, die eintreffen, ohne daß sich der Mensch ihrer zu erwehren vermag. Wenn man jedoch die Wirksamkeit der Kontrollmotivation unterstellt, müßte es einem Menschen außerordentlich schwerfallen, die Existenz völlig unkontrollierbarer Ereignisse anzuerkennen. Trifft dies tatsächlich zu? Wie erklärt sich ein Mensch typischerweise die Entstehung von Ereignissen, die tatsächlich unkontrollierbar sind?

Die Beobachtung von Glücksspielern hat ergeben, daß diese ihre Einflußmöglichkeit auf das Spielgeschehen offenkundig überschätzen. Sie ließen sich z. B. von der Überzeugung leiten, daß ein Würfel bei einem kraftvollen Wurf höhere Punktzahlen als bei einem leichten Wurf einbringt. Die Spieler glaubten also, Kontrolle auf den Würfel ausüben zu können und zwar umso mehr, je höher der von ihnen aufgewandte Grad der Anstrengung und Konzentration war (*Henslin*, 1967). Auch unerwartete Spielergebnisse nahmen die Spieler nicht als Zufallseinfluß, sondern als Hinweis dafür wahr, daß z. B. andere Spieler verstärkt Einfluß auf den Würfel zu nehmen vermochten. Günter *Maché* hat in einer Analyse des Spielverhaltens beim Zahlenlotto in Deutschland und in der Schweiz festgestellt, daß der Spieler in der Regel zutiefst davon überzeugt ist, die Zufallsgesetze wären zu manipulieren.

Offenbar fällt es Menschen außerordentlich schwer, in ihrer Wahrnehmung zwischen kontrollierbaren und unkontrollierbaren Ereignissen zu unterscheiden. Tatsächlich, so stellt Ellen *Langer* (1977) fest, besteht in der Wahrnehmung eigener Fähigkeit bzw. Geschicklichkeit einerseits und des Zufallseinflusses andererseits keine Unabhängigkeit. Keine Situation würde so vollkommen zufallsbestimmt wahrgenommen, daß Fähigkeitsdeterminanten total ausgeschlossen bleiben. Wie soll man sich z. B. einen Gewinn beim Pokern oder Bridge erklären? – Hat der Spieler nur Glück gehabt, weil ihm ausnahmslos gute Karten zugeteilt worden sind? – Zumeist wird man dem Gewinner auch zugestehen, daß er seine Kenntnisse geschickt einzusetzen vermochte.

Vielfach wehren sich Menschen auch, die Tatsache zu akzeptieren, daß sich natürliche Ereignisse ihrer Kontrollmöglichkeit entziehen. So ist zu erklären, daß nach dem Ergebnis einschlägiger Befragungen ein beachtlicher Prozentsatz von Krebskranken daran glaubt, daß ihre Krankheit das Ergebnis eigener früherer Missetaten und damit selbstverschuldet sei (*Abrams* und *Finesinger*, 1953). Offenbar – so kommentiert *Wortman* diese Feststellung – fällt es Menschen leichter, für negative Lebenserfahrungen selbst die Verantwortung zu übernehmen als anzuerkennen, daß sie als Ergebnis unkontrollierbarer Faktoren zustandegekommen sein könnten. Ähnliche Äußerungen finden sich auch bei *Chodoff* et al. (1964). Die Autoren haben sich dafür interessiert, wie Eltern mit dem Schicksal fertig wurden, ein tödlich an Leukämie erkranktes Kind zu haben. Sie faßten eine wesentliche Beobachtung folgendermaßen zusammen:

„Manchmal schienen Eltern sich um den Beweis zu bemühen, daß etwas, was sie getan oder unterlassen haben, für die Erkrankung des Kindes verantwortlich gewesen sein könnte. Dieser Prozeß brachte sogar dann, wenn er mit der Annahme eigener Verschuldung verbunden war, ein Gefühl der Erleichterung und der Verminderung von Angst mit sich ... Es scheint, daß die Anerkenntnis eigener Schuld (und auch die Beschuldigung anderer) dadurch im Dienste der Abwehr steht, daß man die unerträgliche Schlußfolgerung leugnet, keiner sei verantwortlich.“

1.5 Methoden zur Erforschung von Kausalattribuierungen bei Erfolg und Mißerfolg

Man stünde vor einer schier unlösbaren Aufgabe, wenn man sämtliche Methoden darzustellen hätte, die in der Attribuierungsforschung (selbst im eingeschränkten leistungsthematischen Bereich) verwendet worden sind. Zu groß ist die Anzahl der Variablen, die man systematisch variiert und kontrolliert hat. Wenn man dennoch nach einer Gemeinsamkeit der zahlreichen Studien sucht, bleibt nur noch, daß (fast) alle

— einen Bezug zu einer Aufgabensituation, wenigstens aber zu einer Erfolgs- oder Mißerfolgssituation erkennen lassen und

— Interpretationen (Kausalattribuierungen) von Erfolg und Mißerfolg provoziert und diagnostiziert haben.

Der Eindruck einer Gemeinsamkeit ergibt sich jedoch nur auf den ersten Blick, denn die vorliegenden Studien unterscheiden sich bezüglich der jeweils vorgenommenen Operationalisierungen erheblich. Lediglich in exemplarischer Form ist im folgenden einmal zu demonstrieren, welche Variation sich bei der Aufgabenauswahl ergeben hat, wie unterschiedlich Erfolg und Mißerfolg operationalisiert worden sind, und welche Verfahren zur Diagnostik der Kausalattribuierung zur Verfügung stehen.

Sämtliche Studien im Bereich der Attribuierungsforschung nutzen eine Methode, die unter dem Einfluß des Behavioristen für viele Psychologen lange Zeit unakzeptabel erschien: die Introspektion. Damit sind jedoch zahlreiche Fragen aufgeworfen, um deren Beantwortung z. Zt. noch heftig gestritten wird: Sind den Versuchspersonen die kognitiven Prozesse, über die sie Auskunft geben sollen, überhaupt bewußt? Verändert man diese Prozesse nicht schon dadurch, daß man die Versuchspersonen befragt und sie anregt, die Aufmerksamkeit auf diese zu richten? Zum Abschluß dieses Kapitels wird auf Diskussionen einzugehen sein, die mit solchen Fragen in Gang gesetzt worden sind.

1.5.1 Kausalattribuierungen unter experimentellen und natürlichen Bedingungen

Studien lassen sich danach unterscheiden, inwieweit der Versuchsleiter die Aufgabe übernimmt, relevante Variablen selbst zu definieren. Im Rollenvorstellungsexperiment gibt er die Erfolgs- und Mißerfolgsbedingungen z. B. einfach vor. Die Versuchspersonen werden gebeten, sich in die Lage anderer zu versetzen, die bei einer Aufgabe angeblich entweder erfolgreich waren oder versagt haben. Nach Mitteilung weiterer Informationen bittet man die Versuchspersonen um eine Interpretation bestimmter Leistungsergebnisse (*Weiner* und *Kukla*, 1970). Unter einer Bedingung werden Fähigkeitsausprägung, Aufgabenschwierigkeit und Handlungsergebnis vorgegeben, und die Versuchsperson hat beispielsweise nur noch zu beurteilen, ob für den Erfolg auch hohe Anstrengung aufgewendet werden mußte. Die Antwort der Versuchspersonen kann nur Aufschluß darüber geben, welche Beziehungen für sie zwischen den Begriffen ‚Erfolg‘, ‚Fähigkeit‘, ‚Anstrengung‘ und ‚Aufgabenschwierigkeit‘ bestehen. *Fiedler* (1980) hat vorgeschlagen, von ‚semantischen Urteilen‘ zu sprechen, wenn lediglich die Bedeutung von Begriffen, ihre Beziehung untereinander, erfragt wird. In einem früheren Forschungsstadium sind Untersuchungen, die nur das semantische Urteil zum Gegenstand haben, zu rechtfertigen. Damit ist allerdings erst eine Voraussetzung zur Klärung der weiterführenden Frage erfüllt, wie ein Mensch auf eine Situation reagiert, die er in sehr viel stärkerem Maße selbst definieren muß. Wie reagiert ein Handelnder oder Beurteiler, wenn ihm nicht mitgeteilt wird, ob eine Aufgabe schwierig ist, ob die Auseinandersetzung mit ihr erfolgreich war und ob für ihre Bewältigung Anstrengung aufgebracht worden ist? Solche Urteile müssen unter natürlichen Bedingungen selbständig gefällt werden. *Fiedler* (1980) spricht in solchen Fällen von ‚empirischen Urteilen‘. Ein solches ist für ihn dadurch charakterisiert, „daß ein uninterpretiertes Stimulus-Material erst hinsichtlich der urteilsrelevanten Attribute (Intelligenz, Schwierigkeit etc.) codiert werden muß. Hat der Urteiler erst die empirische Entscheidung getroffen, daß der Schüler intelligent ist, daß die Aufgabe als gelöst gilt und tatsächlich schwer ist, dann ist der eigentlich problematische Teil des Kausalurteils vorüber.“ Hinzugefügt sei, daß man über diesen „problematischen Teil“ der Attribuierung noch kaum etwas weiß, weil ihm bislang noch relativ wenige Studien gewidmet waren. Dagegen kann das semantische Urteil bereits als recht gut erforscht gelten.

1.5.2 Aufgabenauswahl

Sofern ein Autor sich entschieden hat, Kausalattribuierungen angesichts tatsächlicher (oder annähernd realer) Leistungssituationen zu studieren, stellt sich das Problem geeigneter Aufgabenauswahl. Die dabei zu treffenden Entscheidungen hängen von den jeweiligen Zielsetzungen ab. Generell ist man um Verwendung solcher Aufgaben bemüht, die die Versuchspersonen als relevant wahrnehmen. Diese Anforderung erfüllen Universitätsexamina (z. B. *Piehl*, 1976*) oder Klausuren (*Arkin* und *Maruyama*, 1979) ohne weiteres. Aus gleichem Grund hat man auch mehrfach auf Aufgaben zurückgegriffen, die Intelligenztests entstammten, so z. B. auf Mosaikaufgaben (*Andrews* und *Debus*, 1978), Aufgaben mit eingebetteten Figuren (*Feldman* und *Bernstein*, 1978) und Zahlensymbolaufgaben (*Meyer*, 1973).

Häufig möchten Experimentatoren Kontrolle über die Leistungsergebnisse gewinnen und damit bestimmen, ob die Versuchspersonen einen Erfolg oder Mißerfolg erzielen. Dies läßt sich im einfachsten Fall durch die Mitteilung manipulierter Normwerte erreichen. Dabei nennt man den Versuchspersonen durchschnittliche Leistungswerte, die von relevanten Vergleichsgruppen mit den jeweils vorliegenden Aufgaben erzielt worden sind.

Eine weitere Möglichkeit des Versuchsleiters, Einfluß auf Leistungsergebnisse zu nehmen, ist mit solchen Aufgaben gegeben, die bezüglich ihres Schwierigkeitsgrades zu verändern sind. Dafür bieten sich Aufgaben aus Intelligenztests an. Bevorzugt hat man auch auf Anagramme zurückgegriffen (z. B. *Feather* und *Simon*, 1971 a,b), weil sie sich für mehrere Schwierigkeitsstufen konstruieren lassen. Anagramm-Aufgaben fordern die Umstellung sinnloser Buchstabenfolgen (z. B. DINW) zu sinnvollen Wörtern (WIND).

Rückmeldungen von Leistungsergebnissen sind außerdem maximal zu kontrollieren, indem der Versuchsleiter sie entsprechend einem vorgegebenen Plan verfälscht. Dieses Verfahren fordert allerdings Aufgaben, bei deren Beantwortung den Versuchspersonen Kriterien fehlen, um deren Güte abzuschätzen, d. h. selbst festzustellen, wie erfolgreich sie waren; sie sind diesbezüglich auf den Versuchsleiter angewiesen. Aufgaben, die diese Voraussetzungen erfüllen, stehen inzwischen in großer Vielfalt zur Verfügung. Man kann z. B. Punktmengen nach sehr kurzer Darbietungszeiten schätzen lassen (*Schneider*,

---

* Vielfach sind die genannten Aufgabenarten in mehreren Untersuchungen verwendet worden. Aus Gründen der Ökonomie und Überschaubarkeit wird jeweils nur eine Untersuchung als Beispiel genannt.

1978), Wörter darbieten und die (angeblich) am häufigsten genannten Assoziationen erraten lassen (*Kuiper,* 1978), Winkel gleicher Größe zuordnen lassen (*Maracek* und *Metee,* 1972), Diskriminationsaufgaben verwenden, die denen eines Radar-Operateurs ähneln (*Luginbuhl* et al., 1975), die Übernahme laientherapeutischer Aufgaben fordern (*Federoff* und *Harvey,* 1976), in zufälliger Reihenfolge binäre Ziffern (0 und 1) darbieten und nach einer angeblich entdeckbaren Regel die jeweils nächste Ziffer erraten lassen (*Weiner* und *Kukla,* 1970), den Versuchspersonen Kodierungsaufgaben (*Larson,* 1977), Aufgaben mit Längenschätzungen (*Schmalt,* 1978), Vigilanzaufgaben (*Schneider* und *Eckelt,* 1975) sowie motorische Aufgaben (*Schneider* und *Heggemeier,* 1978) vorlegen.

Einen beachtenswerten Vorteil bieten Aufgaben, die gleichzeitig als relevant wahrgenommen werden, mit denen sich jeder Schwierigkeitsgrad herstellen läßt und die zudem noch eine manipulierte Rückkoppelung gestatten. Weil es diese Eigenarten in sich vereint, wurde bei Forschungen an der Universität Duisburg ein Determinationsgerät eingesetzt (*Butzkamm,* 1981), bei dem auf optische und akustische Lichtsignale in jeweils einstellbarer Geschwindigkeit zu reagieren ist.

1.5.3 Erfassung von Kausalattribuierungen

Im Rahmen der Attribuierungsforschung sind verschiedenartige Methoden verwendet worden, um Leistungsursachen zu erfassen. Die offene Frage (Beispiel: „Weshalb waren Sie nach Ihrer Meinung bei dieser Aufgabe erfolgreich/erfolglos?"), verwendet z. B. bei *Elig* und *Frieze* (1974, 1975), hat den Vorteil, daß sie den Befragten nicht in seinen Antwortmöglichkeiten einengt. Diese Methode erhält jedoch schwächere Bewertungen, wenn man psychometrische Gesichtspunkte berücksichtigt; die Zuverlässigkeit ist z. B. vergleichsweise gering.

Demgegenüber ist für die strukturierten Befragungsmethoden kennzeichnend, daß der Experimentator bereits im voraus eine Entscheidung bezüglich der Relevanz der von ihm vorgegebenen Ursachen getroffen hat. Dabei besteht die Gefahr, daß den Befragten Erklärungen nahegelegt werden, die sie bei spontaner Beantwortung vielleicht nicht genannt hätten. Es gibt jedenfalls Hinweise dafür, daß Versuchspersonen in beträchtlichem Umfang situationsspezifische Kausalattribuierungen nennen, wenn sie Gelegenheit dazu haben (*Hausser,* 1980); diese situationsspezifischen Erklärungen müssen von strukturierten Befragungsmethoden zwangsläufig vernachlässigt werden.

Die strukturierten Methoden lassen sich danach unterteilen, ob sie unabhängige oder ipsative Beurteilungen fordern. Von einer unabhängigen Beurteilung spricht man, wenn die Einflußstärke jeder der vorgegebenen Ursachen unabhängig von den übrigen abzuschätzen ist. Bei ipsativen Messungen muß der einer Ursache zugewiesene Wert notwendigerweise die Werte der anderen mitbestimmen.

Unipolare Schätzskalen lassen sich als strukturierte Verfahren kennzeichnen, die eine unabhängige Beurteilung fordern. Bei dieser Skalenform fragt man z. B.: „Wie stark ist nach Ihrer Einschätzung Ihr Erfolg von Ihrer Fähigkeit (Anstrengung usw.) mitbestimmt worden?" Zur Beantwortung einer solchen Frage erbittet man eine Markierung auf einer Ratingskala wie der folgenden:

Sehr stark   8 7 6 5 4 3 2 1   überhaupt nicht.

Zu den ipsativen Beurteilungen gehört die (meßtechnisch ziemlich und in ihrer inhaltlichen Aussagefähigkeit noch mehr fragwürdige) Prozenteinschätzung. Man läßt dabei die Versuchspersonen Feststellungen folgender Art ergänzen: „Fähigkeit war zu _ %, Anstrengung zu _ % . . . die Ursache meiner Leistungen", wobei sämtliche Angaben sich zu 100 % ergänzen müssen. (Der Vergleich von Antworten auf die beiden zuletzt genannten Meßmethoden ergibt nach *Spink*, 1978, übrigens mit Korrelationen in der Nähe von .70 recht hohe Übereinstimmungen). In einer Studie von *Elig* und *Frieze* (1979) bekundeten die Versuchspersonen ihre allgemeine Abneigung gegenüber der Prozenteinschätzung. Für sie waren die Angaben schwer zu errechnen und sie meinten zudem, die geforderten Zahlenwerte könnten nicht in optimaler Weise abbilden, was nach ihrem Eindruck die Ursache für ihre Leistungsergebnisse darstellen würde.

Wiederholt sind auch *bipolare Skalen* verwendet worden. Man legt dabei zwischen zwei Ursachen eine mehrstufige Skala und fordert die Versuchspersonen auf, über eine entsprechende Ankreuzung zu markieren, ob für ein Leistungsergebnis mehr die eine oder die andere Ursache in Frage kommt (z. B. „Mein Leistungsergebnis ist vor allem zurückführbar auf: Fähigkeit ————— Glück."). Kritisch ist zu dieser Aufgabenform anzumerken, daß sie – eventuell in nicht gerechtfertigter Weise – ein Polaritätsverhältnis der Ursachen suggeriert.

Als eine weitere strukturierte Methode fanden auch Fragen Verwendung, die mit einer erzwungenen Wahl verbunden waren. So wird die Versuchsperson z. B. mit folgender Frage konfrontiert: „Wodurch ist Ihr Leistungsverhalten am stärksten bestimmt worden: Von ( ) der Fähigkeit, ( ) der Anstrengung, ( ) der Aufgabenschwierigkeit, ( ) dem Zufall?" Diese Methode hat ihren kritischen Punkt darin, daß sie die Versuchspersonen zu einer Rangzuweisung zwingt, die sie von sich aus vielleicht gar nicht vornehmen würde.

Schließlich ist noch die Methode der *Paar-Vergleiche* zu erwähnen, die in der Attribuierungsforschung bisher nur vereinzelt (so z. B. von *McMahan*, 1973) verwendet worden ist, weil ihr im Vergleich zu den bipolaren Skalen eine geringere Differenzierungskraft zugeschrieben wird. Die Versuchspersonen fordert man dabei auf, von paarweise dargebotenen Ursachen (z. B. Fähigkeit-Aufgabenschwierigkeit, Fähigkeit-Anstrengung, Fähigkeit-Zufall) jeweils diejenige zu markieren, die von beiden stärker auf das Leistungsergebnis Einfluß genommen hat.

Dem Attribuierungsforscher stehen also, wie die vorangehende Darstellung gezeigt hat, verschiedene Methoden zur Verfügung. Auf unstrukturierte Methoden wird man sinnvollerweise zurückgreifen, wenn man von einer Versuchspersonen-Gruppe noch nicht weiß, auf welche Ursachen sie zurückgreift. Nach Klärung dieser Sachlage in einem ersten Stadium wird man zur besseren Auswertung und Verrechnung bemüht sein, strukturierte Methoden zu entwickeln. Favorisiert hat man dabei in letzter Zeit vor allem unipolare Ratingskalen. Sie sind zwar — absolut gesehen — ebenfalls als fragwürdig zu bezeichnen, im Vergleich zu anderen Skalierungsverfahren aber noch am wenigsten problematisch.

Bei Konstruktion von Ratingskalen oder anderen strukturierten Verfahren sollte allerdings geprüft werden, ob man nicht — einer Anregung *Butzkamms* (1981) folgend — zwei verschiedene Aspekte der Kausalattribuierung gesondert erfassen sollte: Eine Versuchsperson kann mit ihrer Kausalattribuierung zum einen eine Selbsteinschätzung zum Ausdruck bringen, d. h. mitteilen, für wie begabt sie sich hält, ob sie sich anzustrengen vermag usw. Danach wird nach *Butzkamm* der Diagnoseaspekt angesprochen. Zum anderen kann die Versuchsperson auch Auskunft darüber geben, ob die bearbeitete Aufgabe ihre Begabung herausgefordert bzw. zu erhöhten Anstrengungen motiviert hat; sie äußert sich in einem solchen Fall zum Relevanzaspekt.

Die Notwendigkeit der Differenzierung zwischen Diagnose- und Relevanzaspekt der Kausalattribuierung konnte in Untersuchungen von *Butzkamm* (1981) und *Rüssmann-Stöhr* (1981) belegt werden; diese Autoren haben für die Kausalfaktoren Begabung, Anstrengung und Aufgabenschwierigkeit beide Aspekte getrennt erfaßt; die Interkorrelationen waren insgesamt niedrig (maximal r = .33).

1.5.4 Methodologische Probleme beim Studium kognitiver Prozesse

In Studien der Attribuierungsforschung geht man davon aus, daß einem Menschen nicht völlig verschlossen bleibt, welche Reize seine kognitiven Prozesse beeinflussen, daß sich die Verarbeitungs- und Interpretationsprozesse nicht völlig unbewußt vollziehen und wenigstens bis zu einem bestimmten Grade beobachtbar sind, und daß er auch eine gewisse Kontrolle darüber hat, wie Kognitionen sein Verhalten beeinflussen. Solche Vorannahmen lassen es gerechtfertigt erscheinen, daß man einen Menschen auffordert, seine kognitiven Prozesse zu beobachten und anschließend darüber zu berichten. Zur Erfassung solcher Selbstbeobachtungen stehen – wie im letzten Abschnitt zu zeigen war – zahlreiche Methoden zur Verfügung. Offenkundig wird in der kognitiven Psychologie wieder ausgiebiger Gebrauch von einer Methode gemacht, die unter dem Einfluß des Behavioristen John *Watson* bereits völlig diskreditiert schien: die Introspektion. Zeigt die intensive Nutzung dieser Methode nun an, daß *Watsons* Bedenken zwischenzeitlich ausgeräumt werden konnten? Kann die Introspektion gültige Informationen liefern? Zum gegenwärtigen Zeitpunkt ist die kritische Prüfung dieser Frage noch keineswegs abgeschlossen.

1.5.4.1 Das Problem der Bewußtheit kognitiver Prozesse und ihrer Determinanten

Nach Richard *Nisbett* und Timothy *Wilson* (1977) ist in vielen Fällen die Voraussetzung nicht gegeben, daß Versuchspersonen bereit und in der Lage sind, über ihre Kognitionen gültige Auskünfte zu geben. Die kritische Stellungnahme dieser beiden Autoren enthält vor allem die drei folgenden Feststellungen:

1. „Die Genauigkeit subjektiver Aussagen ist so dürftig, daß sich nur folgern läßt: Jeder introspektive Zugang, der bestehen mag, reicht nicht aus, um generell verläßliche Aussagen hervorzubringen."
2. Wenn Versuchspersonen Selbstaussagen machen, berichten sie nicht unbedingt über jene kognitiven Prozesse, die sie bei sich als Reaktion auf bestimmte Reizgegebenheiten beobachtet haben. Statt gültiger Informationen teilen die Versuchspersonen u. U. das

Ergebnis von Plausibilitätsüberlegungen mit, d. h. sie orientieren sich an impliziten Kausaltheorien und sagen aus, was nach ihrer Meinung schlüssig und einleuchtend ist.

3. Introspektive Aussagen über kognitive Prozesse müssen keineswegs immer unzutreffend sein. Ihre Richtigkeit belegt jedoch nicht, daß der Selbstbeobachter Zugang zu seinen kognitiven Prozessen habe; möglicherweise hat er nur den richtigen Gebrauch von seinen Kausaltheorien gemacht.

Nisbett und *Wilson* behaupten also, daß der Mensch keinen Zugang zu seinen kognitiven Prozessen habe. Damit wurde von diesen Autoren die Tür zu den Bewußtseinsprozessen zugeschlagen (*Smith* und *Miller*, 1978). Besteht aber nicht die Gefahr, daß die Entscheidung zum Verzicht auf eine solche Datenquelle etwas voreilig getroffen worden ist? Könnten nicht Bedingungen zu spezifizieren sein, unter denen kognitive Prozesse sehr wohl über die Introspektion zugänglich sind? Es wäre z. B. möglich, daß die Versuchspersonen jener Experimente, auf die *Nisbett* und *Wilson* sich beziehen, deshalb keine gültigen Beschreibungen ihrer kognitiven Prozesse zu geben vermochten, weil sie aus dem Gedächtnis bereits wieder gelöscht waren, als sie vom Versuchsleiter zur Berichterstattung aufgefordert worden sind (*White*, 1980).

Auch Ellen *Langer* (1978) von der Harvard-Universität steht den pauschalen Feststellungen *Nisbetts* und *Wilsons* kritisch gegenüber. Nach ihrer Auffassung haben Menschen nur Zugang zu solchen Prozessen, die auf der Bewußtseinsebene ablaufen. Ein erheblicher Teil alltäglicher Aktivitäten ist jedoch lediglich Routine und ohne jeweiliges Nachdenken zu erledigen. Solche automatisierten Verhaltensweisen laufen „gedankenlos" ab; sie stehen unter Kontrolle sog. „Scripts" (nach *Abelson*, 1976). Kennzeichnend für sie ist, daß sie ohne Aufmerksamkeitszuwendung ablaufen. Deshalb kann man sie nicht beobachten (was ja mit einer Aufmerksamkeitszuwendung verbunden wäre).

Jedem Lernenden ist bekannt, daß neue Aufgaben zunächst nur zu lösen sind, indem man die einzelnen Maßnahmen zu ihrer Bewältigung ganz bewußt ausführt. Wer seine erste praktische Stunde in der Fahrschule absolviert, muß jeden Schritt in der Handhabung eines Autos noch sehr überlegt ausführen. Die einzelnen Verhaltensweisen reihen sich deshalb auch wenig elegant aneinander. Ausreichende Übungen ermöglichen es aber eher oder später, anfänglich isolierte Verhaltenselemente zu einer Einheit zu organisieren. Allerdings steht der Verhaltensablauf fortan immer weniger unter bewußter Steuerung.

Jeder Versuch, die bewußte Kontrolle zurückzugewinnen, ist mit einer Störung des kontinuierlichen Handlungsablaufs verbunden. Wer in einer Unterhaltung über jedes Wort erst nachdenkt, vermag nicht mehr flüssig zu sprechen.

Wenn aber – wie *Langer* behauptet – ein erheblicher Teil alltäglicher (auch sozialer) Aktivitäten routinemäßig abläuft und nicht unter bewußter Kontrolle steht, ist es doch unwahrscheinlich, daß Menschen – wie die Attribuierungstheoretiker meinen – häufig bemüht sind, Wahrgenommenes zu interpretieren. Wie läßt sich überhaupt eine Forschung rechtfertigen, die von einem Menschen ausgeht, der sich seiner Kognitionen zumeist bewußt ist, „und der bewußt, ständig und systematisch „Regeln" anwendet, um hereinkommende Informationen aus der Umgebung zu interpretieren und Verhaltensabläufe zu bestimmen"? (*Langer*, 1978). Wäre es nicht möglich, daß ein Mensch unter den Bedingungen eines Experiments sehr viel aufmerksamer die gebotene Umwelt wahrnimmt und Informationen verarbeitet (über die er dann auch unter Anwendung der Introspektion Auskunft geben kann) als in der Situation des Alltagslebens? Diese Möglichkeit ist nach *Langer* sehr wohl gegeben. Sie spezifiziert einige Bedingungen, auf die ein Mensch vermutlich nicht „gedankenlos", routinemäßig reagieren wird. Dazu gehört u. a. eine neue Situation, auf die – eben weil sie unbekannt ist – nicht automatenhaft reagiert werden kann. Mit der möglichen Ausnahme von Versuchspersonen, die häufiger an Experimenten teilnehmen und folglich als routiniert gelten können, werden erstmalige Teilnehmer eine Untersuchungssituation als neu wahrnehmen und sehr viel bewußter auf sie reagieren als auf die alltäglichen Situationen außerhalb des Labors. „Ein Leugnen der hier getroffenen Unterscheidung kann zur Entwicklung fälschlicher theoretischer Modelle führen und dazu, daß Sozialpsychologen zur Anwendung von Laborergebnissen auf die ‚reale' Welt verleitet werden" (*Langer*).

Die Arbeiten *Nisbetts* und *Wilsons* sowie *Langers* stellen zweifellos ernsthafte Herausforderungen für den Attribuierungstheoretiker dar. Ihren Beiträgen ist zu entnehmen, daß noch erhebliche Forschungsanstrengungen unternommen werden müssen, um zu klären, wann Menschen Zugang zu ihren kognitiven Prozessen haben und wann nicht, unter welchen Bedingungen sie bewußter wahrnehmen und handeln und wann sie eher gedankenlos, routinemäßig reagieren. In diesem Sinne stellen *Smith* und *Miller* (1978) zusammenfassend fest: „Wir empfehlen, die Aufmerksamkeit in der Forschung auf die Frage zu richten, wann (und nicht ob) Menschen dazu in der Lage sind, über ihre geistigen Prozesse exakt zu berichten und meinen, daß Aufgaben, die fesselnd und nicht überlernt sind, ein vielversprechendes Gebiet darstellen, in welchem nach Belegen für eine solche Bewußtheit zu suchen ist."

1.5.4.2 Die Veränderung von Kognitionen durch deren Untersuchung

Es stellt sich nicht nur die Frage, unter welchen Bedingungen kognitive Prozesse durch Introspektion zugänglich sind, sondern auch, ob und in welcher Weise sich die Kognitionen dadurch verändern, daß sie Gegenstand einer Untersuchung werden. Auf diese Möglichkeit hat *Langer* mit dem Hinweis aufmerksam gemacht, daß das Experiment schon wegen seiner außergewöhnlichen Bedingungen erregend wirkt und bei den Teilnehmern mehr Bewußtheit auslöst als alltägliche Situationen.

Tatsächlich gibt es Hinweise dafür, daß durch die Fragen nach Kausalattribuierungen im Rahmen eines Experiments kognitive Prozesse in Gang gesetzt werden, die ohne solche Befragungen nicht ablaufen würden (*Enzle* und *Schopflocher*, 1978). In einer Studie von *Patten* und *White* (1977) hat die Bitte des Versuchsleiters, ihren Leistungsergebnissen eine Ursache zuzuschreiben, wahrscheinlich zu der Erkenntnis geführt, daß ihre Fähigkeiten und ihr Fleiß einer Bewertung unterzogen und mit Standards verglichen wurden. Diese Situation bedeutete für die Versuchspersonen wahrscheinlich eine besondere Herausforderung; denn es gab Hinweise für eine gesteigerte Ich-Beteiligung (s. S. 81 f.). In einem solchen Fall hätten sich Kognitionen bereits dadurch verändert, daß sie in der Wahrnehmung der Versuchspersonen zum Gegenstand von Untersuchungen wurden.

Die Befunde von *Patten* und *White* unterstreichen die Notwendigkeit, im Rahmen angemessener Forschungen verstärkt auch zu klären, inwieweit und in welcher Weise Versuchspersonen mit ihren Antworten und sonstigen Verhaltensweisen auf spezifische Gegebenheiten der Untersuchungssituation reagieren. Dazu gehört z. B. auch die Wirkung, die allein schon durch die Formulierung einer Frage hervorgerufen wird. Wenn man nach den Beobachtungen von Edward *Jones* (1978) einen Menschen beispielsweise fragt, ob die Situation sein Verhalten nahegelegt habe, antwortet er eher mit einem Nein als wenn man fragt, ob er eine Handlung für richtig hielt, weil für die Situation bestimmte Bedingungen kennzeichnend waren (nach *Jones* lassen sich die unterschiedlichen Reaktionen mit dem Einfluß der Kontrollmotivation erklären. Die zuerst genannte Formulierung

geht von einer geringeren, die zweite von einer stärkeren Kontrollmöglichkeit des Handelnden aus).

Ein verbesserter Kenntnisstand bezüglich sämtlicher Einflußgrö-
ßen im Experiment ist notwendig. Ansonsten besteht die Gefahr,
daß Beobachtungen verallgemeinert werden, die mehr oder weniger
nur für die Besonderheiten der Untersuchungssituation gültig sind.

2. Kapitel: Determinanten und Konsequenzen von Kausalattribuierungen

2.1 Einführung in das zweite Kapitel

Im Rahmen des ersten Kapitels wurde herausgestellt, daß es zu eng und unangemessen ist, wenn man die subjektiven Interpretationen eines Menschen bei der Erklärung seines Verhaltens unbeachtet läßt. Es wurde vor allem auf die Notwendigkeit hingewiesen, kognitive Zwischenprozesse zu berücksichtigen. Reize, die innerhalb und außerhalb des Menschen auftreten, dürfen nicht als quasi reflexhafte Verhaltensauslöser betrachtet werden. Wesentlich ist vielmehr, wie ein Mensch diese Reize wahrnimmt, d. h. wie er sie interpretiert oder – mit anderen Worten – welche Bedeutung er ihnen zuschreibt. Für ein Kind, in dessen Lerngeschichte Erfolge überwiegen, hat ein gutes Leistungsergebnis vermutlich eine andere Bedeutung als für einen Schüler, der in seiner Vergangenheit vor allem Mißerfolge zur Kenntnis nehmen mußte. Das zweite Kapitel wird sich überwiegend mit diesen kognitiven Zwischenprozessen und mit ihrem Einfluß auf das nachfolgende Verhalten beschäftigen.

Die Kausalattribuierungen, die Menschen bei Erfolg und Mißerfolg vornehmen, stehen im Mittelpunkt dieses zweiten Kapitels. Bei den Attribuierungen lassen sich inter- und intraindividuelle Differenzen beobachten. Es gilt nun, diese Unterschiede in gesetzmäßige Zusammenhänge zu bringen und verstehbar zu machen. Weiterhin stellt sich die Frage, welche Einflüsse die Kausalattribuierungen eines Menschen auf sein nachfolgendes Leistungsverhalten anzuüben vermögen. Insgesamt wird sich der Aufbau dieses Kapitels an dem folgenden Diagramm orientieren (Wie jedes Diagramm, das kognitive Prozesse sowie deren Beziehungen zu veranschaulichen hat, reduziert auch das vorliegende den Komplexitätsgrad, d. h. nicht alle Variablen, die in der einschlägigen Literatur Berücksichtigung fanden, sind hier aufgeführt, weiterhin wurden in das Diagramm aus Gründen der Überschaubarkeit erheblich weniger Pfeile eingezeichnet als es unter Berücksichtigung sämtlicher Wechselwirkungen erforderlich wäre).

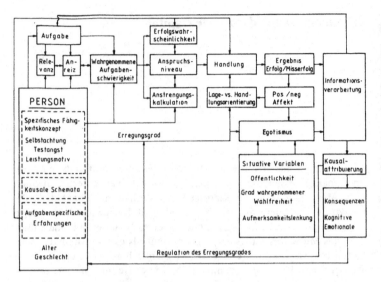

Abb. 2.1: Ein Handlungsmodell zur Erklärung leistungsbezogenen Verhaltens

Ausgangspunkt dieses Diagramms ist eine Person, die sich durch zahlreiche Merkmale (Alter, Geschlecht, ein Begabungskonzept, einen bestimmten Ausprägungsgrad der Selbstachtung, des Leistungsmotivs etc.) kennzeichnen läßt. Es sei nun angenommen, daß sich für diese Person eine Aufgabe stellt, die für sie persönliche Relevanz besitzt, deren Schwierigkeit sie einschätzt und die sich für sie durch einen bestimmten Anreiz kennzeichnen läßt. Die wahrgenommene Aufgabenschwierigkeit, die eingeschätzte aufgabenspezifische Fähigkeit sowie die Ansprüche, die die Person an sich selbst stellt, bilden sodann eine Grundlage, auf der Erwartungen bezüglich des Leistungsergebnisses entstehen. Einerseits bestimmen die Zielerwartungen die Anstrengungskalkulation, nach der der aufzubringende Anstrengungsgrad festgelegt wird, sie hängen andererseits aber auch von dieser ab. Wegen dieser wechselseitigen Beeinflussung wurden Erfolgswahrscheinlichkeit, Anspruchsniveau und Anstrengungskalkulation im Diagramm nicht nach-, sondern nebeneinander angeordnet.

Als nächstes kann eine Handlung auftreten, das ist die aktive Auseinandersetzung mit der Aufgabe. Ob und wann eine Lösung gefunden wird, hängt u. a. auch davon ab, ob sich der Handelnde ganz auf die Aufgabe konzentrieren kann (Handlungsorientierung), oder ob die Problemsituation und z. B. eine dadurch ausgelöste Furcht vor

Mißerfolg (gesteigerte Testangst etc.) einen derart hohen Grad der Beunruhigung auslöst, daß die auf die Bewältigung der Aufgabe gerichteten kognitiven Aktivitäten dadurch beeinträchtigt werden (Lageorientierung).

Wenn das Handlungsergebnis die vorausgegangenen Erwartungen bestätigt oder gar übertreffen sollte, unterstellt man dem Handelnden üblicherweise ein Erfolgserlebnis. Bleibt das Resultat dagegen hinter den Erwartungen zurück, schreibt man ihm ein Mißerfolgserlebnis zu. Nach der hier vertretenen Annahme handelt es sich bei diesen Erlebnissen zunächst um allgemeine positive und negative Affektreaktionen. Es wird weiterhin davon ausgegangen, daß diese Affektreaktionen Egotismus aktivieren; ihr Ziel ist es, ein positives Selbstbild zu erhalten, eventuell sogar zu steigern. Die egotistischen Tendenzen, deren Stärke jeweils von situativen Bedingungen abhängt, beeinflussen auch den Prozeß, in dessen Verlauf das Handlungsergebnis unter Berücksichtigung weiterer Informationen verarbeitet wird. Ein Handlungsergebnis muß nicht immer von einer Kausalattribuierung gefolgt sein. Unter bestimmten Voraussetzungen können Handelnde nach einem Mißerfolg z. B. entscheiden, ihre gesamte Aktivität auf eine weitergehende Analyse der Aufgabe, auf die Suche alternativer Lösungsmöglichkeiten usw. zu konzentrieren. Erst das Scheitern dieser zusätzlichen Bemühungen führt schließlich zu einer Ursachenzuschreibung. Durch diese Kausalattribuierung läßt sich bis zu einem gewissen Grade die Intensität des Erregungsniveaus verändern. Weiterhin sind kognitive und emotionale Konsequenzen der Kausalattribuierung von Bedeutung, weil auch sie Einfluß darauf nehmen, wie ein Mensch auf eine zukünftige Leistungssituation reagiert.

In der nachfolgenden Darstellung sind zunächst Prozesse zu skizzieren, die einer Handlung vorausgehen. In einer sehr viel ausführlicheren Darstellung rücken schließlich die Kausalattribuierungen in den Blickpunkt. Es wird mitzuteilen sein, auf welche Ursachen Leistungsergebnisse vor allem zurückgeführt werden. Es sind weiterhin Determinanten und anschließend Konsequenzen der Kausalattribuierung aufzuzeigen. Der abschließende Teil dieses Kapitels ist einem speziellen Phänomen gewidmet. Es zeigt auf, wie Menschen reagieren können, die zwischen ihrem Handeln und ihren Leistungsergebnissen keine Beziehung wahrzunehmen vermögen und daraufhin – unter bestimmten Voraussetzungen – Hilflosigkeit erlernen.

2.2 Die Handlung und ihre Determinanten

Im Mittelpunkt dieses Kapitels steht die Kausalattribuierung bei Erfolg und Mißerfolg. Damit richtet sich das Interesse vor allem auf solche Prozesse, die der Handlung folgen. Lediglich in Form einer groben Übersicht sind vorweg jene Prozesse zu beschreiben, die – entsprechend dem Modell auf Seite 48 – der Handlung vorausgehen und deren Ergebnis mitbestimmen.

2.2.1 Die Wahrnehmung von Aufgabenmerkmalen

Die Motivation, sich mit einer Aufgabe auseinanderzusetzen, sich um ihre Bewältigung zu bemühen, hängt nicht unerheblich davon ab, wie ein Mensch diese vor allem bezüglich der folgenden drei Merkmale wahrnimmt: Relevanz, Schwierigkeit und Anreiz.

Relevante Aufgaben sind solche, deren Ergebnisse man als persönlich wichtig wahrnimmt. Es kann z. B. sein, daß sie Aufschluß über eine für wichtig gehaltene Fähigkeit geben. So schreibt man Aufgaben aus Intelligenztests vielfach hohe Relevanz zu, weil man davon ausgeht, daß sie Fähigkeiten herausfordern, die über das zukünftige Bildungs- und Berufsschicksal eines Menschen mitbestimmen. Wenn eine Aufgabe als relevant wahrgenommen wird, ist folglich eine wichtige Motivierungsvoraussetzung gegeben.

Auf der Grundlage seiner bisherigen Erfahrungen mit einer Aufgabenart (siehe in Abbildung 2.1: aufgabenspezifische Erfahrungen) und unter Berücksichtigung seines spezifischen Begabungskonzepts nimmt ein Mensch die Einschätzung der Aufgabenschwierigkeit vor. Nach dem sog. Risikowahl-Modell von *Atkinson* (1957) steht der Anreiz einer Aufgabe mit ihrer Schwierigkeit in Beziehung. Mit der Schwierigkeit einer Aufgabe steigt zwar ihr Anreiz für den Fall eines Erfolgs (man hat nach Bewältigung einer schwierigen Aufgabe eine größere Belohnung als bei einer leichten verdient; siehe *Litwin*, 1966), zugleich sinkt aber die Erfolgswahrscheinlichkeit. Daraus ergab sich für *Atkinson* die Vermutung, daß Aufgaben mittlerer Schwierigkeit eine maximale Motivierungsfunktion besitzen. Empirische Nachprüfungen haben diese Hypothese im großen und ganzen bestätigt; allerdings hat sich gezeigt, daß erfolgsmotivierte Versuchspersonen dazu neigen, eher etwas schwierigere Aufgaben (mit Erfolgswahrscheinlichkeiten zwischen 0,30 und 0,40) auszuwählen (*Heckhausen*, 1968; *Schneider*, 1971, 1973; zusammenfassende Darstellung und Kritik bei: *Schneider*, 1976).

Es sei nun davon ausgegangen, daß eine Aufgabe vorliegt, die hochrelevant erscheint, in den Bereich mittlerer Schwierigkeit eingestuft wird und einen entsprechenden Anreiz besitzt; damit sind wichtige Voraussetzungen gegeben, die eine Motivation zur Auseinandersetzung mit der Aufgabe erwarten lassen.

2.2.2 Leistungserwartungen

In der einschlägigen Literatur finden sich zahlreiche Begriffe, die alle etwas mit Leistungsansprüchen an die eigene Person bzw. mit Leistungserwartungen zu tun haben; es wird z. B. von Erfolgserwartung, Erfolgswahrscheinlichkeit, Anspruchsniveau und Zielsetzung gesprochen, ohne daß dabei stets einheitlich definiert wird. Deshalb ist im folgenden der Versuch einer Begriffserklärung zu unternehmen.

Es wird hier postuliert, daß ein „generalisierter Standard", der als situationsübergreifend und relativ zeitstabil verstanden wird, mitbestimmt, welche Anforderungen ein Mensch bei Auseinandersetzung mit leistungsbezogenen Situationen an sich selbst stellt. Bezüglich dieses generalisierten Standards ist von interindividuellen Unterschieden auszugehen, d. h. einige Menschen fordern generell viel von sich, andere verhältnismäßig wenig.

In Abhängigkeit von seiner besonderen Lerngeschichte stellt ein Mensch in einigen Aufgabenbereichen (z. B. in der Mathematik) höhere Anforderungen an sich als in anderen (z. B. im Sport). Solchen intraindividuellen Differenzen wäre Rechnung zu tragen, wenn man eine Orientierung des einzelnen an einem „bereichsspezifischen Standard" unterstellt.

Innerhalb eines Aufgabenbereichs hat man es aber stets mit einer erheblichen Streuung der Aufgabenschwierigkeit zu tun. Welche Erwartungen man bezüglich seines Leistungsergebnisses im Falle konkret vorliegender Aufgaben haben kann, bei denen man bereits u. a. eine Schwierigkeitseinschätzung vorgenommen hat, bestimmt sich nach dem Anspruchsniveau. Das Anspruchsniveau bezeichnet die Erwartungen, die ein Mensch bezüglich des Bewältigungsgrades von Aufgaben bestimmter Art und Schwierigkeiten entwickelt hat.

In dieser Fassung stellt das Anspruchsniveau ein Konstrukt dar, das sich in Zielsetzungen verschiedener Art operationalisieren läßt (eine Zielsetzung kann sich auf die Anzahl von Aufgaben, die Güte ihrer Bewältigung sowie auf die Auswahl von Schwierigkeitsstufen beziehen). — Nachdem ein Mensch in einem Experiment mit einer bestimmten Aufgabenart vertraut gemacht worden ist, kann man ihn z. B. fragen, wie viele solcher Aufgaben er innerhalb eines benannten Zeitraumes nach eigener Einschätzung zukünftig lösen wird. Seine diesbezügliche Erwartung konkretisiert sich in der Zielsetzung. Diese Zielsetzung wird nicht nur von den jeweils verbindlichen Standards, sondern außerdem u. a. von der wahrgenommenen Aufgabenschwierigkeit sowie der eingeschätzten aufgabenspezifischen Begabung mitbestimmt.

Bevor ein Mensch handelt, hat er nicht nur eine Erwartung bezüglich seines zukünftigen Leistungsniveaus; er vermag zugleich die Wahrscheinlichkeit abzuschätzen, das jeweils gesetzte Ziel zu erreichen (Erfolgswahrscheinlichkeit). Beispielsweise setzt sich eine Versuchsperson das Ziel, fünfzehn Aufgaben zu lösen; sie erwartet, mit einer Wahrscheinlichkeit von sechzig Prozent, dieses Ziel zu erreichen.

2.2.3 Anstrengungskalkulation

Eine als sehr leicht eingeschätzte Aufgabe könnte Anlaß für den Entschluß sein, keinerlei Anstrengung aufzubringen. Bei schwierigeren Aufgaben sinkt die Wahrscheinlichkeit ihrer Bewältigung, wenn anspruchsvollere Ziele erreicht werden sollen. Sollten durch die Leistungsstandards Ansprüche gestellt werden, die auf Bewältigung schwierigerer Aufgaben gerichtet sind, erfolgt nach dem in Abbildung 2.1 dargestellten Modell die Aktivierung eines kognitiven Prozesses, den man als Anstrengungskalkulation umschrieben hat. Auf diesen Prozeß haben *Kukla* (1972) und *Meyer* (1973, 1976) ziemlich gleichzeitig aufmerksam gemacht.

Ausgangspunkt für eine Anstrengungskalkulation ist das „Wissen" (siehe hierzu: Kausale ·Schemata, S. 67 f.), daß zwischen Fähigkeit und Anstrengung Beziehungen (z. B. kompensatorische) bestehen, d. h. beispielsweise, daß weniger begabte Menschen bei Auseinandersetzung mit bestimmten, nicht zu schwierigen Aufgaben, das gleiche Leistungsniveau wie begabtere nur dann erreichen können, wenn sie sich entsprechend mehr anstrengen. Bis zu einem gewissen Grade ist also ein Mangel an Fähigkeit durch Steigerung der Anstrengung auszugleichen.

Meyer (1973) vermutet nun, daß Menschen vor Auseinandersetzung mit einer Aufgabe Nutzerwägungen darüber anstellen, ob und in welchem Maße der Einsatz von Anstrengung lohnt. Man bringt nicht mehr Anstrengung auf, als zur Bewältigung der jeweils wahrgenommenen Schwierigkeit einer Aufgabe notwendig erscheint. Je schwieriger eine Aufgabe wird, desto mehr muß man sich anstrengen. Allerdings wird man zwangsläufig irgendwann eine kritische Grenze erreichen, von der an Aufgaben so schwierig werden, daß auch mit einem Höchstmaß an Anstrengung keine Erfolgsaussichten mehr bestehen; unter dieser Bedingung behauptet das Modell der Anstrengungskalkulation ein Absinken der Anstrengungsbereitschaft bzw. der Stärke der „intendierten" Anstrengung. Bei welchem Schwierigkeitsgrad ein Mensch die Entscheidung trifft, keine Anstrengung mehr zu intendieren, hängt wesentlich von seinem Begabungskonzept ab: Wer sich für weniger begabt hält, erreicht diese kritische Grenze bereits bei geringeren Schwierigkeitsgraden als ein anderer, der sich eine höhere Begabung zuschreibt. *Meyer* (1973, 1976) vermochte in mehreren Studien die soeben genannten Zusammenhänge zu belegen.

Im Rahmen der Nutzerwägung, die *Meyer* dem Menschen unterstellt, erhebt sich vor allem die Frage, ob es sich angesichts einer wahrgenommenen Aufgabenschwierigkeit lohnt, Anstrengungen aufzubringen. Zusätzlich muß das Individuum aber mit der Möglichkeit eines Mißerfolgs rechnen und nach Strategien Ausschau halten, durch die eine Verletzung der Selbstachtung abzuwehren wäre. *Frankel* und *Snyder* (1978) beobachteten z. B., daß Versuchspersonen weniger Anstrengungen aufbrachten, um im Falle eines Mißerfolgs eine Ursache benennen zu können (fehlende Anstrengung), die vom Verdacht mangelnder Fähigkeit abzulenken vermochte. Wenn die Versuchspersonen jedoch erfahren hatten, daß eine extrem schwierige Aufgabe zur Bearbeitung anstand, zeigten die Versuchspersonen mehr Anstrengungsbereitschaft, weil ein Versagen unter dieser Bedingung der Aufgabenschwierigkeit anzulasten war. In einem anderen Experiment (*Berglas* und *Jones,* 1978) verlangten Versuchspersonen mit geringerer Selbstachtung relativ häufig nach einer leistungshemmenden Droge, bevor sie die Aufgabe bearbeiteten, um im Falle eines Mißerfolgs eine Attribuierung vornehmen zu können (Droge), die die Selbstachtung nicht belastete.

In Reaktion auf relativ unbekannte Mitmenschen werden ähnliche Strategien angewandt: Ein Mann setzt sich nicht ohne weiteres neben ein ihm fremdes hoch attraktives Mädchen, weil er die Gefahr einer Zurückweisung fürchtet. Diese Furcht ist jedoch zu überwinden, wenn man sich neben das Mädchen setzen kann, weil situative Gegebenheiten dies rechtfertigen (*Bernstein et al., i. V.*).

Nach *Snyder* und *Wicklund* (1981) offenbart sich in solchen Beobachtungen eine generelle Tendenz des Menschen, Ambiguität (Unbestimmtheit) bezüglich seiner Verhaltensursachen zu schaffen und auszunutzen (siehe hierzu S. 28). Diese Tendenz scheint um so stärker zu werden, je geringer man seine eigenen Fähigkeiten einschätzt (*Bernstein et al., i. V.*). Je geringer das eigene Fähigkeitskonzept ist, desto mehr läßt sich Ambiguität nutzen, um die Gefahr einer negativen Beurteilung der eigenen Fähigkeit abzuwehren. Erhöhte Ambiguität bezüglich der Ursachen eines möglichen Mißerfolgs wirkt demnach enthemmend auf Bemühungen, attraktive Ziele zu erreichen (z. B. kann ein Student seine Hemmungen, eine hübsche Kommilitonin anzusprechen, überwinden, wenn er es unter dem Vorwand tut, er würde nur gerne einen Blick in ihre Aufzeichnungen aus der letzten Vorlesung werfen).

Im Unterschied zu einigen Autoren (z. B. *Meyer*) ordnet das Modell der Abbildung 2.1 das Anspruchsniveau, die Erfolgswahrscheinlichkeit und die Anstrengungskalkulation nicht in ein Nacheinander. Hier wird vielmehr davon ausgegangen, daß ein Mensch eine Art kognitives Planspiel mit ständigen Richtungsänderungen durchführt, die es nicht erlauben, Nachschaltungen zu postulieren, wo interaktive Beziehungen vorausgesetzt werden.

2.2.4 Die Handlung

Wie die bisherige Darstellung gezeigt hat, sind vor dem Auftreten einer sichtbaren Handlung bereits komplizierte kognitive Prozesse abgelaufen. Die tätige Auseinandersetzung mit einer Aufgabe geht deshalb bereits mit mehr oder weniger deutlichen Zielerwartungen und subjektiven Erfolgswahrscheinlichkeiten einher.

Wie ein Mensch sich während der Handlungsphase mit einer Aufgabe auseinandersetzt, d. h. wie er die Situation und das Ziel analysiert, um lösungsrelevante Regeln zu entdecken, evtl. zu kombinieren, untersucht man in der Denkpsychologie oder in der Psychologie des Problemlösens. All diese Prozesse setzen voraus (sofern eine Problembewältigung und keine automatisierte Aktivität gefordert wird), daß der Handelnde seine Aufmerksamkeit auf sie zu richten vermag. Sofern aber ein Mensch zu sehr mit sich selbst beschäftigt ist, z. B. wegen erheblicher Beunruhigung, muß mit einer Beeinträchtigung des Handlungsablaufs gerechnet werden. Wenn ein Handelnder seine Aufmerksamkeit zu sehr auf eigene innere, nicht aufgabenrelevante Prozesse richtet, spricht J. *Kuhl* (1981) von einer Lageorientierung; an anderer Stelle wird darüber noch mehr mitzuteilen sein.

2.3 Klassifikation von Leistungsursachen

In einer leistungsbezogenen Situation führt eine Handlung früher oder später zu einem Ergebnis, das sich als Erfolg oder Mißerfolg klassifizieren läßt. Die Interpretationen, die Menschen für ihre Leistungsergebnisse geben, sollen nunmehr in den Blickpunkt rücken. Dabei handelt es sich um die Produkte eines Prozesses, für die im Diagramm auf S. 48 der Begriff ‚Kausalattribuierung' verwendet worden ist.

Welche Ursachen werden nun von Menschen in leistungsbezogenen Situationen in Anspruch genommen? – Es stellt schon eine ,,zentrale Ironie" (*Kelley* und *Michela*, 1980) dar, daß bislang nur wenige Untersuchungen der Gewinnung von Ursachenkatalogen gewidmet worden sind. Allerdings würde ihre Verfügbarkeit mit einer kaum übersehbaren Vielfalt verbunden sein, denn für verschiedene Aufgabenbereiche werden keinesfalls identische Ursachen in Anspruch genommen (*Rüssmann-Stöhr*, 1981). Darüber hinaus gibt es zahlreiche weitere Attribuierungsunterschiede, so z. B. zwischen den Geschlechtern (*Murray* und *Mednick*, 1977), zwischen verschiedenen Berufen (*Smith* et al., 1976) zwischen ethnischen Gruppen und Kulturen (*Nicholls*, 1978; *Singh* et. al., 1979) usw.

Die Anzahl der Ursachen, die man in der Attribuierungsforschung faktisch berücksichtigt hat, ist jedoch sehr begrenzt. Es handelt sich dabei vor allem um die vier *Weiner*-Faktoren: Fähigkeit, Anstrengung, Aufgabenschwierigkeit und Zufall (Glück, Pech). Weiterhin ist in einigen Studien zusätzlich auf andere Personen (Lehrer, Schüler, Familie), auf erlernte Charakteristika (Gewohnheiten, Einstellungen) und physiologische Prozesse (Stimmungen, Reifung, Gesundheit) attribuiert worden.

Die neuerlich von *Weiner* als relevant erachteten Klassifikationsmerkmale der Ursachen sind: internal vs. external (Lokalitätsdimension), variabel vs. konstant (Stabilitätsdimension) und kontrollierbar vs. unkontrollierbar (Kontrolldimension). In faktorenanalytischen Untersuchungen (*Meyer*, 1980) konnte die Angemessenheit dieser Taxonomie *Weiners* bestätigt werden.

2.3.1 Internale und externale Ursachen

Leistungsursachen lassen sich zunächst einmal danach klassifizieren, ob sie internal oder external zu lokalisieren sind. Von einer internalen Ursache spricht *Weiner*, wenn ein Leistungsergebnis auf Merkmale der handelnden Person zurückgeführt wird. Wenn ein Mensch z. B. bei Interpretation seines Erfolgs hohe Begabung oder große Anstrengung als Ursache nennt, zieht er internale, d. h. solche Faktoren heran, die bei ihm selbst liegen. Ebenso könnte er auf externale Ursachen zurückgreifen; in einem solchen Fall kommt er zu dem Schluß, er habe ganz einfach Glück gehabt, oder die Aufgaben wären nicht besonders schwierig gewesen.

Die Unterscheidung zwischen internalen und externalen Ursachen findet sich in allen Attribuierungstheorien; dennoch ist sie keineswegs unproblematisch und wiederholt heftig kritisiert worden (z. B. *Kruglanski*, 1975; *Semin*, 1980). In den meisten situationsbezogenen Attribuierungen sind nämlich Annahmen, die wesentliche Merkmale der Person betreffen, enthalten. In welche Kategorie gehört z. B. die Feststellung: „Ich konnte die Aufgabe nicht lösen, weil sie zu schwierig ist"? In dieser Aussage wird offenkundig mit der Aufgabenschwierigkeit eine externale Ursache in Anspruch genommen. Schwierigkeit ist jedoch ein relativer Begriff, denn er steht zur Fähigkeit (internale Ursache) in Beziehung. Deshalb könnte man die soeben genannte Feststellung auch folgendermaßen umformulieren: „Ich konnte die Aufgabe nicht lösen, weil meine Kenntnisse noch nicht ausreichen" (Inanspruchnahme einer internalen Ursache). Ebenso erkennt man in der Aussage: „Ich will leben" zunächst eine internale Attribuierung („ich will' im Sinne von „ich habe die Entscheidung getroffen'), obwohl gleichzeitig vorausgesetzt werden muß, daß situative Gegebenheiten das Leben wünschenswert und möglich machen.

Offenkundig ist mit den Begriffen external und internal kein echtes Gegensatzpaar gegeben (s. auch *Solomon*, 1978). Mit ihnen kann allenfalls abgebildet werden, wie stark ein Wahrnehmender innere und äußere Ursachen bei der Interpretation von Verhaltensweisen gewichtet.

Auch Günter *Bierbrauer* (1979) fand in seinen Studien, daß es sich bei den Begriffen internal und external nicht um echte Gegensätze handelt. Unter bestimmten Bedingungen gelang es *Bierbrauer*, seine Versuchspersonen zu einer stärkeren Gewichtung situativer Kausalattribuierungen zu veranlassen; damit erfolgte allerdings keine entsprechende Verringerung internaler Ursachen.

Beachtenswert ist auch ein Befund von *Allen* und *Smith* (1980). Danach können Menschen zwar dazu veranlaßt werden, Verhalten mit situativen oder Personursachen zu interpretieren. Wenn ihnen aber dazu die Gelegenheit gegeben wird, berücksichtigen sie in ihren Attribuierungen Wechselwirkungen von situativen und Persönlichkeitsmerkmalen; sie entscheiden sich dann also gar nicht eindeutig für internale oder externale Ursachen.

2.3.2 Stabile und variable Ursachen

Ursachen lassen sich weiterhin danach klassifizieren, ob sie als ziemlich stabil oder variabel wahrgenommen werden. Einigen Ursachen schreibt man im Verlauf der Zeit kaum Veränderungen zu. Man geht beispielsweise nicht davon aus, daß sich die intellektuelle Fähigkeit innerhalb kurzer Zeiträume ändern kann; man sieht darin vielmehr ein relativ stabiles Merkmal. Dagegen können physiologisch bestimmte Fähigkeiten, wie sie im sportlichen Bereich zu erbringen sind, sehr wohl als variabel wahrgenommen werden (*Rejewski* und *Lowe*, 1980).

Die Anstrengungsbereitschaft eines Menschen nimmt man vielfach als variables Merkmal wahr; man strengt sich nicht immer in gleicher Weise an. Allerdings läßt sich die Anstrengung auch als vergleichsweise stabiles Merkmal sehen. So unterstellt man dem Streber z. B. ständig Fleiß, während der ,,Faulpelz" als ein Mensch wahrgenommen wird, dessen fehlende Bereitschaft zur Anstrengung als ein konstantes Merkmal erscheint.

2.3.3 Kontrollierbare und unkontrollierbare Ursachen

Im Anschluß an *Heider* hat *Rosenbaum* (1972) eine Ordnungskategorie benannt, die er als ,Intentionalität' bezeichnet hat. Entsprechend der Wahrnehmung eines Menschen hängt es von der Intention, der Absicht ab, ob er sich anstrengt oder nicht. Zugleich werden die Stimmungen als etwas wahrgenommen, was sich der willkürlichen Einwirkung entzieht.

Während er in früheren Arbeiten die Kategorie ,Intentionalität' akzeptiert hat, glaubt *Weiner* (1979) nunmehr, daß es angemessener ist, zwischen Ursachen zu unterscheiden, die entweder als kontrollierbar oder unkontrollierbar wahrgenommen werden. Danach unterscheiden sich die Leistungsursachen Anstrengung und Stimmung darin, daß man aus der Sicht des Attribuierenden in ungleicher Weise auf sie Einfluß nehmen kann. Die Stimmungen entziehen sich somit der Kontrolle, nicht dagegen die Anstrengung.

2.3.4 Weiners drei-faktorielles Ursachen-Schema

Nach der bisherigen Darstellung ergibt sich ein drei-faktorielles Ursachen-Schema mit insgesamt acht Zellen.

Grad der Kontrollierbarkeit	Internal		External	
	stabil	variabel	stabil	variabel
Unkontrollierbar	Fähigkeit	Stimmung	Aufgaben-schwierigkeit	Zufall
Kontrollierbar	konstante Anstrengung	aktuelle Anstrengung	Lehrer-Vorein-genommenheit	ungewöhnliche Hilfe anderer

Tab. 2.1: Klassifikation wahrgenommener Leistungsursachen nach *Weiner* (1979)

Weiner anerkennt, daß die von ihm vorgeschlagene Klassifikation sehr wohl noch mit einigen ungelösten Problemen behaftet ist. So fragt sich z. B., ob externale Ursachen überhaupt der Kontrolle zugänglich sein können. Besteht die Möglichkeit, die Voreingenommenheit eines Lehrers zu verändern? – Von seiten des Schülers ist eine solche Kontrollmöglichkeit sicherlich nicht gegeben; wohl aber vermag der Lehrer selbst seine Einstellungen zu überprüfen und gegebenenfalls zu revidieren. Aus der Sicht des Schülers wäre die Kontrollmöglichkeit damit jedenfalls nicht mehr internal gegeben.

Die von *Weiner* vorgeschlagenen drei Dimensionen können selbstverständlich nicht umfassend sein. Unberücksichtigt blieb z. B. ein von *Abramson* et al. (1978) gemachter Vorschlag, Ursachen auch danach zu unterscheiden, ob sie mehr globaler oder mehr spezifischer Natur sind. Eine Ursache kann sich nach Wahrnehmung des Attribuierenden in einer Vielzahl verschiedenartiger Situationen offenbaren und damit global sein. Sie ist dagegen spezifisch, wenn sie nur in bestimmten Situationen zum Ausdruck kommt. Danach würde der Hinweis auf eine gute Sprachbegabung als eine spezifische Ursache, die Inanspruchnahme von (genereller) Klugheit dagegen als global einzuordnen sein.

2.4. Determinanten von Kausalattribuierungen

Nachdem dargestellt worden ist, welche Dimensionen in der Regel zur Interpretation von Erfolg und Mißerfolg in Anspruch genommen werden, stellt sich die Frage nach den Determinanten der Kausalattribuierungen. Was passiert, *nachdem* ein Mensch ein Leistungsergebnis zur Kenntnis genommen hat und *bevor* er dieses Ergebnis auf eine Ursache zurückführt? – Nach dem hier vorgeschlagenen Modell berücksichtigt er bestimmte Informationen, die er nach bestimmten Regeln verarbeitet und die schließlich Grundlage für eine Entscheidung bezüglich einer als angemessen erscheinenden Kausalattribuierung werden. Diesen Prozeß der Verarbeitung von Informationen mit dem Ergebnis einer Ursachenzuschreibung bezeichnet man auch als Attribuierungsprozeß.

2.4.1 Das Handlungsergebnis und seine Verarbeitung

Eher oder später mag ein Mensch die Mitteilung erhalten oder aufgrund eigener Kriterien selbst feststellen, daß seine Auseinandersetzung mit einer Aufgabe zum Erfolg oder Mißerfolg geführt hat. Damit ist eine Grundlage gegeben, die zu einer Interpretation des Handlungsergebnisses führen kann (keineswegs muß!). Bevor eine Ursachenzuschreibung möglich ist, bedarf es allerdings noch weiterer Aufschlüsse. – Welche Informationen werden dabei berücksichtigt und wie werden diese kombiniert, um z. B. zu Schlußfolgerungen über die Höhe der Begabung, das Ausmaß der Anstrengung, die Schwierigkeit der Aufgabe sowie den Zufallseinfluß zu gelangen? Eine Antwort ist der Attribuierungstheorie Harold *Kelleys* (1972, 1973) zu entnehmen.

2.4.1.1 Kelleys Theorie der externalen und internalen Attribuierung

Was veranlaßt einen Menschen, bei seiner Interpretation eines Ereignisses entweder eine externale oder eine internale Ursache in Anspruch zu nehmen? Nach *Kelley* stellen Ursachenzuschreibungen das Ergebnis eines Informationsverarbeitungsprozesses dar; im Mittelpunkt seiner Theorie steht das sog. Kovariationsprinzip.

Kelleys Kovariationsprinzip besagt, daß ein Effekt (z. B. ein Erfolg oder ein Mißerfolg) jener Ursache zugeschrieben wird, die mit seinem Auftreten ausschließlich kovariiert, d. h. die vorhanden ist, sobald ein Effekt auftritt und die nicht wahrnehmbar ist, wenn kein Effekt entsteht.

Kelley geht in seiner Theorie offenkundig davon aus, daß Menschen im Rahmen ihrer alltäglichen Wahrnehmungen in der Lage sind, Kovariationen zu entdecken. Dies trifft allerdings nicht uneingeschränkt zu. Wie *Crocker* (1981) nach einer eingehenden Analyse festgestellt hat, bleiben vielfach vorhandene Beziehungen unentdeckt (z. B. weil sie den Erwartungen des Wahrnehmenden widersprechen). *Crocker* kommt zu dem Ergebnis, daß „naive Individuen ein begrenztes Fassungsvermögen für den Begriff der Kovariation haben", und „daß Kovariationsurteile manchmal ungenau sind".

Nach *Kelley* berücksichtigt ein Erwachsener Kovariationsinformationen bezüglich der drei folgenden Faktoren:

— *Konsensus,* das ist das Ausmaß, in dem andere Menschen sich ebenso verhalten wie die zu beurteilende Person; Konsensusinformationen werden häufig über soziale Normwerte operationalisiert.

— *Konsistenz,* sie bezieht sich auf die Auftretensregelmäßigkeit einer bestimmten Verhaltensweise, sobald ein bestimmter Reiz oder eine bestimmte Situation gegeben ist.

— *Unterscheidbarkeit* (auch Besonderheit oder Distinktheit genannt), sie bezeichnet das Ausmaß, in dem der zu beurteilende Mensch unterschiedlich auf verschiedene Reize oder Situationen reagiert. Die Unterscheidbarkeit ist hoch, wenn ein Mensch eine Verhaltensweise nur bei einem bestimmten Reiz oder in einer bestimmten Situation offenbart.

Durch die Information, die sich der Kovariation bezüglich des Konsensus entnehmen läßt, wird der Attribuierende in die Lage versetzt, die Ursache eines Effekts im oder außerhalb des Handelnden zu identifizieren. Beispielsweise gilt es, für den Erfolg eines Schülers eine Ursachenzuschreibung vorzunehmen. Die Information, daß auch viele andere Schüler die Aufgabe bewältigt haben (hoher Konsensus), offenbart, daß der Effekt mit der Aufgabe kovariiert (immer wenn diese Aufgabe gestellt wird, erfolgt ihre allgemeine Bewältigung) und folglich wird die Ursache dieser Aufgabe zugeschrieben (sie ist leicht). Sollte dagegen nur der Schüler X bei der Aufgabe erfolgreich sein, während andere daran versagen (geringer Konsensus), kovariiert der Erfolg mit dem Schüler X; folglich wird in diesem die Ursache gesehen.

Auch durch die Information, die in der Kovariation der Unterscheidbarkeit liegt, wird die Ursache lokalisiert. Der Information, daß der Schüler X auch andere Aufgaben bewältigt hat (geringe Unterscheidbarkeit, denn er zeigt das gleiche Verhalten in verschiedenen Situationen) wird entnommen, daß das Leistungsergebnis mit diesem Schüler kovariiert; ihm wird deshalb die Ursache zugeschrieben. Demgegenüber ist der Information eines Versagens des Schülers X bei anderen Aufgaben (hohe Unterscheidbarkeit, denn der Schüler hat nur bei einer besonderen und nicht bei anderen Aufgaben Erfolg) zu entnehmen, daß der Erfolg nicht mit diesem Schüler kovariiert; die Ursache des Erfolgs kann deshalb nicht bei ihm, sondern wohl an der Spezifität der Aufgabe liegen.

Schließlich ist auch der Information bezüglich der Kovariation der Konsistenz eines Leistungsergebnisses zu entnehmen, ob die Ursache in oder außerhalb des Handelnden liegt. So interpretiert man z. B. die Information, daß ein Schüler bei einer Aufgabe immer erfolgreich ist (hohe Konsistenz) in der Weise, daß das Leistungsergebnis mit beiden Gegebenheiten, mit dem Schüler X und der Aufgabe, kovariiert. Andererseits entnimmt man der Information, daß der Schüler X bei einer Aufgabe mal erfolgreich ist und mal nicht (niedrige Konsistenz), daß das Leistungsergebnis weder mit dem Schüler noch mit der Aufgabe kovariiert; beiden Gegebenheiten wird deshalb die Ursache nicht zugeschrieben. Vielleicht hängt der Erfolg davon ab, ob seine Nachbarn helfen oder nicht.

Die bisher genannten Zusammenhänge zeigten sich in den Antworten von Versuchspersonen, denen ein Versuchsleiter die einzelnen Kovariationsinformationen über fiktive andere Personen eindeutig vorgegeben hat. In einer anderen Situation befindet sich ein Mensch, der einen aktuellen Erfolg oder Mißerfolg zu interpretieren hat, und der Informationen bezüglich seiner eigenen Leistungsgeschichte sowie seiner Leistungen im Vergleich zu relevanten anderen so berücksichtigt, wie er sie selbst wahrnimmt. Bezüglich dieser Wahrnehmung gibt es offenbar bemerkenswerte Unterschiede. *Diener* und *Dweck* (1980) identifizierten Kinder (sog. hilflose Kinder), die im Vergleich zu anderen (sog. erfolgsorientierte Kinder) die Anzahl tatsächlich zuvor richtig gelöster Aufgaben unterschätzten; diese Abwertung vorausgegangener (guter) Leistungen war nach Eintreten eines Mißerfolgs noch stärker ausgeprägt. Weiterhin meinten hilflose Kinder unter dem Eindruck objektiv erfolgreicher Leistungen, Gleichaltrige würden überwiegend bessere Ergebnisse erzielen, während erfolgsorientierte Kinder bei objektiv gleichen Leistungsergebnissen urteilten, die meisten Gleichaltrigen hätten schlechter als sie selbst abgeschnitten. Die Versuchspersonen von *Diener* und *Dweck* können also sehr wohl Konsistenz- und Konsensusinformationen im Sinne *Kelleys* genutzt haben, allerdings war an dem Zustandekommen dieser Informationen subjektive Voreingenommenheit mit beteiligt.

Sofern unter Experimentalbedingungen Kovariationsinformationen vom Versuchsleiter vorgegeben werden, nutzen die Versuchspersonen diese nach *Kelley* bezüglich aller drei Faktoren (allerdings keineswegs immer optimal, s. *Crocker*, 1981). Nach seiner Theorie erfolgt mit hoher Wahrscheinlichkeit eine internale Attribuierung, wenn eine Bedingung mit geringem Konsensus, hoher Konsistenz und geringer Unterscheidbarkeit gegeben ist. Demgegenüber sagt die Theorie vorher, daß bevorzugt auf externale Ursachen zurückgegriffen wird, wenn eine Bedingung mit hohem Konsensus, hoher Konsistenz und hoher Unterscheidbarkeit vorliegt. Unter Laborbedingung konnten diese Vorhersagen weitgehend bestätigt werden (*McArthur*, 1972; *Orvis* et al., 1975).

Zu einer intensiven Diskussion hat die Frage geführt, ob Konsensusinformationen – wie *Kelley* behauptet hat – Einfluß auf die Kausalattribuierung nehmen. Einer Literaturübersicht von *Kassin* (1979) läßt sich entnehmen, daß es von zahlreichen Merkmalen der Person und der Situation abhängt, ob und wie ein Mensch Konsensusinformationen nutzt. Das Interesse zum intensiveren Studium dieser Frage ist vor allem von Richard *Nisbett*, Universität Michigan, und seinen Mitarbeitern (1976) aktiviert worden. In einer ihrer Studien machten sich diese Autoren z. B. die Erfahrung zunutze, daß neue Mitglieder im Lehrkörper einer Universität ihr erstes Jahr als außerordentlich belastend empfinden. „Herausgerissen aus einem sozialen Verbund mit Freunden und vertrauten Aktivitäten ..., urplötzlich von einer Seite auf die andere des pädagogischen Schreibtisches geworfen, konfrontiert mit den Schwierigkeiten, Forschungen in einer neuen Umgebung zu unternehmen, belastet mit den Anpassungen an die seriöse Essensgewohnheit des Akademikers im Unterschied zum Leben eines graduierten Studenten und wahrscheinlich zusätzliche Probleme wegen unerwartet hoher Lasten durch Erwerb eines Hauses, eines neuen Autos oder neuer Garderobe, das alles läßt es schon eine Ausnahme sein, wenn ein neuer Universitäts-Lehrender nicht erheblichen Streß, gesteigerte Angst und Selbst-Zweifel erleben sollte."

Wie reagieren diese Menschen aber, wenn man ihnen mitteilt, daß die meisten anderen Neulinge der Universität im ersten Jahr ebenso unglücklich sind? Gelingt es, durch Mitteilung sozialer Normen die Attribuierungen zu verändern? *Nisbett* et al. vermuteten, daß die Lehrenden die Ursache für Unzufriedenheit nach solchen Konsensus-Informationen weniger bei der eigenen Person, dafür mehr in der Situation suchen könnten. Zur Überprüfung ihrer Hypothese erkundigten sich *Nisbett* et al. bei den Lehrenden u. a. nach den Stimmungen während des Jahres, nach der Arbeitszufriedenheit, der Anzahl der Veröffentlichungen, dem Umfang des Rauch- und Alkoholkonsums etc.

Nisbett und seine Mitarbeiter gelangten zu der Feststellung, daß die Mitteilung sozialer Normwerte die depressive Stimmung der Befragten nicht nennenswert veränderte. Gary *Wells* und John *Harvey* (1977) fragen jedoch kritisch, warum eine externale Interpretation einen positiven Stimmungswandel herbeiführen sollte. „Neue Fakultätsmitglieder, die erfahren, daß es die Situation ist, die das Gefühl des Unglücklichseins verursacht hat, werden nach solcher Kenntnis nicht notwendigerweise freudige Erregung offenbaren; der Grund für die Unzufriedenheit besteht ja weiterhin" (*Wells* und *Harvey*, 1977). Fast gleichlautende Bedenken äußern *Weiner* et al. (1978).

Tatsächlich bleiben keineswegs sämtliche Studien erfolglos bei dem Versuch, über die Mitteilung von Konsensusinformationen Einfluß auf die Kausalattribuierung zu nehmen. Zu berücksichtigen sind allerdings jeweils vorliegende Bedingungen. So darf inzwischen als gesichert gelten, daß der Reihenfolgeeffekt eine Rolle spielt: Wenn Konsensusinformationen zuerst (z. B. gefolgt von Unterscheidbarkeit und Konsistenz) dargeboten wird, hat sie geringeren Einfluß auf die Attribuierung als wenn sie erst an dritter Stelle (z. B. Unterscheidbarkeit, Konsistenz, Konsensus) zur Mitteilung kommt (*Ruble* und *Feldman*, 1976). Der Einfluß der Konsensusinformation ist zudem größer, wenn die Informationen sukzessiv statt simultan dargeboten werden (*Feldman* et al., 1976). Versuchspersonen nutzten Normwerte in verstärktem Maße, wenn man ihnen mitgeteilt hatte, daß diese für die Population repräsentativ waren (*Hansen* und *Donoghue*, 1977; *Wells* und *Harvey*, 1977). Auch die Wahrnehmung des Attribuierenden, daß den Normwerten eine ursächliche Funktion zukommt (z. B. Anteil der Erfolgreichen in einer Stichprobe bestimmt den Schwierigkeitsgrad einer Aufgabe), steigert deren Einflußstärke (*Ajzen*, 1977). Wenn Normwerte sich auf erwünschtes Verhalten beziehen (z. B. einem Opfer helfen) berücksichtigt man sie eher, als wenn sie das Ausmaß unerwünschten Verhaltens anzeigen (*Zuckerman*, 1978). Es ist weiterhin nachzuweisen, daß Menschen ihr eigenes Verhalten in der Regel für „normal" halten; unter bestimmten Bedingungen (*Kulik* und *Taylor*, 1980) orientieren sie sich mehr an dieser eigenen Normvorstellung als an mitgeteilten diskrepanten Normwerten (*Hansen* und *Donoghue*, 1977; *Hansen* und *Stonner*, 1978). Deshalb werden sie vor allem in der Selbstattribuierung vernachlässigt (*Kassin*, 1979). Allerdings hängt der Nutzungsgrad von Konsensusinformationen auch von Persönlichkeitsmerkmalen ab (*Kulik* und *Taylor*, 1981, deckten z. B. Beziehungen zur *self-monitoring*-Variable nach *Snyder*, 1974, auf).

Schließlich muß berücksichtigt werden, daß Konsensuswerte in der Regel sehr abstrakt sind. Wirkungsvoller sind konkrete, emotional anregende Informationen. *Nisbett* et al. (1976) nennen als Beispiel, daß ein bestimmter Autotyp unter Berücksichtigung sehr vieler Fälle bezüglich Reparaturanfälligkeit recht positiv abgeschnitten hat. Würde diese statistisch gut abgesicherte Bewertung für einen Kaufinteressenten nicht erheblich an Aussagekraft verlieren, wenn ihm ein einziger Besitzer dieses Fahrzeugtyps anschaulich schildert, welche negativen Erfahrungen er damit bereits sammeln mußte?

Den Untersuchungsergebnissen läßt sich entnehmen, daß Konsensuswerte als abstrakte Informationen die menschliche Verarbeitungskapazität überfordern können. Sofern sie jedoch so dargeboten werden, daß der Wahrnehmende sie in seine Kenntnisstruktur integrieren kann und sie ihm dadurch sinnvoll erscheinen oder er in der Lage ist, ihre Relevanz für konkretes (vor allem erwünschtes) Verhalten zu erkennen, können sie sehr wohl Einfluß auf seine Urteilsprozesse nehmen.

2.4.1.2 Leistungsursachen und ihre Hinweisreize

Die teilweise dargestellte Theorie *Kelleys* gestattet Vorhersagen, unter welchen Bedingungen ein Mensch internale und wann er externale Ursachen in Anspruch nimmt, um ein Ereignis zu interpretieren. Im folgenden soll noch etwas spezieller gefragt werden; Welche Hinweisreize berücksichtigt ein Attribuierender, um auf Leistungsursachen zu schließen? – Untersuchungsergebnisse liegen vor allem bezüglich der vier ursprünglich von *Weiner* benannten Faktoren vor: Fähigkeit, Anstrengung, Aufgabenschwierigkeit und Zufall.

2.4.1.2.1 Fähigkeit

Wenn ein Mensch einen Erfolg erzielt hat, dann mag es aufschlußreich sein, daß er auch in der Vergangenheit überwiegend erfolgreich gewesen ist (hohe Konsistenz). Wiederholte Erfolge oder Mißerfolge legen den Schluß nahe, daß (hohe oder geringe) Fähigkeiten die Leistungen mitbestimmen (*Chaikin*, 1971; *Feather* und *Simon*, 1971a; *Read* und *Stephan*, 1979).

Neben der Konsistenz ist von Bedeutung, wie der Erfolg oder Mißerfolg eines Menschen in Beziehung zu den Leistungen anderer vergleichbarer Personen steht (Konsensus). Diese Informationen geben dem Attribuierenden Aufschluß über die Schwierigkeit der bearbeiteten Aufgabe. Sofern jemand z. B. eine Aufgabe bewältigt hat, an der alle anderen versagten (geringer Konsensus), ist die Wahrscheinlichkeit groß, daß auf hohe Begabung attribuiert wird (*Read* und *Stephan*, 1979), und zwar in der Selbst- ebenso wie in der Fremdattribuierung. Gleichsam ist an den Fähigkeiten eines Menschen zu zweifeln, der an einer Aufgabe scheiterte, die eine große Anzahl vergleichbarer Personen meisterte (*Frieze* und *Weiner*, 1971).

Es wird weiterhin berücksichtigt, wie lange man sich mit einer Aufgabe beschäftigt hat. Eine verstärkte Tendenz zur Attribuierung auf Fähigkeit findet sich sowohl in der Selbst- als auch in der Fremdattribuierung, wenn ein Erfolg bei einem geringen Zeitaufwand für eine Aufgabe erzielt worden ist, oder im Falle eines Mißerfolgs, wenn diesem eine längere Beschäftigung mit einer Aufgabe vorausgegangen ist (*Shrauger* und *Osberg*, 1980).

Schließlich hat man auch untersucht, welchen Einfluß die Reihenfolge von Leistungsresultaten auf die Fähigkeitsattribuierung ausübt. Wenn zwei Personen im Mittel gleiche Leistungen aufweisen, wobei die Leistungskurve der einen allerdings eine kontinuierlich abfallenden Tendenz aufweist, während die der anderen stetig angestiegen ist, wird erstere für die begabtere gehalten (*Jones* et al., 1968). *Jones* et al. vermuten, daß anfänglich gegebene Informationen eine Art Verankerung bilden, an der sich Erwartungen ausrichten, die ihrerseits mitbestimmen, wie weitere Leistungsergebnisse verarbeitet werden. Wenn früheren Informationen in der Beurteilung ein größeres Gewicht zukommt als nachfolgenden Informationen, spricht man von der Wirksamkeit des sog. Anfangseffekts (*primacy effect*).

Anfangseffekte finden sich nicht nur in der Fremd- sondern auch in der Selbstzuschreibung von Fähigkeit (*Feldman* und *Bernstein*, 1977). Allerdings tritt dieser Effekt vor allem bei solchen Aufgaben auf, die für einen Attribuierenden ziemlich neu sind und mit denen er folglich noch keine oder nur unzureichende Erfahrungen sammeln konnte. Wenn das Aufgabengebiet dagegen so bekannt ist, daß Leistungserwartungen zu bilden sind, tritt der Anfangseffekt kaum in Erscheinung (*Feldman, Bernstein* und *Bernstein*, 1978).

2.4.1.2.2 Anstrengung

Die Ursache Anstrengung wird sowohl in der Selbst- als auch in der Fremdattribuierung vielfach bei Erfolg in Anspruch genommen (*Frieze* und *Weiner*, 1971). Man unterstellt also einem Menschen, der erfolgreich gewesen ist, mehr Bemühen als einem anderen erfolglosen.

Auch die Bearbeitungszeit einer Aufgabe spielt eine Rolle. Wenn man sich nur kurz mit einer Aufgabe beschäftigt hat und dann versagt, ist eine Attribuierung auf mangelnde Anstrengung wahrscheinlich (*Shrauger* und *Osberg*, 1980).

Auf den variablen Faktor Anstrengung wird weiterhin vielfach zurückgegriffen, wenn eine Reihe von Mißerfolgen schließlich von einem Erfolg abgelöst wird (*Frieze* und *Weiner*, 1971). Ein Mensch, dessen Leistungen sich allmählich verschlechtern, muß damit rechnen, daß ihm mangelnde Anstrengung unterstellt wird. Demgegenüber führt man einen kontinuierlichen Anstieg der Leistungen auf entsprechend hohen Einsatz zurück (*Jones* et al., 1968).

Ein Hinweis auf die methodische Basis solcher Befunde ist am Platze. In einem typischen Experiment, wie z. B. dem von *Frieze* und *Weiner* (1971), erhalten die Versuchspersonen eine kurze Beschreibung verschiedener Ereignisse, wobei jeweils die Informationen bezüglich Konsensus, Konsistenz und Unterscheidbarkeit systematisch variiert werden. An die Versuchspersonen ergeht sodann die Aufforderung, die Ereignisse unter Berücksichtigung der jeweils gegebenen Hinweisreize zu interpretieren. Was läßt sich den Antworten der Versuchspersonen aber entnehmen? – Nach Gary *Fontaine* (1975) erfährt man auf diese Weise vor allem, wie gut die Versuchspersonen in der Lage sind, logische Schlußfolgerungen anzustellen. Man deckt auf diese Weise lediglich semantische Urteile im Sinne von *Fiedler* (1980) auf (s. S. 35).

Wie reagieren Versuchspersonen aber auf eine Situation, in der sie keine Beschreibungen erhalten, sondern tatsächlich handelnde Personen beobachten können? *Rejewski* und *Lowe* (1980b) stellten fest, daß nichtverbale Ausdrucksformen von Außenstehenden beachtet werden. Wenn ein Sportler während einer Laufübung z. B. sein Gesicht verzerrt, attribuieren Beobachter stärker auf Anstrengung als bei einem ausdrucksschwachen Läufer. Nicht in allen Leistungssituationen springen die Hinweisreize derartig ins Auge wie beim Sport. In einer Studie von *Cordray* und *Shaw* (1978) kovariieren teilweise die aufgewendete Zeit für die Bearbeitung einer Aufgabe sowie Muskelanspannungen der Bearbeiter mit dem Leistungsergebnis. Beachten Beobachter überhaupt solche Kovariationsinformationen?

Cordray und *Shaw* boten ihren Versuchspersonen über ein Video-System eine Szene dar, in der ein Proband entweder hohe oder niedrige Leistungen erbrachte. Unter einer Bedingung bestand eine eindeutige Beziehung zwischen dem Grad offenkundig aufgebrachter Anstrengung und den Leistungsergebnissen, unter einer zweiten nicht. Die Aufgabe der Versuchspersonen bestand darin, eine Ursachenzuschreibung für die Leistungsergebnisse vorzunehmen. Die Daten lieferten keine Hinweise dafür, daß die Versuchspersonen die in der Szene enthaltenen Kovariationsinformationen spontan entdeckten; sie wurden erst allmählich darauf aufmerksam, nachdem sie über eine geeignete Aufgabe dazu motiviert worden waren. Ohne Berücksichtigung der Kovariationsinformationen führten die Versuchspersonen gute Leistungen des Probanden auf Fähigkeit und Anstrengung zurück, schwache Leistungen erklärten sie dagegen mit Aufgabenschwierigkeit. Nach Entdeckung der Kovariationsinformationen änderten sich jedoch die Kausalattribuierungen. Nunmehr verminderte sich die Inanspruchnahme des Faktors Fähigkeit unter der Bedingung eines hohen Leistungsniveaus und der Aufgabenschwierigkeit unter niedrigem Leistungsniveau. Unter der zuletzt genannten Bedingung verstärkte sich zugleich die Inanspruchnahme des Faktors Anstrengung. Im übrigen bekundeten die Versuchspersonen vergleichsweise die größte Sicherheit in ihren Kausalattribuierungen, wenn Kovariationsinformationen zur Verfügung standen.

Cordray und *Shaw* haben somit gezeigt, daß Ergebnisse von Studien, in denen lediglich semantische Urteile herausgefordert werden, nicht jene zu ersetzen vermögen, in denen real handelnde Personen zu beurteilen sind. Situationen der zuletzt genannten Art besitzen eine hohe Reizkomplexität; folglich beachten Beurteiler nicht spontan jene Reize, die in Laborstudien nach der Art von *Weiner* und *Kukla* vom Versuchsleiter isoliert dargeboten werden.

2.4.1.2.3 Aufgabenschwierigkeit

Aus den Untersuchungen von *Frieze* und *Weiner* (1971; ebenso *Read* und *Stephan*, 1979) ist klar hervorgegangen, daß die Konsensusinformation ein bedeutsamer Hinweis-Reiz für die Inanspruchnahme des Faktors Aufgabenschwierigkeit in der Interpretation darstellt. Wenn also der Prozentsatz derjenigen Personen steigt, die eine Aufgabe bewältigt haben, erhöht sich die Wahrscheinlichkeit, daß ein Erfolg auf geringe Aufgabenschwierigkeit zurückgeführt wird. Umgekehrt besteht eine starke Bereitschaft, eine hohe Aufgabenschwierigkeit als Ursache für einen Mißerfolg heranzuziehen, wenn bekannt ist, daß viele vergleichbare Personen an dieser Aufgabe gescheitert sind. Es gibt einige Hinweise dafür, daß bereits fünfjährige Kinder in der Lage sind, Konsensusinformationen zu nutzen, um die Schwierigkeiten von Aufgaben abzuschätzen (*Weiner* und *Kun*, 1976).

Die Aufgabenschwierigkeit kann auch aufgrund von objektiven Aufgabenmerkmalen abgeschätzt werden. Einen Fluß zu durchschwimmen, der starke Strömungen aufweist und besonders breit ist, gilt ebenso als schwierig wie das Tragen eines Gegenstandes, der auffallend groß und schwer ist.

2.4.1.2.4 Zufall

Nach vorliegenden Untersuchungsergebnissen (*Weiner*, 1975; *Read* und *Stephan*, 1979) wird der Zufall gehäuft als Ursache in Anspruch genommen, wenn ein Erfolg oder Mißerfolg im Gegensatz zu früheren Leistungsergebnissen steht (geringe Konsistenz). Dieser Faktor ist auch herangezogen worden, wenn ein Leistungsergebnis nicht im Einklang mit der sozialen Norm (geringer Konsensus) stand (*Frieze* und *Weiner*, 1971; *Fontaine*, 1974), denn Zufälle treten eben nur selten auf.

2.4.2 Kausale Schemata

Das Erschließen von Ursachen aufgrund der Kovariationsanalyse fordert eine Vielzahl von Informationen, die in der Realität allerdings keineswegs immer zur Verfügung stehen. Vielfach läßt ein Attribuierender vorhandene Informationen auch unberücksichtigt und verläßt sich stattdessen auf sein Vorwissen, auf sog. kausale Schemata.

Als kausale Schemata bezeichnet man die bei einem Menschen nachweisbaren relativ überdauernden Auffassungen darüber, wie plausible Ursachen zusammenwirken, um einen Effekt hervorzubringen. Diese Schemata bezeichnen die Gesamtheit der Überzeugungen eines Menschen bezüglich des Zusammenhangs von Ursache und Wirkung.

Die einfachste Form eines kausalen Schemas ist gegeben, wenn nur eine Ursache und ein Effekt als in einer Beziehung stehend gesehen werden. Üblicherweise faßt man z. B. Hunger und Essen als abhängig auf. Infolgedessen schließt man bei Beobachtung eines essenden Menschen, daß dieser hungrig ist. Ebenso schreibt man einem Menschen, der ständig Erfolge erzielt (hohe zeitliche Konsistenz) eine ausgeprägte Begabung zu. Auch die bereits dargestellte Beziehung zwischen Leistungsursachen und ihren Hinsweisreizen läßt die Funktion kognitiver Schemata erkennen.

Menschen haben jedoch nicht nur Vorstellungen über einfache Ursache-Wirkungszusammenhänge. Darüber hinaus „wissen" sie auch, wie zwei oder mehrere Ursachen zusammenwirken, um einen Effekt hervorzurufen. Wie kombinieren sich z. B. Fähigkeit und Anstrengung? Welche kausalen Schemata werden in Anspruch genommen, um ein Leistungsergebnis zu interpretieren? Einige Antworten ergeben sich aus den Forschungsarbeiten der jüngeren Zeit.

2.4.2.1 Beispiele für kausale Schemata in der Alles-oder-Nichts-Bedingung

Wenn nach Auffassung eines Attribuierenden von mehreren Ursachen alle gleichzeitig vorhanden sein müssen, um einen Effekt hervorzubringen, wenn also ein Effekt von A und B bestimmt ist, orientiert er sich nach *Kelley* an einem Kausalschema „multipler notwendiger Ursachen" (s. Abbildung 2.2a).

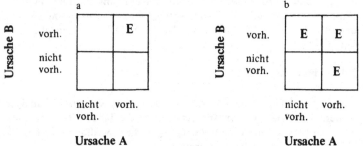

Abb. 2.2: Kausale Schemata für (a) multiple notwendige Ursachen und (b) multiple hinreichende Ursachen (nach: *Kelley*, 1972)

Wenn man für die Ursache A die Fähigkeit und für Ursache B die Anstrengung einsetzt, ergibt sich nach Abbildung 2.2a, daß ein Erfolg (E) nur bei einem Zusammenwirken beider Ursachen entstehen kann.

Nach Auffassung eines Wahrnehmenden mag es auch genügen, daß von mehreren Ursachen nur eine wirksam ist, um einen Effekt hervorzurufen. Wenn also ein Handlungsergebnis von A oder B bestimmt sein kann, spricht *Kelley* von einem Kausalschema „multipler hinreichender Ursachen". Wenn man in Abbildung 2.2b für die Ursachen A und B wiederum Fähigkeit und Anstrengung einsetzt, läßt sich ablesen, daß ein Erfolg (E) auftritt, wenn entweder Fähigkeit oder Begabung vorhanden ist.

Nach *Kelley* (1972) orientiert man sich am Kausalschema multipler hinreichender Ursachen gewöhnlich, um Verhaltensinterpretationen bezüglich motivationaler Faktoren vornehmen zu können. So ist z. B. die Situation gegeben, daß ein Mensch eine Belohnung dafür in Aussicht gestellt bekommt, daß er eine interessante Tätigkeit ausübt. Für das daraufhin einsetzende Handeln gäbe es grundsätzlich zwei plausible Erklärungen: die intrinsische Motivation und das Interesse an der Belohnung. Nach *Kelley* kommt es zu einer Abwertung plausibler internaler Ursachen, wenn situative Gegebenheiten eine hinreichende Begründung für eine Verhaltensweise darstellen (sog. *discounting-Prinzip*). In dem Maße allerdings, wie eine Handlung zustandekommt, obwohl situative Kräfte ihr entgegenstehen, wird auf internale Faktoren (Fähigkeiten, Absichten usw.) attribuiert, gleichzeitig erfolgt eine Abwertung anderer plausibler Ursachen.

Das Abwertungsprinzip, das sich unter bestimmten Bedingungen (vor allem bei der Anpassung der Reizdarbietung an die kindliche Informationsverarbeitungskapazität) bereits bei 7- bis 8jährigen, tendenziell sogar bei 5- bis 6jährigen Kindern nachweisen läßt (*Kassin* et al., 1980), wird offenbar nicht nur bei der Beurteilung anderer, sondern ebenso in der Selbstwahrnehmung angewandt.

Die Wirksamkeit des Abwertungsprinzips konnte wiederholt bestätigt werden. So war beispielsweise auch nachzuweisen, daß es zu einer Verringerung des intrinsischen Interesses an einer Aufgabe kommen kann, wenn der Handelnde im Falle ihrer Bewältigung eine Belohnung erwartet (*Lepper* et al., 1973). Die Abwertung der intrinsischen Motivation im Gefolge einer extrinsischen Belohnung hat man als „Überveranlassungs-Effekt" (*overjustification effect*) bezeichnet.

Es ist allerdings nicht die Belohnung als solche, die den Überveranlassungs-Effekt auslöst. Dieser Effekt tritt nämlich nur auf, wenn eine Belohnung vom Handelnden erwartet wird und nicht nach Bewältigung der Aufgabe überraschend erfolgt (*Lepper* et al., 1973). Die Belohnung muß weiterhin als eine solche angesehen werden. Beim Maler mindert sich dann nicht sein künstlerisches Interesse, wenn er ein Bild verkauft und in dem Erlös keine Belohnung, sondern einen Austausch sieht: Künstlerische Leistung gegen Geld (*Condry*, 1977). Das Auftreten des Effekts setzt weiterhin voraus, daß sich die Belohnung im Brennpunkt der Aufmerksamkeit (*high saliency*) des Handelnden befindet (*Ross*, 1975). Wenn dagegen das hohe intrinsische Interesse, das vor der Belohnungserwartung bestanden hat, gegenwärtig bleibt, oder wenn dieses den Versuchspersonen wieder vergegenwärtigt wird, ist mit dessen Verminderung nicht zu rechnen (*Fazio*, 1981).

Die Attraktivität einer Belohnung kann variieren. Mit der Stärke ihres Belohnungswertes nimmt die Wahrscheinlichkeit des Auftretens eines Effekts der Überveranlassung ab (*Williams*, 1980). Belohnungen können aber auch ein Instrument äußerer Kontrolle und Handlungseinengung sein. Je mehr ein Handelnder sich überwacht und von außen kontrolliert fühlt, desto mehr ist mit der Abnahme intrinsischer Motivation zu rechnen (*Amabile* et al., 1976; *Deci*, 1975; *Lepper* und *Greene*, 1975; *Swann* und *Pittman*, 1977). Schließlich kann in einer Belohnung auch eine Anerkennung gesehen werden, etwas Tüchtiges geleistet zu haben. Wenn die Belohnung als Bestätigung guten Könnens gewertet wird, ist keine Verminderung, u. U. sogar eine Steigerung intrinsischer Motivation zu erwarten (*Karniol* und *Ross*, 1977; *Rosenfield* et al., 1980). Sofern eine Belohnung dagegen nicht auf einen bestimmten Leistungsstandard bezogen ist, sondern allein dafür vergeben wird, daß eine Aktivität offenbart wird, ist das Auftreten eines Überveranlassungseffekts wahrscheinlich (*Boggiano* und *Ruble*, 1979; *Karniol* und *Ross*, 1977).

Die beiden kausalen Schemata der notwendigen und der hinreichenden Ursachen gehen von dem außerordentlich einfachen Fall aus, daß daß eine Bedingung (d. h. Ursache) entweder vorhanden oder nicht vorhanden ist. Eine solche Alles-oder-Nichts-Bedingung stellt nur den Sonderfall umfassenderer kausaler Schemata dar, die nunmehr in den Blickpunkt zu rücken sind.

2.4.2.2 Beispiele für kausale Schemata bei abgestuften Effekten

Ein Wahrnehmender vermag nicht nur zwischen dem Vorhandensein und der Abwesenheit von Ursachen und Effekten zu unterscheiden, sondern ebenso zu berücksichtigen, daß diese unterschiedliche Ausprägungsgrade annehmen können. Die folgende Abbildung 2.3 veranschaulicht ein Schema abgestufter Effekte bei zwei Ursachen und unterschiedlich starken Effekten (gekennzeichnet durch die Anzahl von E).

Ursache B		nicht vorhand.	schwach	stark
	stark	EE	EEE	EEEE
	schwach	E	EE	EEE
	nicht vorhand.		E	EE

Ursache A

Abb. 2.3: Kausalschema für abgestufte Effekte (nach *Kelley*, 1972)

Die Kausalschemata der abgestuften Effekte lassen sich nach *Kun* (1977) in zwei untergeordnete Schemata aufgliedern:

1. Ein *Größen-Kovariationsschema* gestattet dem Attribuierenden die Aussage, daß die Stärke des Effekts unmittelbar abhängt von dem Ausprägungsgrad der ihn bedingenden Faktoren. Je mächtiger also eine Ursache ist (A oder B in Abbildung 2.3), desto stärker fällt der Effekt aus. Je mehr sich ein Mensch anstrengt (bzw. je befähigter er ist), desto größere Erfolge vermag er zu erzielen.

2. Ein *Kompensations-Schema* gestattet den Schluß, daß bei gleichem Effekt und einer Verminderung des Einflusses der einen Ursache eine kompensierende Veränderung der Einflußstärke der zweiten Ursache stattfindet. Folglich ist die Effektintensität EE

bei starker, schwacher und nicht vorhandener Ursache B zu erreichen, sofern Ursache A (gegenläufig) an Einflußstärke zunimmt. Zwei unterschiedlich begabte Menschen können den gleichen Erfolg erzielen, wenn der eine seine geringeren Fähigkeiten durch entsprechend höheren Anstrengungseinsatz ausgleicht.

Die Abbildung 2.3 läßt weiterhin erkennen, daß die Effektstärken E und EE zu erreichen sind, wenn nur eine der beiden Ursachen vorhanden ist; dieser besonderen Beziehung trägt das Kausalschema der hinreichenden Ursachen Rechnung. Die Effekte EEE sowie EEEE kommen dagegen nur zustande, wenn die beiden Ursachen A und B gleichzeitig wirksam werden; diese Fälle berücksichtigen das Schema multipler notwendiger Ursachen.

2.4.2.3 Interpretation von Leistungsergebnissen bei Orientierung an kausalen Schemata

Es wurde bereits herausgestellt, daß kausale Schemata die Interpretation von Leistungsergebnissen auch für den Fall ermöglichen, daß relevante Informationen fehlen. Diese Funktion der Schemata vermochten *Kun* und *Weiner* (1973) in einer Studie nachzuweisen; sie berücksichtigten dabei allerdings nur die beiden Kausalschemata der hinreichenden und der notwendigen Ursachen. *Kun* und *Weiner* überprüften dabei zwei Hypothesen, die auf *Kelley* (1972) zurückgehen:

1. Eine Orientierung an einem Kausalschema der hinreichenden Ursachen erfolgt, um allgemein übliche, erwartungskonforme Ereignisse (wie z. B. Erfolge bei leichten Aufgaben) zu interpretieren.
2. Man nimmt das Kausalschema der notwendigen Ursachen in Anspruch, wenn ungewöhnliche, erwartungswidrige Ereignisse (z. B. Mißerfolge an leichten oder Erfolge an schwierigen Aufgaben) zu interpretieren sind.

Zur Überprüfung dieser Hypothesen gaben *Kun* und *Weiner* ihren Versuchspersonen (Studenten) z. B. folgende Informationen bezüglich einer erfundenen Situation: Bei einer Prüfungsarbeit hätten zehn Prozent der Kandidaten ausgezeichnet abgeschnitten. Ein bestimmter Schüler, der als sehr begabt galt, gehörte zu diesen Erfolgreichen. Die Versuchspersonen hatten nun zu beurteilen, ob das Leistungsergebnis dieses Schülers auch von hoher Anstrengung bestimmt gewesen sein könnte.

In einer weiteren Schilderung wurde ein Schüler vorgestellt, der bei einer leichten Aufgabe erfolgreich gewesen war. Wiederum hatten die Versuchspersonen mitzuteilen, ob an dem Zustandekommen dieses Leistungsergebnisses neben Begabung auch Anstrengung beteiligt gewesen sein konnte. Die Ergebnisse der Studie bestätigten die von *Kelley* behaupteten Zusammenhänge. Die Versuchspersonen erklärten nämlich in erhöhter Übereinstimmung, daß ein Erfolg an einer schwierigen Aufgabe (s. erstes Beispiel) Fähigkeit und Anstrengung voraussetzt, während ein Versagen an einer leichten Aufgabe als Ergebnis mangelnder Begabung und fehlender Anstrengung gesehen worden ist. Es zeigte sich weiterhin, daß Fähigkeit oder Anstrengung von den Versuchspersonen als hinreichende Gründe wahrgenommen wurden, wenn sie eine Attribuierung für den Erfolgsfall vorzunehmen hatten (s. zweites Beispiel).

2.4.2.4 Entwicklung kausaler Schemata

Es stellt zweifellos eine recht komplexe kognitive Leistung dar, wenn man ein Handlungsergebnis in Abhängigkeit von zwei in Wechselwirkung stehenden Ursachen zu interpretieren vermag. Sind jüngere Kinder dazu auch bereits fähig? Unter Berücksichtigung der Erkenntnisse von Jean *Piaget* wäre dies zu bezweifeln. In einem klassisch gewordenen Versuch schüttete *Piaget* vor den Augen von Kindern in der voroperationalen Phase der Denkentwicklung (sie erstreckt sich typischerweise auf den Alterszeitraum zwischen dem vierten und siebten Lebensjahr) Flüssigkeit von einem Gefäß in ein anderes, wobei sich diese bezüglich ihres Durchmessers voneinander unterschieden. Wegen der ungleichen Höhe der Flüssigkeitssäulen in den beiden Gefäßen gaben die voroperationalen Kinder auf eine entsprechende Frage die typische Antwort, in einem Gefäß wäre mehr Flüssigkeit. Die Versuchspersonen vermochten das komplementäre Verhältnis von Höhe x Breite zu Volumen offenkundig nicht zu berücksichtigen. Nach *Piagets* Beobachtungen ist zu vermuten, daß sich die Voraussetzung zur Erfassung des Wechselwirkungsverhältnisses von Fähigkeit und Anstrengung erst mit der Erreichung der Phase der formalen Operationen, also etwa mit elf oder zwölf Jahren, voll entwickelt.

Es liegen inzwischen mehrere Studien vor, die auf die Überprüfung der soeben genannten Vermutung gerichtet waren (*Kun* et al., 1974; *Smith*, 1975; *Shultz* et al., 1975; *Karabenick* und *Heller*, 1976; *Ruble* et al., 1976; *Shaklee*, 1976; *Nicholls*, 1978). Die Ergebnisse stimmen in hohem Maße überein; gewisse Abweichungen in den Befunden dürften nicht unerheblich als Ergebnis unterschiedlicher methodischer Vorgehensweisen zustandegekommen sein. Die folgende Darstellung kann sich deshalb auf die exemplarische Mitteilung der Untersuchungsergebnisse von *Kun* (1977) beschränken.

Anna *Kun* wählte als Versuchspersonen Kinder beiderlei Geschlechts der Klassenstufen 1, 3 und 5 aus. Ihnen wurden kleine Geschichten vorgelegt, in denen es um die Leistungen von Jungen bei einer Serie von sieben Puzzles ging. Jede Geschichte enthielt Informationen bezüglich des Niveaus der Fähigkeit oder der Anstrengung und des Leistungsergebnisses. Drei Ausprägungsgrade wurden bei jedem dieser drei Faktoren unterschieden (Das Leistungsergebnis konnte aus 1, 4 oder 7 richtigen Lösungen bestehen. Die Fähigkeit war sehr schlecht, ganz gut oder sehr gut. Anstrengungen waren entweder kaum, ein wenig oder sehr stark erbracht worden). Im Anschluß an jede Geschichte sollten die Versuchspersonen entweder den Grad der erbrachten Anstrengung (sofern ihnen die Fähigkeit vorgegeben war) oder (bei vorgegebener Anstrengung) den Grad der Fähigkeit einschätzen. Für die Teilnehmer der Studie stellte sich z. B. die folgende Frage: ,,Bob hat sieben Puzzles zum Geburtstag bekommen. Er ist sehr gut bei Puzzle-Spielen (bzw. er strengt sich bei Puzzle-Spielen stark an). Er löste vier Puzzles richtig. Wie stark hat er sich angestrengt (bzw. wie gut ist er bei Puzzle-Spielen)? – In einer weiteren Studie variierte *Kun* zusätzlich den Schwierigkeitsgrad der Aufgabe.

Kun fand, daß das Größen-Kovariationsschema bereits bei Vorschulkindern ausgebildet war. Die Auffassung, daß höheren Leistungen entsprechend gute Fähigkeiten und starke Anstrengungen voraussetzten, bestimmte die Ursachenzuschreibungen in allen untersuchten Altersgruppen in ausgeprägter Weise.

Von Bedeutung erscheint *Kun*, daß ihre fünf- und sechsjährigen Versuchspersonen Informationen bezüglich der Fähigkeit eines Menschen nicht ignorierten, wenn sie den Grad der Anstrengung zu erschließen hatten; ihren Urteilen lagen aber Regeln zugrunde, die nach *Kuns* Interpretation die Orientierung an einem „Halo-Schema" nahelegte. In den Antworten ihrer jüngsten Versuchspersonen offenbarte sich dieses Schema darin, daß von zwei Personen, die gleiche Leistungen erzielt hatten, derjenigen stark ausgeprägte Begabungen zugeschrieben wurde, die sich nach der vorgegebenen Information besonders angestrengt hatte und umgekehrt. Für die fünf- und sechsjährigen Kinder bestand bei konstantem Handlungsergebnis eine positive Korrelation zwischen Begabung und Anstrengung (siehe hierzu auch die Untersuchungsergebnisse von *Harari* und *Covington*, 1981, S. 158).

Bezüglich der Kompensation berücksichtigt *Kun,* daß Ursachen zum einen in inverser, zum anderen in direkter Beziehung zueinan-

der stehen können. Bekanntlich werden einige Ursachen als förderlich, andere als hinderlich auf die Auslösung eines Effekts wahrgenommen. Die Anstrengung wirkt z. B. umso förderlicher, je stärker
sie eingesetzt wird. Entsprechendes gilt für die Begabung. Demgegenüber sinkt mit dem Ansteigen der Aufgabenschwierigkeit die Wahrscheinlichkeit eines Erfolgs; diese stellt folglich eine hinderliche Ursache dar. Eine förderliche und hinderliche Ursache hätten sich also
zur Auslösung eines unveränderten Effekts *in die gleiche Richtung*
zu verändern. Sofern z. B. bei steigender Aufgabenschwierigkeit ein
gleichbleibend gutes Leistungsergebnis erzielt werden soll, muß entsprechend auch der Anstrengungsaufwand erhöht werden. Eine derartige Schlußfolgerung ist durch ein Schema *direkter* Kompensation
möglich.

Eine Beziehung anderer Art liegt vor, wenn sich die Stärke zweier
Ursachen in *gegenläufiger Richtung* verändert. Sofern ein förderlicher Faktor, z. B. die Fähigkeit, einen stärkeren Ausprägungsgrad
annimmt, muß sich die Einflußstärke eines zweiten förderlichen
Faktors nach der Wahrnehmung eines Attribuierenden entsprechend
vermindern, um den gleichen Effekt auszulösen. Das heißt konkre-
ter, daß das gleiche Leistungsniveau bei abnehmender Fähigkeit nur
zu erreichen ist, wenn eine entsprechende Erhöhung der Anstrengung erfolgt. Fähigkeit und Anstrengung werden also in einer Beziehung *inverser* (gegenläufiger) Kompensation gesehen. Entsprechend orientiert man sich, wenn man z. B. bei unverändertem Effekt und bei ansteigender Anstrengung auf den Ausprägungsgrad der
Fähigkeit schließen soll, an einem inversen Kompensations-Schema.

Kun vermochte das direkte Kompensations-Schema bereits bei
Fünfjährigen nachzuweisen. Erst 8- bis 9jährige Kinder waren mit
wachsender Häufigkeit zu der Schlußfolgerung befähigt, daß zur
Erreichung eines gleichen Leistungsergebnisses weniger Anstrengungen aufgebracht werden müssen, wenn die Fähigkeit ansteigt (inver-
ses Kompensations-Schema).

2.4.3 Die Erklärung von Asymmetrien in der Kausalattribuierung

Die bisherige Darstellung hat gezeigt, daß im Verlauf des Attribuierungsprozesses Informationen nach bestimmten allgemeinen Regeln verarbeitet werden. Es stellt sich die Frage, ob auf diesen Prozeß auch subjektive Faktoren Einfluß nehmen können. *Heider*
(1977) hat die Überzeugung vertreten, daß dies der Fall ist. Nach
ihm hängt die Auswahl geeigneter Ursachen von zwei Faktoren ab:

1. Die Ursache muß den Wünschen der Person entsprechen und
2. die Ursache muß das Handlungsergebnis plausibel erklären.

Die Diskussion um die Frage, ob die Kausalattribuierung ausschließlich das Ergebnis eines rationalen Prozesses darstellt, der die subjektive Bedürfnislage nicht reflektiert oder auch von den „Wünschen" der Person abhängt, hat sich vor allem am Phänomen der Asymmetrie von Ursachenzuschreibungen entzündet. So findet man vielfach (keineswegs immer), daß Menschen die Ursache für angenehme Ereignisse bei sich selbst finden, während sie die Verantwortung für weniger schmeichelhafte Ereignisse leugnen und z. B. bei Mißerfolgen external attribuieren.

Es ist unstrittig, daß Asymmetrien in der Kausalattribuierung vorkommen. Es muß allerdings nach Leistungsbereichen und den jeweils relevanten Wertgesichtspunkten differenziert werden. Im sportlichen Bereich findet sich z. B. eine höhere Bereitschaft, ein Versagen mit geringeren Fähigkeitsgraden zu erklären (*Rejewski* und *Lowe*, 1980). Sehr ausgeprägt findet sich die Asymmetrie dagegen im akademischen Aufgabenbereich. Einer Zusammenstellung von Miron *Zuckerman* (1979) ist zu entnehmen, daß sich in 71 Prozent von insgesamt 38 Experimenten Versuchspersonen fanden, die sich für Erfolg mehr als für Mißerfolg verantwortlich fühlten; nur in 5,3 Prozent der Experimente ließ sich eine gegenläufige Tendenz beobachten. Ebenso konnte festgestellt werden, daß Mitglieder erfolgreicher Gruppen mehr Verantwortung übernahmen als im Falle von Mißerfolgen (*Forsyth* und *Schlenker*, 1977; *Mynatt* und *Sherman*, 1975; *Schlenker*, 1975; *Schlenker* und *Miller*, 1977; *Schlenker* et al., 1976).

Die Feststellung, daß Gruppenmitglieder für Erfolge mehr als für Mißerfolge ihrer Gruppe die Verantwortung übernehmen, bedarf allerdings einer Spezifizierung. In den genannten Studien verfügten die Versuchspersonen über keinerlei Information darüber, wie ihre Beiträge von anderen Gruppenmitgliedern eingeschätzt worden sind. Vermutlich sind sie in einer solchen Situation stillschweigend davon ausgegangen, daß andere sie positiv eingeschätzt haben, denn nur unter dieser Bedingung zeigt sich die soeben genannte Attribuierungsasymmetrie (*Schlenker* et al., 1979).

Zur Erklärung der vielfach beobachteten Asymmetrie — i. e. internale Attribuierung bei Erfolg, externale bei Mißerfolg — haben zahlreiche Autoren motivationale Prozesse in Anspruch genommen. Melvin *Snyder* et al., (1976, 1978) sehen in der genannten Asymmetrie den Ausdruck von Egotismus oder das Bestreben, sich selbst in einem günstigen Licht zu präsentieren. — Ließe sich die Asymmetrie in der Kausalattribuierung aber womöglich auch ausschließlich mit Regeln der Informationsverarbeitung erklären, so daß man darin lediglich das Ergebnis eines rein rationalistischen Prozesses zu sehen hätte? Dale *Miller* und Michael *Ross* (1975) hielten diese Möglichkeit nach Analyse der seinerzeit vorliegenden einschlägigen Publikationen für nicht ausgeschlossen. Inzwischen konnte die Forschung weitere, besser kontrollierte Studien vorlegen, deren Ergebnisse den Einfluß egotistischer Tendenzen auf die Kausalattribuierung nahelegen.

2.4.3.1 Das Analyse-Ergebnis von Dale Miller und Michael Ross (1975)

Bereits *Heider* (1958) hat in seiner grundlegenden Arbeit die Überzeugung vertreten, daß auch rationale Prozesse die Kausalattribuierung bestimmen würden, weil die in Anspruch genommenen Ursachen das Handlungsergebnis plausibel erklären müßten. Die Bedingung der Plausibilität ist erfüllt, wenn eine Ursachenzuschreibung bestehenden Gegebenheiten Rechnung trägt und der Attribuierende keine Widersprüche wahrnimmt. Beispielsweise kann man einen Mißerfolg nicht damit entschuldigen, daß man sich nicht genügend angestrengt habe, wenn man in Wirklichkeit und für Außenstehende offenkundig mit einer längeren Vorbereitungszeit beschäftigt gewesen ist. Es erscheint nicht plausibel, das Versagen an einer Aufgabe mit Pech zu erklären, wenn damit lediglich eine längere Kette von Mißerfolgen fortgesetzt wird.

Dale *Miller* und Michael *Ross* von der Waterloo-Universität in Kanada veröffentlichten im Jahre 1975 einen Aufsatz, der in der Feststellung gipfelte, daß die seinerzeit vorliegenden experimentellen Studien keine eindeutig gesicherten Belege für die Behauptung geboten hätten, selbstwertdienliche Motivationen des Menschen würden Einfluß auf seine Kausalattribuierung nehmen (*Miller* und *Ross* sprechen von *self-serving biases*, also von Voreingenommenheiten, die dem Selbst dienlich sind). Unter Verwendung der Bezeichnung „Egotismus" wird diese Motivation später noch eingehender zu kennzeichnen sein (s. S. 80 f.). Die Autoren meinten, daß Untersuchungsergebnisse, die als Beleg für die Wirksamkeit motivationaler Tendenzen gedeutet worden sind, ebenso ausschließlich mit solchen Regeln der Informationsverarbeitung erklärt werden könnten, die keine motivationalen subjektiven Gewichtungen berücksichtigen. Insbesondere wurde die wiederholt in zahlreichen Experimenten nachgewiesene Tendenz von Versuchspersonen, für Erfolge bereitwilliger als für Mißerfolge die Verantwortung zu übernehmen, wie folgt erklärt:

1. Menschen beabsichtigen und erwarten Erfolge mehr als Mißerfol-

ge und nehmen bei erwarteten eher als bei unerwarteten Ergebnissen Selbstzuschreibungen vor.

Miller und *Ross* greifen bei dieser Erklärung offenkundig auf den Positivitäts-Effekt zurück, d. h. auf eine Neigung des Menschen, von der Mehrheit seiner Handlungen ein positives Ergebnis zu erwarten. Mit Recht hat *Bradley* (1978) darauf hingewiesen, daß es ebenso einen Negativitäts-Effekt gäbe; dieser offenbart sich in psychologischen Experimenten gar nicht so selten, denn Versuchspersonen erwarten keineswegs, die dort gestellten Aufgaben stets lösen zu können. Somit gibt es sehr wohl Bedingungen, die negative Erwartungen nahelegen (*Kanouse* und *Hanson*, 1972).

Weiterhin greifen *Miller* und *Ross* auf einen Zusammenhang zurück, auf den bereits *Heider* (1958) aufmerksam gemacht hat; danach haben bestätigte Erwartungen zur Folge, daß mit verstärkter Sicherheit auf den Faktor attribuiert wird, der zuvor die Grundlage für die Erwartung gebildet hat. Erwartungswidrige Ergebnisse senken dagegen die Bedeutung dieses Faktors ab.

In Studien von *Feather* (1969) sowie von *Feather* und *Simon* (1971a, 1971b) konnten die von *Heider* behaupteten Zusammenhänge zwar belegt werden; dabei sind allerdings Aufgaben verwendet worden (Anagramme), die den Versuchspersonen vermutlich nicht besonders relevant erschienen. Wenn man demgegenüber die Ich-Beteiligung der Versuchspersonen anregt (s. S. 81 f.), registriert man Attribuierungen, die nicht mehr auf ausschließlich rationale Prozesse schließen lassen (*Stephan* et al., 1979). *Davis* und *Stephan* (1980) analysierten die Kausalattribuierungen, die für Examensleistungen gegeben worden sind. Nach ihren Ergebnissen waren die Ursachenzuschreibungen fast ausschließlich von der Valenz des Ergebnisses (d. h. Erfolg oder Mißerfolg) bestimmt. Bei guten Leistungen wurde vor allem internal, bei schlechten external attribuiert. Die Autoten sehen in ihren Ergebnissen einen eindeutigen Hinweis auf egotistische Motivation. „Die defensiven Attribuierungen, die von jenen Studenten mit schwachen Leistungen gemacht worden sind, haben den Vorteil, daß sie die Aufrechterhaltung eines positiven Selbstbilds gestatten, aber sie haben den Nachteil, daß sie dazu verleiten, möglicherweise unrealistische Vorhersagen bezüglich der zukünftigen Leistungen zu machen" (*Davis* und *Stephan*).

2. Eine Kovariation zwischen Handlung und Ergebnissen wird mit höherer Wahrscheinlichkeit unter Bedingungen mit steigender Leistung als unter einer Bedingung mit konstantem Mißerfolg wahrgenommen.

Wenn ein Lehrer z. B. auf eine anfängliche Leistungsschwäche seines Schülers mit erhöhter Anstrengung oder mit der Veränderung seiner Unterrichtsmethode reagiert, und der Lernende sich darauf bessert, kann der Lehrer wahrnehmen, daß zwischen seinem eigenen Verhalten und dem des Schülers eine Kovariation besteht. Diese Kovariation legt nach *Kelley* die Tendenz nahe, die Ursache der eigenen Person zuzuschreiben. Zwischen den erhöhten Anstrengungen des Lehrers und der konstant schwachen Schülerleistung ist dagegen keine Kovariation erkennbar. Folglich müßte der Lehrer nach dem *Kelley*-Prinzip keine Bereitschaft zur Selbstattribuierung erkennen lassen. Die Untersuchungsergebnisse von *Johnson* et al. sowie von *Schopler* und *Layton* (1972) stehen im Einklang mit diesen Erwartungen. Allerdings ist die zuerst genannte Studie wegen methodischer Schwächen kritisiert worden (*Ross* et al., 1974), während die zweite durch Bedingungen gekennzeichnet war, unter denen wahrscheinlich kein Egotismus herausgefordert worden ist. Im übrigen hat *Beckman* (1973) gefunden, daß Lehrer sich keineswegs dann am stärksten verantwortlich fühlten, wenn es nach dem Kovariationsprinzip sensu *Miller* und *Ross* zu erwarten war: bei ansteigenden Schülerleistungen; die Lehrer machten sich stattdessen hauptsächlich für abfallende Leistungen verantwortlich. Damit wird zwar nicht die Wirksamkeit des Kovariationsprinzips in Frage gestellt, wohl aber die Behauptung erschüttert, die von *Miller* und *Ross* genannten rationalen Prinzipien reichten aus, um das Zustandekommen von Kausalattribuierungen zu erklären.

3. Positive Ergebnisse, die grundsätzlich erwünscht sind, fördern den Eindruck vermeintlicher Kontrollmöglichkeit, unerwünschte dagegen nicht. Der Mensch konstruiert also nach der von *Miller* und *Ross* gegebenen Darstellung eine systematische Beziehung (d. h. Kontingenz) zwischen erwünschten Veränderungen und eigenen inneren Faktoren (Selbstkontrolle), es wird eine Kovariation wahrgenommen, die objektiv nicht besteht.

Miller und *Ross* greifen damit auf das Konzept der Kontrollmotivation (s. S. 29 ff.) zurück. Der Mensch – so meinen sie – interpretiert positive Veränderungen fälschlich als Ausdruck von Selbstkontrolle (internaler Faktor); entsprechend würde er bei einem Erfolg internal attribuieren. Negative Handlungsergebnisse würden ihm dagegen keinen Aufschluß über das Ausmaß eigener Kontrolle geben; Mißerfolge wären folglich weniger informativ und würden deshalb keine Zuschreibung von Selbstverantwortung nahelegen.

Wenn Menschen aber positive Ergebnisse erwarten (entsprechend dem von *Miller* und *Ross* in Anspruch genommenen Positivitäts-Effekt), ist nicht einzusehen, warum ein Mißerfolg als erwartungswidriges Ereignis nicht geradezu ins Auge springen und als solches relativ informationsträchtig sein soll (s. hierzu auch *Bradley*, 1978).

Inzwischen liegen mehrere Studien vor, denen sich entnehmen läßt, daß im Verlauf des Attribuierungsprozesses nicht nur rationale, von Einflüssen der Selbstachtung unabhängige Prozesse ablaufen. (Die Frage, ob zwischen beiden Prozessen Wechselwirkungen bestehen, wird noch diskutiert.) Bemerkenswert ist ein Befund von *Rusbult* und *Medlin* (i.V.): die Asymmetrie in der Ursachenzuschreibung zeigt sich umso weniger, je mehr Informationen dem Attribuierenden zur Verfügung stehen. *Rusbult* und *Medlin* vertreten zwar einen nichtmotivationalen Erklärungsansatz; ihre Ergebnisse lassen aber auch die Interpretation zu, daß egotistische Tendenzen vor allem dann zum Ausdruck kommen, wenn dem Attribuierenden wenig Informationen zur Verfügung stehen (er hat z.B. keinen Zugang zu Kovariationsinformationen, d.h. er kennt keine historischen

Daten bezüglich der Veränderungen von Handlungen und ihren Effekten). Tatsächlich hat man den Versuchspersonen in Experimenten, in denen das Auftreten von Egotismus zu prüfen war, typischerweise nur wenige Informationen bezüglich der Ereignisse gegeben, die den Erfolgen und Mißerfolgen vorausgingen (die Versuchspersonen hatten zumeist nur Aufgaben zu lösen und erfuhren anschließend eine Bewertung durch den Versuchsleiter). Das gilt ebenso für eine Studie von *Miller* (1976), die später zu schildern sein wird (s. S. 81 f.), wie für eine anderen, die auf *Sicoly* und *Ross* (1977) zurückgeht.

Sicoly und *Ross* ließen ihre Versuchspersonen in Anwesenheit eines Beobachters (tatsächlich handelte es sich dabei um einen Vertrauten des Versuchsleiters) Aufgaben erledigen, bei denen sie – jeweils nach Mitteilung des Versuchsleiters – entweder erfolgreich oder erfolglos waren. Anschließend hatten die Versuchspersonen anzugeben, wie verantwortlich sie sich für ihre Handlungsergebnisse fühlten. Bei ihren schriftlichen Antworten wurden die Befragten heimlich beobachtet. Es zeigte sich, daß die Versuchspersonen ihre eigene Verantwortung bei Erfolgen höher ansetzten als bei Mißerfolgen. Dieses Ergebnis stand im Einklang mit anderen Befunden, war aber auch mit den von *Miller* und *Ross* genannten rationalen Prinzipien zu erklären. Deshalb gingen *Sicoly* und *Ross* noch einen Schritt weiter. Der Beobachter, der sich zuvor heimlich über die Antworten der Versuchspersonen informiert hatte, teilte nun seinerseits ein Urteil über deren Verantwortlichkeit mit. Dabei wich er jedoch systematisch von ihren eigenen Angaben ab, indem er den Versuchspersonen teilweise größere, teilweise geringere Verantwortung zuschrieb als diese zuvor zu übernehmen bereit gewesen waren.

Abschließend befragte man die Versuchspersonen, wie genau der Beobachter nach ihrer Meinung bei seiner Zuschreibung gewesen war. Dabei bekundeten die Versuchspersonen umso stärkere Zustimmung mit der Fremdbeurteilung, je mehr diese für sie als schmeichelhaft zu gelten hatte. Wenn sie also erfolgreich gewesen waren, ließen sich die Befragten gerne noch mehr Verantwortung zuschreiben als sie zuvor übernommen hatten; ebenso schrieben sie bei Mißerfolg jenen Urteilen relativ hohe Gültigkeit zu, in denen der Beobachter ihre Verantwortung noch geringer ansetzte als sie selbst.

Die von *Miller* und *Ross* genannten rationalen Prozesse (Erwartungs-Effekte, wahrgenommene Kovariation und Mißdeutung von Kontingenz) können das genannte Ergebnis nicht ausschließlich bestimmt haben; denn die Verhaltensunterschiede, die Egotismus nahelegen, ergaben sich ja nicht aus dem Vergleich von Kausalattribuierungen bei Erfolg einerseits und Mißerfolg andererseits. Vielmehr wurden Vergleiche zwischen Versuchspersonen angestellt, die den gleichen Erfolg bzw. den gleichen Mißerfolg erfahren hatten, d. h. es wurden jeweils nur Versuchspersonen mit gleichem Handlungsausgang miteinander verglichen, bei denen Unterschiede in der Wahrnehmung bezüglich Erwartungen und Kovariation nicht anzunehmen waren. Da diese Faktoren nicht systematisch variierten, können sie nicht als Erklärung für jene Unterschiede herangezogen werden, die sich ergaben, als die Versuchspersonen die Genauigkeit der Beobachterurteile einzuschätzen hatten.

Das Experiment von *Sicoly* und *Ross* bestärkte den Verdacht, daß egotistische Tendenzen auf den Attribuierungsprozeß einzuwirken vermögen. Deshalb ist die Egotismus-Variable im folgenden näher zu kennzeichnen und anschließend darzustellen, welche Bedingungen das Entstehen egotistischer Tendenzen besonders wahrscheinlich machen.

2.4.3.2 Der Einfluß von Egotismus auf die Kausalattribuierung

Die Empfehlung von Lee *Ross* (1977), Versuche aufzugeben, Voreingenommenheiten in der Kausalattribuierung motivational zu erklären, um sich stattdessen stärker auf die Aufdeckung rationaler Prozesse zu konzentrieren, hat sich kaum durchsetzen können. Mehrere umfassende Analysen einschlägiger Untersuchungen (*Snyder* et al., 1978; *Weary Bradly*, 1978; *Zuckerman*, 1979) haben zu dem Ergebnis geführt, daß Kausalattribuierungen als Ergebnis einer Interaktion von Kognition und Motivation entstehen (*Shaver*, 1975). In Anlehnung an *Snyder* et al. (1976) ist der in leistungsbezogenen Situationen für wirksam gehaltene Motivationsfaktor als Egotismus zu bezeichnen. Einige Merkmale der Egotismuskonzeption sowie auslösende Bedingungen dieser Motivation sind nun eingehender darzustellen.

Snyder et al. (1976) definieren Egotismus „als die Tendenz, sich gute Ergebnisse als eigenes Verdienst anzurechnen und die Schuld für schlechte zu leugnen". Die Autoren sehen im Egotismus ein motivationales Phänomen, das sich in Kausalattribuierungen offenbart und dazu dient, die eigene Selbstachtung zu schützen oder zu steigern. In sozialen Situationen können Kausalattribuierungen auch ein Ausdruck öffentlicher Selbstdarstellung sein (*Schlenker*, 1975), d. h. sie lassen in einem solchen Fall das Bemühen eines Menschen erkennen, vor anderen ein möglichst günstiges Bild von der eigenen Person zu präsentieren.

Mittels eigener experimenteller Befunde belegen *Stephan* und *Gollwitzer* (1979) ihre Konzeption, daß als unmittelbare Reaktion auf Handlungsergebnisse positive (bei Erfolg) oder negative (bei Mißerfolg) Affekte auftreten, die ihrerseits Attribuierungsprozesse in Gang setzen, die darauf gerichtet sind, die Selbstachtung zu bewahren oder zu steigern. Da externale Attribuierungen dem Handelnden die Möglichkeit eröffnen, die Verantwortung für Mißerfolge zu leugnen, haben sie zugleich die Funktion, die ausgelösten negativen Affekte ziemlich rasch zu beenden. Entsprechend rufen Erfolge positive Affekte hervor. Daraus entstehen nach dem von *Stephan* und *Gollwitzer* vorgeschlagenen Modell egotistische Attribuierungen, die steigernd auf die Selbstachtung wirken. Durch eine internale Ursachenzuschreibung kann der positive Affekt verlängert und in Erinnerung gerufen werden, was den Handelnden in die Lage versetzt, positive Gefühle zu erleben.

Stephan und *Gollwitzer* führen die positiven und negativen Affektreaktionen bei Erfolg bzw. Mißerfolg auf die Lerngeschichte des Individuums zurück. Mit diesem Erklärungsansatz wären auch interindividuelle Differenzen faßbar zu machen, so beispielsweise die in der Leistungsmotivationstheorie enthaltene Annahme, daß Personen mit stark ausgeprägtem Leistungsmotiv affektiv intensiver auf Leistungsergebnisse reagieren als solche mit schwächerem Motiv. Zudem ist zu berücksichtigen, daß nicht jedes Leistungsergebnis gesteigerte Affektreaktionen und Egotismus auslöst. Voraussetzung dazu sind bestimmte situative Bedingungen bzw. deren Wahrnehmung durch den Handelnden.

2.4.3.2.1. Die Relevanz des Handlungsergebnisses

Mit der Auslösung von Egotismus ist nach *Snyder* et al. (1978) nur zu rechnen, wenn die beiden folgenden Voraussetzungen erfüllt sind: Das Handlungsergebnis muß erstens der Person zugeschrieben werden und zweitens hat die Attribuierung für die Selbstachtung der Person relevant zu sein. Wenn also ein Handlungsergebnis als zufallsabhängig wahrgenommen wird, erscheint die Selbstachtung von Mißerfolg nicht bedroht; ein Erfolg vermag diese aber auch nicht zu erhöhen. Deshalb wird Egotismus bei einer Zufallsattribuierung nicht aktiviert. Aber auch die Wahrnehmung, daß ein Handlungsergebnis von den eigenen Fähigkeiten bestimmt worden ist, führt nicht unbedingt zu egotistischen Attribuierungen. Wenn nämlich eine Aufgabe nach Wahrnehmung des Handelnden Fähigkeiten herausfordert, die diesem irrelevant erscheinen, ist nicht mit einer egotistischen Motivierung zu rechnen.

In einem Experiment von Dale *Miller* (1976) wurden den Versuchspersonen die Ergebnisse der zu bearbeitenden Aufgaben entweder als sehr oder als wenig wichtig vorgestellt. Man spricht in einem solchen Fall zumeist von Aufgaben unterschiedlicher Relevanz; sie sollten bei den Angesprochenen entsprechend höhere oder geringere Grade der Ich-Beteiligung (*ego-involvement*) auslösen. *Miller* schlußfolgerte, wenn Kausalattribuierungen von Egotismus mitbestimmt werden sollten, müßte ein Mißerfolg bei hoch relevanten Aufgaben besonders bedrohlich wirken. Dieselben Aufgaben würden dagegen einem Erfolg besondere Attraktivität verleihen. Die Befunde standen im Einklang mit den Erwartungen: bei hoch relevanten Aufgaben erklärten die Versuchspersonen einen Mißerfolg häufiger mit Pech und weniger mit mangelnder Fähigkeit als unter der Bedingung geringer Aufgabenrelevanz. Im Falle von Erfolgen attribuierte man dagegen bei wichtigen Aufgaben häufiger auf die eigene Fähigkeit als bei geringer Relevanz.

Zu beachten ist, daß die Informationen bezüglich der Aufgabenrelevanz in *Millers* Studie gegeben wurden, nachdem die Versuchspersonen die experimentelle Aufgabe beendet hatten. Folglich scheint „weder das Phänomen einer größeren Erwartung von Erfolg im Vergleich zu Mißerfolg noch die Mißdeutung von Kontingenz die Möglichkeit zu eröffnen, den Effekt der Ich-Beteiligung zu erklären" (*Miller*, 1976).

Es ist sicherlich nicht immer ohne weiteres möglich, unter experimentellen Bedingungen Variationen der Aufgabenrelevanz zu erreichen, die sich in Kausalattribuierungen niederschlagen. Es muß damit gerechnet werden, daß allein schon die Auswahl einer (eventuell noch so bedeutungslosen) Aufgabe im Rahmen einer wissenschaftlichen Studie für die Versuchspersonen Anlaß genug ist, sie als relevant wahrzunehmen. Generell sind Teilnehmer wissenschaftlicher Studien bemüht, dem Versuchsleiter gegenüber als intelligent zu erscheinen (*Rosenberg*, 1969). Möglicherweise erklärt sich damit auch, daß einige Nachuntersuchungen (*Forsyth* und *Schlenker*, 1977; *Miller* et al., 1978) *Millers* Befunde nicht bestätigen konnten. In diesen Nachfolgestudien haben die Versuchspersonen zwar die vom Versuchsleiter behauptete hohe bzw. geringe Relevanz akzeptiert; die Aufgabenwichtigkeit aber wahrscheinlich nicht – den Intentionen des Versuchsleiter folgend – so gering angesetzt, daß egotistische Reaktionen ungerechtfertigt gewesen wären.

2.4.3.2.2 Unterschiedliche Grade der Wahlfreiheit

Zusätzlich zur Relevanz des Handlungsergebnisses ist von Bedeutung, ob es etwas über die eigene Person aussagt. Kann sich der Handelnde für das Ergebnis verantwortlich fühlen? Die Verantwortung für ein Handlungsergebnis ist leichter zu übernehmen, wenn man sich bei der Auswahl der als angemessen erachteten Methode frei fühlt. Wenn man dagegen vorgeschrieben bekommt, wie eine Aufgabe gelöst werden soll, ist man weniger bereit, sich damit zu identifizieren, denn äußerer Zwang mindert die Übernahmebereitschaft von Verantwortung für das eigene Handeln (*Bem*, 1972). Es erscheint deshalb die Annahme naheliegend, daß auch die Kausalattribuierung in leistungsbezogenen Situationen von dem Grad der wahrgenommenen Wahlfreiheit mitbestimmt wird.

Robert *Arkin* et al. (1976) haben diese Annahme geprüft. Es offenbarte sich eine hohe Bereitschaft der Versuchspersonen, sich Erfolge selbst zuzuschreiben und zwar unabhängig vom Grad der wahrgenommenen Wahlfreiheit. Bei Mißerfolgen zeigte sich die aus anderen Experimenten bekannte Neigung, externale Attribuierungen vorzunehmen. Bezeichnenderweise traten diese typischen Interpretationen jedoch nur auf, wenn die Lösungsmethoden von außen aufgezwungen worden waren; unter diesen Bedingungen brauchte man sich für seine Handlungen mit ungünstigem Ausgang nicht verantwortlich zu fühlen. Bei bestehender Wahlfreiheit erscheint die Abschiebung der Verantwortung dagegen weniger plausibel, d. h. es kann nicht ohne weiteres die Möglichkeit genutzt werden, egotistisch zu attribuieren.

2.4.3.2.3 Der Öffentlichkeitscharakter der Leistungssituation

Aus vorgelegten experimentellen Befunden haben Marc *Riess* et al. (1981) die Schlußfolgerung gezogen, daß am Zustandekommen von Asymmetrien in der Kausalattribuierung zwei Prozesse beteiligt sind. Danach gibt es zum einen Voreingenommenheiten, die *unbewußt* und *unbeabsichtigt* zu Verzerrungen in der Wahrnehmung von Ursachen führen können. „Obwohl Individuen glauben, daß diese Attribuierungen den wahren Gegebenheiten entsprechen, können sie tatsächlich beeinflußt sein *(be biased)* von Faktoren der Informationsverarbeitung und/oder von Motivationen, die Selbstachtung zu schützen oder zu erhöhen" (*Riess* et al.). Diese Autorengruppe postuliert zum anderen *bewußte* und *beabsichtigte* Verzerrungen eigener Wahrnehmungen in der öffentlichen Selbstdarstellung. „Hier können Individuen ihre privaten Wahrnehmungen absichtlich fehldarstellen, um die Eindrücke zu beeinflussen, die sich andere von ihnen bilden" (*Riess* et al.). Dieser zuletzt spezifizierte Prozeß wäre also als Erklärung dafür in Anspruch zu nehmen, daß Menschen auf bestimmte soziale Charakteristika einer Situation reagieren.

Sofern andere als tatsächliche oder potentielle Beobachter und Bewerter des eigenen Verhaltens wahrgenommen werden, bestehen Öffentlichkeitsbedingungen. Die Wahrnehmung, von anderen beobachtet zu werden, kann einen Menschen dazu veranlassen, Erfolge internal zu interpretieren (vor allem auf Fähigkeit zurückzuführen). Im Falle eines Mißerfolgs bietet es sich an, unzureichende Anstrengung in Anspruch zu nehmen (*House*, 1980). Dadurch wird die Fähigkeit nicht in Frage gestellt. Die Attribuierung auf hohe Aufgabenschwierigkeit könnte dagegen wiederum den Eindruck mangelnder Fähigkeit vermitteln; unter Öffentlichkeitsbedingungen bietet sich dieser externale Faktor deshalb weniger an. — Wenn man dagegen andere nicht in Betracht zu ziehen braucht — z. B. weil man mit seinen Leistungsergebnissen anonym bleibt (*Frey*, 1978; *House*, 1980; *Hull* und *Levy*, 1979) — tritt Egotismus in sehr viel geringerem Maße oder gar nicht in Erscheinung.

Man muß berücksichtigen, daß es strategisch keineswegs immer am günstigsten ist, sich vor anderen wegen seiner Erfolge zu rühmen und für Mißerfolge seine Verantwortung zu leugnen. Wenn man in der Selbstdarstellung eine mehr oder weniger intendierte Kontrolle des eigenen Erscheinungsbildes sieht, die das Ziel verfolgt, andere bezüglich ihres Verhaltens gegenüber der eigenen Person zu beeinflussen (*Weary* und *Arkin*, 1981), ist es u. U. effektvoller, sich bescheiden und großzügig gegenüber anderen darzustellen.

Beispielsweise können kooperative Arbeitsformen den Wunsch wecken, mit einem anderen auch in der Zukunft partnerschaftlich verbunden zu sein. Man muß deshalb einiges tun, um seine soziale Attraktivität zu bewahren. Diesem Ziel hat sich auch die Kausalattribuierung unterzuordnen. Folglich vermeidet man negative Wertschätzungen gegenüber diesem Partner. Teilnehmer einer Studie von *Feather* und *Simon* (1971a) neigten z. B. dazu, den Erfolg eines anderen mehr als den eigenen auf entsprechende Fähigkeit zurückzuführen. Zugleich offenbarte sich die Tendenz, einen eigenen Mißerfolg stärker als den eines Partners mit mangelnder Fähigkeit zu erklären. Das Versagen des anderen wurde bereitwilliger als das eigene mit Pech entschuldigt.

Zu ähnlichen Ergebnissen gelangten Carole *Ames* et al. (1977); sie ließen Jungen fünfter Schuljahre unter einer Bedingung paarweise zusammenarbeiten. Schüler, die einen Mißerfolg hatten, schrieben sich selbst signifikant weniger Fähigkeit zu als ihrem Partner im Falle seines Mißerfolgs. In seinen Selbstbeurteilungen präsentierte sich der kooperative Erfolgreiche eher bescheiden; er ließ das Bemühen erkennen, die Distanz zum Erfolglosen möglichst gering erscheinen zu lassen. Mit der genannten Ursachenzuschreibung sollte offenbar eine günstige Bedingung für ein befriedigendes Miteinander geschaffen werden. Ein solches Ziel bietet sich im Gegeneinander des Wettbewerbs nicht an.

Eine Selbstdarstellung, die von anderen als Bescheidenheit interpretiert werden könnte, bietet sich auch an, wenn man erfährt, daß das eigene Verhalten im Brennpunkt einer Untersuchung steht und man Gefahr laufen würde, mit einer zu positiven Selbstdarstellung in Diskrepanz zu den Urteilen anderer zu geraten.

In einer Studie von Lee *Ross* et al. (1974) hatten Lehrer und Lehrerstudenten den Versuch zu unternehmen, einen elfjährigen Jungen zu lehren, üblicherweise falsch geschriebene Wörter richtig zu buchstabieren. Die Unterrichtssituation war so gestaltet worden, daß der Kontakt zwischen dem Lehrer und seinem „Schüler" (einem Vertrauten des Versuchsleiters) so gering wie möglich gehalten wurde. Später teilte man den Lehrern mit, ihre „Schüler" hätten in einem Abschlußtest entweder einen ausgezeichneten Erfolg erzielt oder nur recht schwache Leistungen erbracht. Das Interesse der Autoren richtete sich vor allem darauf, welche Interpretationen die Lehrer für die Testergebnisse geben würden. Aus diesem Grunde bat man die Versuchspersonen, mittels eines Fragebogens zu beurteilen, wie bedeutsam ihrer Meinung nach Merkmale des „Schülers" einerseits und des Lehrers andererseits für das Zustandekommen dieser Leistungen waren.

Im Unterschied zu den Erwartungen von *Ross* et al. gaben die Versuchspersonen bei ihren Mißerfolgsattribuierungen Faktoren der Lehrerpersönlichkeit mehr Gewicht, während sie Erfolge mehr mit Merkmalen ihrer Schüler in Beziehung setzten. Wie lassen sich diese Befunde nun erklären? – *Bradley* (1978) machte darauf aufmerksam, daß die Versuchspersonen unter Öffentlichkeitsbedingungen gearbeitet haben. Ihnen war ausdrücklich gesagt worden, daß man ihren Unterricht zum Zweck späterer Bewertung gefilmt habe. Wenn die Lehrer nun Erfolge sich selbst, Mißerfolge den Schülern zugeschrieben hätten, wäre vielleicht dadurch eine Peinlichkeit entstanden, daß andere weniger nachsichtig das Unterrichtsverhalten beurteilten, dessen Studium offenkundig im Mittelpunkt des Experiments gestanden hatte.

Wenn sich also ein Mensch gegenüber der Öffentlichkeit sehr positiv darstellt und ihm gegenwärtig ist, daß sein Verhalten im Brennpunkt einer Untersuchung steht und von anderen, u. U. sogar von kompetenten oder prestigeträchtigen Personen, bewertet wird, könnte er der möglichen Entstehung peinlicher Situationen durch bestimmte Kausalattribuierungen entgegenwirken. Sollte sich ein Erfolg an Aufgaben offenbart haben, mit denen man weniger vertraut ist, läßt sich nicht ausschließen, daß zukünftige Leistungen weniger günstig ausfallen. Sofern man sich nicht bereits guter Fähigkeiten gerühmt hat, lassen sich die späteren Mißerfolge unproblematischer erklären. Gleichfalls mindert sich die Gefahr einer gewissen Peinlichkeit, die dadurch entstehen kann, daß man gute Leistungen auf sich selbst zurückführt und damit in offenen Widerspruch zu anderen Beurteilern tritt.

Gibt es Menschen, die besonders sensibel auf eine Bewertung ihres

Verhaltens durch andere reagieren und sich bei ihren Kausalattribuierungen entsprechend bescheiden geben? — Robert *Arkin* und Mitarbeiter (1980) vermuteten, daß dies für Menschen gelten könnte, die sich durch stark ausgeprägte Sozialangst kennzeichnen lassen, wobei dieser Begriff in Anlehnung an *Fenigstein* et al. (1975) als „Unbehaglichkeit in der Gegenwart anderer" definiert wird. Es zeigte sich in *Arkins* Studie, daß hoch Sozialängstliche im Falle von Mißerfolg erheblich mehr Verantwortung als bei Erfolg zu übernehmen bereit waren, wenn sie annahmen, „Experten" würden ihr Verhalten bewerten. Versuchspersonen mit geringer Sozialangst reagierten auf die soziale Bewertung ihres Verhaltens dagegen mit einer sehr positiven Selbstdarstellung.

In einem zweiten Experiment behauptete der Versuchsleiter, er könnte mittels eines geeigneten Instruments feststellen, ob die Versuchspersonen ihm die Wahrheit sagen würden, d. h. ob die von ihnen mitgeteilten Attribuierungen ihren inneren Überzeugungen entsprächen (sog. *bogus pipeline technique* nach *Jones* und *Sigall,* 1971). Wenn die Teilnehmer mit geringer Sozialangst eine Bewertung zu erwarten hatten, präsentierten sie ein sehr positives Bild von sich, allerdings vor allem unter der Erwartung, andere damit beeindrucken zu können (*no bogus pipeline* Bedingung), weniger wenn zu befürchten war, von anderen durchschaut zu werden (*bogus pipeline* Bedingung). Hochängstliche Versuchspersonen präsentierten sich in keiner der beiden Bedingungen (Bewertung durch andere und *bogus pipeline* Bedingung) übertrieben günstig.

Arkin et al. zogen aus ihren Befunden den Schluß, daß hoch Sozialängstliche vor allem bestrebt seien, Peinlichkeiten zu vermeiden, die durch die Bewertung anderer entstehen können; ihnen gehe es weniger um die Gewinnung von Anerkennung. Demgegenüber seien Menschen mit geringer Sozialangst nicht vorrangig darauf aus, peinliche Situationen zu vermeiden, sondern eher daran interessiert, Anerkennung zu finden. Wegen dieser unterschiedlichen Zielsetzungen präsentieren sich Menschen mit hoher Sozialangst anders als solche mit geringer Sozialangst.

Wie wirkt es nun auf den Beobachter, wenn ein Mensch sich in seinen Kausalattribuierungen ausgesprochen bescheiden gibt, d. h. beispielsweise Erfolge auf glückliche Umstände und Mißerfolge auf eigene Unzulänglichkeit zurückführt? — Diese Frage ist gegenwärtig noch kaum geklärt. Es liegen lediglich zwei Simulationsexperimente (*Shovar* und *Carlston,* 1979; *Tetlock,* 1979) vor, in denen Versuchspersonen angeblich frühere Versuchsteilnehmer charakterisieren sollten, von denen sie nur erfuhren, welche Kausalattribuierungen diese bei Erfolg oder Mißerfolg abgegeben hatten. Bei bescheidenen (*counterdefensive*) Ursachenzuschreibungen wurden die zu Beurteilenden als vergleichsweise liebenswerter und ehrlicher eingestuft; man hielt sie auch für kompetenter, sofern sie ihre Bescheidenheit in der Darstellung nicht übertrieben.

2.4.3.2.4 Lenkung der Aufmerksamkeit

Offenkundig gibt es bestimmte Öffentlichkeitsbedingungen, unter denen es günstiger erscheint, sich wegen seiner Erfolge nicht zu sehr zu brüsten und nicht jede Verantwortung für Mißerfolge zu leugnen; unter anonymen Bedingungen kann man dagegen die Verantwortung für Erfolge sehr viel eher übernehmen und die für Mißerfolge leugnen (*Frey*, 1978). Ob man von anderen beobachtet und bewertet wird oder ob man anonym bleibt, stellt offenkundig einen relevanten Aspekt der Situation dar, der Einfluß auf die Kausalattribuierung nehmen kann. Es gibt nun Hinweise, daß die Sensibilität gegenüber solchen Aspekten der Situation, die für die eigene Person relevant sind, im Zustand objektiver Selbstaufmerksamkeit (*objective self-awareness*) gesteigert ist.

Die Theorie der objektiven Selbstaufmerksamkeit geht auf die amerikanischen Psychologen Shelley *Duval* und Robert *Wicklund* (1972) zurück. Nach Auffassung dieser beiden Autoren ist die Aufmerksamkeit eines Menschen im Zustand erhöhter Selbstaufmerksamkeit nach innen gerichtet, womit einhergeht, daß er sich selbst zum Objekt seiner Aufmerksamkeit macht. Nach *Duval* und *Wicklund* erfolgt in diesem Zustand eine Selbstbewertung; man prüft, ob man so ist, wie es den eigenen Idealen entsprechen würde. Häufig erlebt man nach einem derartigen Vergleich eine Diskrepanz; die Idealvorstellungen erscheinen nur unzulänglich verwirklicht. Es gibt aber auch Situationen, z. B. nach einem Erfolgserlebnis, in denen man das Gefühl hat, die Selbsterwartungen übertroffen zu haben.

Strittig ist z. Zt. noch, ob die am Zustand der Selbstaufmerksamkeit beteiligten Prozesse ausschließlich kognitiver Art sind. *Duval* und *Wicklund* (1972) haben die Auffassung vertreten, daß die Berücksichtigung einer Erregungskomponente überflüssig wäre. *McDonald* et al. (1981) erhielten unter Verwendung eines nicht-reaktiven Untersuchungsverfahrens jedoch Beobachtungswerte, die für das Auftreten gesteigerter Erregung sprachen; sie folgerten deshalb, „daß die Erregung eine bedeutsame Komponente von Selbstaufmerksamkeitseffekten sein kann". Mit einem Erregungsmechanismus wären z. B. Bemühungen zu erklären, die auf die Reduktion von (unangenehmen) Diskrepanzen sowie auf Vermeidung der Auslöserreize dieses Zustands gerichtet sind.

Nach der Theorie *Duvals* und *Wicklunds* ist die Selbstaufmerksamkeit durch jeden Reiz auszulösen, der dem Wahrnehmenden vergegenwärtigt, daß er selbst ein Objekt dieser Welt ist. Im Experiment verwendet man als Auslöserreize üblicherweise Spiegel, Aufzeichnungen der eigenen Stimme oder Zuschauer (Öffentlichkeitsbedingungen). Eine förderliche Bedingung für Selbstaufmerksamkeit ist auch gegeben, wenn das Verhalten eines Menschen — tatsächlich oder in der Einbildung — eine Besonderheit aufweist (*Wicklund*, 1975), also anomal, auffallend ist, wie z. B. im Falle des Stotterns, einer Gebrechlichkeit, sexueller Impotenz usw.

In einem Experiment von Nancy *Federoff* und John *Harvey* (1976) wurden einige Versuchspersonen mit einer Kamera konfrontiert, um ihre Selbstaufmerksamkeit zu erhöhen. Unter dieser Bedingung nahmen sie bei Erfolgen mehr Selbstattribuierungen vor als bei Mißerfolgen. Entsprechende Asymmetrien ließen sich im Zustand geringer Selbstaufmerksamkeit nicht nachweisen.

Selbstaufmerksamkeit scheint jedoch die Kausalattribuierung nicht immer in die gleiche Richtung zu lenken. Gestützt wird dieser Verdacht durch Studien, die Jay *Hull* und Alan *Levy* (1979) vorgelegt haben. In ihrer Studie waren Versuchspersonen im Zustand der Selbstaufmerksamkeit mehr bereit, die Verantwortung für ein negatives Ereignis zu übernehmen als andere, bei denen keine Selbstaufmerksamkeit angeregt worden war. Wenn die Versuchspersonen dagegen anonym blieben, trat ein gegenteiliger Effekt auf. Der Zustand der Selbstaufmerksamkeit determinierte also nicht eine bestimmte Kausalattribuierung. Er ließ die Versuchspersonen aber sensibler auf die relevanten Situationsmerkmale ‚Öffentlichkeit' bzw. ‚Anonymität' reagieren, d. h. bei hoher Selbstaufmerksamkeit gab man sich unter Öffentlichkeitsbedingungen noch bescheidener als bei geringer Selbstaufmerksamkeit. Andererseits verstärkte sich bei Anonymität die Tendenz, angenehme Ereignisse internal und unangenehme external zu interpretieren, wenn der Zustand der Selbstaufmerksamkeit angeregt worden war. — Selbstaufmerksamkeit löst offenbar Egotismus nicht aus, senkt aber wahrscheinlich die Wahrnehmungsschwelle für Auslöserreize und wirkt verstärkend auf diese Motivation.

2.4.4 Geschlechtsunterschiede in der Kausalattribuierung

Wenn man die Frage zu beantworten versucht, welche Faktoren und Bedingungen Einfluß auf die Kausalattribuierung eines Menschen nehmen, muß man auch an relativ überdauernde Merkmale der Person denken. Ein solches Merkmal ist die Geschlechtszugehörigkeit.

Wollte man Vollständigkeit anstreben, hätte man zweifellos eine große Anzahl von Persönlichkeitsmerkmalen zu berücksichtigen. Es bietet sich an, exemplarisch über den Einfluß des Geschlechts auf die Kausalattribuierung zu berichten, weil es an entsprechenden Übersichten z. Zt. noch mangelt. Demgegenüber gibt es bereits sehr gute zusammenfassende Darstellungen, die z. B. über den Zusammenhang von unterschiedlichen Ausprägungsgraden des Leistungsmotivs sowie der Selbstachtung und Ursachenzuschreibung informieren (z. B. *Schneider*, 1976; *Heckhausen*, 1977, 1980; *Ickes* und *Layden*, 1978).

Wenn man im Rahmen wissenschaftlicher Untersuchungen Mädchen und Jungen bzw. Frauen und Männer bittet, für ihre Handlungsergebnisse in leistungsbezogenen Situationen eine Ursachenzuschreibung vorzunehmen, dann zeigt sich, daß ihre Antworten keineswegs einheitlich ausfallen. Während beim männlichen Geschlecht eine ausgeprägte Neigung besteht, die Begabung als Ursache für eigene Erfolge zu sehen, greifen Frauen verstärkt auf Glück zurück (*Feather*, 1969; *Deaux*, 1974; *Frieze*, 1975).

Nun ist es kaum plausibel, eine erfolgreiche Karriere als Ärztin oder im obersten Management der Wirtschaft nur als Zufallsergebnis darzustellen. Sowohl bei Fremd- als auch bei Selbstattribuierungen zeigt sich jedoch wiederum die Neigung, eindeutige Berufserfolge eher auf überdurchschnittlichen Fleiß als auf Begabung zurückzuführen (*Etaugh* und *Brown*, 1975; *Feldman-Summers*, 1974).

Unterschiedlich fallen auch die Attribuierungen aus, die sich auf den Mißerfolg beziehen: Frauen greifen im Vergleich zu Männern häufiger auf internale Attribuierungen zurück, wenn sie für ihr Versagen eine Ursache anzugeben haben (*Deaux* und *Farris*, 1977; *Nicholls*, 1975). *Dweck* et al. (1980) erhielten in einer Studie Hinweise dafür, daß Schülerinnen nach einem Mißerfolg weniger daran dachten, daß es ihnen an einer spezifischen Fähigkeit fehlte, die die besonderen Aufgaben herausfordern würden; sie zweifelten vielmehr an ihrer allgemeinen Fähigkeit.

Wer seine Erfolge vorrangig mit variablen Faktoren (Anstrengung, Glück) in Beziehung setzt und die konstante Begabung nur sehr bescheiden in der Ursachenzuschreibung einsetzt, müßte bei Leistungsvorhersagen eigentlich ziemlich zurückhaltend sein. Tatsächlich besteht diese Vermutung zurecht: Frauen haben im Vergleich zu Männern eine geringere Erfolgserwartung (*Feather*, 1969; *Heilman* und *Kram*, 1978; *House* und *Perney*, 1974). Die verminderten Erwartungen bei Mädchen lassen sich bereits in der Grundschule nachweisen (*Crandall*, 1969). Diese Befunde sind deshalb von Bedeutung, weil eine geringe Erwartung mit einem niedrigen Leistungsverhalten einhergehen kann (*Battle*, 1965; *Feather*, 1966).

Warum kommt es nun zu derartigen Geschlechtsunterschieden in der Ursachenzuschreibung? Weshalb finden sich bei Männern häufiger Attribuierungen, die — in der Terminologie *Dwecks* — als erfolgsorientiert zu bezeichnen sind, während Frauen eher Anzeichen gelernter Hilflosigkeit offenbaren (s. S. 118)? Gibt es Bedingungen, die die genannten geschlechtsspezifischen Unterschiede in der Attribuierung verstärkt in Erscheinung treten lassen? — Solche Fragen sollen nunmehr in den Mittelpunkt der Darstellung rücken.

Es gibt im Rahmen der aktuellen Literatur keinen nennenswerten Versuch, beobachtbare Geschlechtsunterschiede in der Ursachenzuschreibung in direkte Beziehung zu erbbiologischen Gegebenheiten zu setzen. Allgemein wird davon ausgegangen, daß in allen Gesellschaften für Männer und Frauen unterschiedliche soziale Rollen und Leitbilder definiert worden sind und daß solche „Bestimmungsleistungen" (*Hofstätter*, 1976) zu berücksichtigen sind, wenn es gilt, geschlechtsspezifische Verhaltensunterschiede zu erklären. Entsprechend ist zu fragen, welche sozialpsychologisch relevanten Bedingungen Frauen wohl veranlassen können, Erfolge und Mißerfolge tendenziell anders als Männer zu interpretieren.

2.4.4.1 Leistungsthematisch relevante Unterschiede in den Geschlechter-Stereotypen

Es gibt zweifellos viele Merkmale, nach denen sich die Geschlechter-Stereotype voneinander unterscheiden lassen; einige stehen jedoch nachweisbar in Beziehung zu den Ursachenzuschreibungen von Mann und Frau. Nach Untersuchungen von Inge *Broverman* et al. (1972) gibt es ein Bündel von Merkmalen, die nach ihrer Interpretation alle etwas mit der *Kompetenz* eines Menschen zu tun haben; dazu zählen sie u. a.: Unabhängigkeit, Wetteifer, Objektivität, Dominanz, Aktivität, Logik, Ehrgeiz und Zuversicht. Diese Merkmale werden vor allem dem Mann zugeschrieben, während das Gegenteil (Abhängigkeit, geringe Bereitschaft zum Wettbewerb usw.) eher als kennzeichnend für das weibliche Geschlecht gesehen wird.

Ein weiteres Bündel von Merkmalen wird vor allem dem weiblichen, weniger dem männlichen Geschlecht zugeschrieben. Danach ist die typische Frau eher taktvoll, zart, für die Gefühle anderer sensibilisiert und in der Lage, zärtliche Gefühle zu zeigen. Problematisch ist, daß in einer Leistungsgesellschaft die für *den* Mann typischen Merkmale höher bewertet werden als die für *die* Frau. Kompetenz im oben definierten Sinne zählt also mehr als Expressivität im Gefühlsbereich, soziale Sensibilität und Hingabefähigkeit (*McKee* und *Sherriffs,* 1957). Erfolg ist etwas, was in dieser Gesellschaft mit dem Attribut der Männlichkeit eng assoziiert ist.

Die Diskriminierung der weiblichen Erfolge kommt weiterhin in der Abwertung ihrer Leistungen zum Ausdruck. Dieselbe Arbeit erfährt eine geringere Wertschätzung, wenn sie von einer Frau statt von einem Mann stammt (*Etaugh* und *Rose,* 1975; *Mischel,* 1974). Entsprechend werden Frauen in vielen Industriezweigen im Vergleich zu ihren männlichen Kollegen schlechter bezahlt.

Aufschlußreich ist, daß Frauen an dem Prozeß der Diskriminierung teilweise selbst beteiligt sind. Zwar registrierte Teresa *Peck* (1978), daß die Leistung einer Frau, die beruflich bereits einen höheren Status erworben hat, von weiblichen Befragten besser als eine vergleichbare Leistung von einem Mann mit höherem Status beurteilt wird. Offenbar berücksichtigten sie, daß eine Frau, die alle diskriminierenden Hemmnisse überwinden konnte, schon Ungewöhnliches geleistet haben muß. Die gleichen Leistungen werden dagegen von weiblichen Befragten zu ungunsten der Frauen bewertet, wenn sich beide Geschlechtsvertreter noch am Anfang ihrer beruflichen Karriere befinden. Sofern noch keine Gelegenheit bestanden hat, die Leistungsfähigkeit und Durchsetzungskraft unter Beweis zu stellen, schlägt offenbar das negative Vorurteil gegenüber dem weiblichen Geschlecht voll durch. Die Frau, die zu Beginn ihrer beruflichen Karriere noch einen geringen Status hat, erhält somit, wie *Peck* feststellt, „wenig Unterstützung von anderen Frauen, wenn sie diese am dringendsten benötigt — bei ihren anfänglichen Versuchen, etwas zu leisten und Erfolge zu haben".

Es ist zu erwarten, daß die vielfach von männlicher Seite ausgehenden Abwehrmaßnahmen gegenüber weiblichen Erfolgen vor allem bei Auseinandersetzung mit typisch männlichen (z. B. im Management der Industrie), weniger dagegen mit weiblichen Aufgaben (Leitung eines Kindergartens) ergriffen werden. Tatsächlich lassen sich diese Erwartungen bestätigen (*Feldman-Summers* und *Kiesler,* 1974). Die Abwertung ist dort am stärksten, wo Männer damit zu rechnen haben, daß sie mit kompetenten Frauen in Kontakt treten könnten (*Hagen* und *Kahn,* 1975).

Wenn auf männlicher Seite dagegen nicht befürchtet wird, mit einer tüchtigen Frau konkurrieren zu müssen, neigen sie zu einer günstigeren Bewertung weiblicher Leistungen. Allerdings gelangten *Feldman-Summers* und *Kiesler* noch im Jahre 1974 zu der Feststellung, daß es keine berufliche Tätigkeit gäbe, bei der sich auf das weibliche Geschlecht höhere Erwartungen als auf das männliche richteten.

2.4.4.2 Geschlechtsspezifische Attribuierungen als Ergebnis erwarteter und unerwarteter Leistungsresultate

Es kann als gesichert gelten, daß — wenigstens in den westlich-orientierten Industrienationen — weibliche Leistungen trotz aufklärerischer Bemühungen bis zur Gegenwart diskriminiert werden. Es ist damit zu rechnen, daß Mädchen und Frauen das auf sie gerichtete Vorurteil über Erwartungseffekte (s. S. 162 f.) verwirklichen, d. h. entsprechend niedrige Selbstkonzepte eigener Leistungsfähigkeit entwickeln.

Wenn somit davon auszugehen ist, daß sowohl im Selbst- als auch im Fremdbild Männer im Vergleich zu Frauen als befähigter gelten, lassen sich die bereits genannten geschlechtsspezifischen Attribuierungsunterschiede erklären, wenn man zwei Regeln berücksichtigt, die bereits bei der Darstellung der Argumente von *Miller* und *Ross* (s. S. 76 f.) genannt worden sind (*Deaux*, 1976):

1. Erwartungskonforme Handlungsergebnisse werden eher auf stabile als auf variable Ursachen zurückgeführt.
2. Erwartungswidrige Handlungsergebnisse werden bevorzugt mit variablen Ursachen in Beziehung gebracht.

Die Gültigkeit dieser Regeln für geschlechtsspezifische Attribuierungsunterschiede konnte (für die Ursachen Anstrengung, Glück und Aufgabenschwierigkeit) inzwischen bestätigt werden (*Reno*, 1981). Bei Anwendung dieser Regeln ergibt sich, daß sowohl in der Selbst- als auch bei der Fremdattribuierung bei dem Mann (erwartete) Erfolge mit entsprechender Begabung in Beziehung gesetzt werden, während fehlende Anstrengung oder Pech vor allem zur Interpretation des Mißerfolgs herangezogen werden. Bei den nach dem Stereotyp als weniger kompetent geltenden Frauen werden bei (erwartungswidrigen) Erfolgen Glück oder Fleiß, bei Mißerfolgen fehlende Begabung in Anspruch genommen.

2.4.4.3 Geschlechtsunterschiede als Funktion situativer Variablen

Einige Autoren (*Frieze* et al., 1978; *Maccoby* und *Jacklin*, 1974) sind nach Analyse der einschlägigen Literatur zu der Feststellung gelangt, daß Frauen in fast allen Leistungssituationen ein im Vergleich zu Männern geringeres Selbstvertrauen *(self-confidence)*, definiert als Leistungserwartung und Bewertung eigener Fähigkeiten sowie vollbrachter Leistungen, offenbaren. Im Gegensatz dazu meinte Ellen *Lenney* (1977) auf der Grundlage der ihr vorliegenden Studien, daß sich keineswegs unter allen Bedingungen ein vermindertes Selbstvertrauen beim weiblichen Geschlecht offenbart hätte. Vielmehr ließen sich bestimmte Situationsvariablen identifizieren, von denen es abhängen würde, ob bei Frauen im Vergleich zu Männern ein geringeres Selbstvertrauen in Erscheinung träte.

Die Bewältigung einer Leistungssituation setzt jeweils bestimmte aufgabenspezifische Fähigkeiten voraus. Es gibt Bedingungen, unter denen man über eindeutige Rückkoppelungen, z. B. Informationen des Versuchsleiters oder bewertende Stellungnahmen des Lehrers, sehr schnell erfährt, ob man über die erforderlichen Voraussetzungen zur Bewältigung der Aufgaben verfügt. Es gibt andere Situationen, in denen diesbezüglich kaum Aufschluß gegeben wird. Nach den Feststellungen *Lenneys* sind es Bedingungen der zuletzt genannten Art, die beeinträchtigend auf das Selbstvertrauen einer typischen Frau wirken. Wenn also in einem Experiment neuartige Aufgaben gestellt werden, das sind solche, bei denen man noch nicht wissen kann, ob man sie zu bewältigen vermag, nennen weibliche im Vergleich zu männlichen Versuchsteilnehmern geringere Erfolgserwartungen (*Crandall*, 1960; *Feather* und *Simon*, 1973; *Montanelli* und *Hill*, 1969; *Rychlak* und *Lerner*, 1965). Geschlechtsunterschiede zeigen sich auch, wenn Leistungsbewertungen erfolgen, ohne daß dem Handelnden die dabei zugrundeliegenden Kriterien zugänglich sind. So waren in einer Studie von *Lenney* et al. (1980) Intelligenz- und Kreativitätstests zu bearbeiten. In der Bedingung 1 erfuhren die Versuchspersonen nicht, wovon die Bewertung ihrer Leistungen abhängen würde. In der Bedingung 2 sind dagegen klare Auswertungskriterien mitgeteilt worden. Es zeigte sich, daß das Selbstvertrauen von weiblichen im Vergleich zu männlichen Teilnehmern unter der Bedingung 1 eindeutig geringer war. Die klaren Instruktionen der Bedingung 2 hatten dagegen keine Geschlechtsunterschiede zur Folge.

Mit einer Beeinträchtigung des weiblichen Selbstvertrauens ist weiterhin zu rechnen, wenn bestimmte soziale Hinweisreize in der Situation dominant sind. Von besonderer Bedeutung ist offenbar die Wahrnehmung, daß andere die eigenen Leistungen bewerten werden oder bewerten könnten. Wenn Versuchspersonen wissen, daß sie unter der Aufsicht des Versuchsleiters zu arbeiten haben und von diesem aufgefordert werden, die Leistungen mitzuteilen, senken Frauen mehr als Männer ihr Anspruchsniveau (*Crandall,* 1969). Eine Beeinträchtigung des weiblichen Selbstvertrauens erfolgt umso mehr, je höhere Kompetenz beim Bewertenden wahrgenommen wird (*Lenney,* 1977).

Sofern die Möglichkeit besteht, allein oder unter anonymen Gruppenbedingungen zu arbeiten, lassen sich keine Geschlechtsunterschiede nachweisen (*House,* 1974; *House* und *Perney,* 1974). Das ändert sich, sobald ein Interaktionspartner auftritt, wobei es wiederum von Bedeutung ist, ob es sich dabei um einen Mann oder um eine Frau handelt. In einer Studie von Madeline *Heilman* und Kathy *Kram* (1978) übernahmen sowohl männliche wie auch weibliche Versuchspersonen selbst mehr Verantwortung für einen Erfolg, wenn sie mit einer Frau statt mit einem Mann zusammengearbeitet hatten. Beide Geschlechter fühlten sich für einen Mißerfolg mehr verantwortlich, wenn eine Kooperation mit einem Mann statt mit einer Frau erfolgt war. Die allgemeine Neigung des weiblichen Geschlechts, den eigenen Beitrag für das Zustandekommen eines gemeinsamen Handlungsergebnisses verhältnismäßig gering anzusetzen, trat also vor allem auf, wenn mit einem Mann, dagegen kaum, wenn mit einer Frau zusammengearbeitet worden war. Ebenso nahmen die Erfolgserwartungen eine optimistischere Tendenz an, nachdem man die Teilnehmerinnen mit einer Kollegin und nicht mit einem Kollegen kombiniert hatte.

Möglicherweise sehen sich Frauen in leistungsbezogenen Situationen stets in einer gewissen Konkurrenz zum Mann, auch wenn sie zur Kooperation aufgefordert werden. Sobald man aber den Wettstreit explizit macht, ist eine Beeinträchtigung des weiblichen Selbstvertrauens eine häufige Folge. „Unabhängig davon, ob ihre Rivalen Mann oder Frau waren" − so faßt *Penney* einschlägige Untersuchungsbefunde zusammen − „hatten Frauen geringere Erwartungen und geringeres Selbstvertrauen als allein arbeitende Frauen oder wettstreitende Männer."

2.4.4.4 Geschlechtsunterschiede als Funktion von Persönlichkeitsmerkmalen

Die Feststellung, daß unzureichende Informationen bezüglich der aufgabenspezifischen Fähigkeit sowie bestimmte Charakteristika sozialer Situationen beeinträchtigend auf das Selbstvertrauen des weiblichen Geschlechts wirken, besagt selbstverständlich nicht, daß Frauen davon stets in gleicher Weise betroffen werden. Wäre es nicht denkbar, daß bei Vorhandensein bestimmter Merkmale der Person größere Resistenz gegenüber beeinträchtigenden situativen Bedingungen aufzubringen ist? Das scheint der Fall zu sein. So konnte Hedwig *Teglasi* (1978) z.B. zeigen, daß vor allem traditionell-orientierte Frauen geneigt sind, Mißerfolge internal zu attribuieren (traditionell-orientiert ist bei *Teglasi* eine Frau, die sich Merkmale zuschreibt, Rollen akzeptiert und Berufslaufbahnen ins Auge faßt, die für besonders weiblich gehalten werden und sich damit von typischen männlichen Merkmalen absetzt). Frauen, die dagegen weniger traditionell orientiert waren, zeigten in ihren Attribuierungen eine geringere Tendenz, sich abzuwerten.

2.5 Konsequenzen von Kausalattribuierungen

Ziel der bisherigen Darstellung war es vor allem, Antwort auf die Frage zu geben, weshalb Menschen in einer gegebenen Situation bestimmte Kausalattribuierungen vornehmen, weshalb also Menschen einen Erfolg oder Mißerfolg auf externale oder internale, auf stabile oder variable Ursachen zurückführen. Nunmehr soll geklärt werden, welche Konsequenzen Kausalattribuierungen haben.

Wenn man nach Konsequenzen der Kausalattribuierungen fragt, kann man einmal davon ausgehen, daß diese verhaltensleitende Funktion haben. Zum anderen können sie – im Sinne Bems (s. S. 26) – auch als verhaltensbegleitend oder als verhaltensfolgend konzipiert werden. Es bleibt ebenso anerkannt, daß viele Routinehandlungen des Alltags ohne Attribuierungen zustandekommen (s. S. 40 f.). Das folgende Diagramm berücksichtigt die Möglichkeit automatisierter Verhaltensabläufe und daß Attribuierungen verhaltensfolgend sein können.

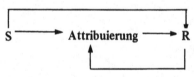

Abb. 2.4: Verhalten kann 1. ohne den Einfluß von Attribuierungen zustandekommen, 2. von Attribuierungen mitbestimmt werden und 3. Grundlage für Attribuierungen sein (nach *Herkner*, 1980)

Es stellen sich in diesem Rahmen vor allem folgende Fragen: Wovon hängen die Zielerwartungen eines Menschen ab? Werden diese auch von Kausalattribuierungen mitdeterminiert? Weiterhin fragt sich, mit welchen Emotionen Menschen auf Leistungsergebnisse reagieren und ob, ggf. wie, Attribuierungen diese Erlebnisse mitbestimmen.

2.5.1 Determinanten der Zielerwartung bei Erfolg und Mißerfolg

Die ersten systematischen Untersuchungen über den Einfluß von Erfolg und Mißerfolg auf die Zielerwartungen eines Menschen sind von einem Mitarbeiter Kurt *Lewins*, nämlich von Fritz *Hoppe* (1930) durchgeführt worden. Im Mittelpunkt dieser Studien stand das Anspruchsniveau, von dem bereits die Rede war (s. S. 52). Es bezeichnet die Erwartungen, die ein Mensch bezüglich des Bewältigungsgrades von Aufgaben bestimmter Art und Schwierigkeit entwickelt hat. Jene Erwartungen, die im Falle ihrer Realisierung nach zugrundeliegenden Gütemaßstäben als Erfolg zu werten sind, bezeichnet man auch als Erfolgserwartungen. Die mit einer Erwartung einhergehende subjektiv einzuschätzende Wahrscheinlichkeit, jene auch tatsächlich verwirklichen zu können, hat die Bezeichnung Erfolgswahrscheinlichkeit erhalten.

Wovon hängt nun die Höhe des Anspruchsniveaus ab? Sind es nur die vorausgegangenen Erfolge und Mißerfolge? Nehmen zusätzliche Merkmale der Person Einfluß auf die Festsetzung des Anspruchsniveaus? Solche Fragen hat die Forschung seit Beginn der dreißiger Jahre zu beantworten versucht.

2.5.1.1 Verschiebungsgesetze des Anspruchsniveaus

In einem typischen Experiment der Anspruchsniveauforschung erhalten die Versuchspersonen z. B. Rechen- oder andere Aufgaben vorgelegt, die sie innerhalb eines bestimmten Zeitraums zu bearbeiten haben. Beispielsweise erfolgt nach drei Minuten eine Unterbrechung, in der das Leistungsergebnis mitgeteilt und jede Versuchsperson unmittelbar darauf gefragt wird, wie viele Aufgaben sie im nachfolgenden Drei-Minuten-Intervall wohl richtig lösen wird. Nach der Bestimmung des Anspruchsniveaus erhalten die Versuchspersonen sodann die Gelegenheit, innerhalb von drei Minuten weitere der bereits bekannten Aufgaben zu bearbeiten. Anschließend erfolgt wiederum eine Rückmeldung durch den Versuchsleiter; dieser fordert zu einer weiteren Anspruchsniveausetzung auf und läßt abermals eine dreiminütige Bearbeitungsphase sich anschließen. Die folgende Abbildung (nach K. *Lewin* et al., 1944) veranschaulicht, wie sich die geschilderten Ereignisse aneinanderreihen.

Ein Mensch orientiert sich bei der Festsetzung seines Anspruchsniveaus u. a. an der Höhe seiner letzten Leistung. Wenn er meint, seine Leistungen steigern zu können und sein Anspruchsniveau ent-

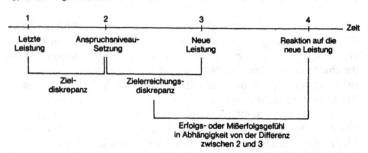

Abb. 2.5: Die typische Ereignisabfolge in einem Anspruchsniveau-Experiment (nach *Lewin* et al., 1944, S. 334)

sprechend höher ansetzt, liegt eine *positive Zieldiskrepanz* vor. Sofern die Anspruchsniveausetzung die Höhe der vorausgegangenen Leistung untertrifft, spricht man von einer *negativen Zieldiskrepanz*.

Die neue Leistung muß keineswegs immer die Erwartungen voll bestätigen. Wenn eine Leistung über dem zuvor gebildeten Anspruchsniveau liegt, ist eine *positive Zielerreichungsdiskrepanz* gegeben; ihr Vorliegen gilt vielfach als Voraussetzung für das Entstehen eines Erfolgserlebnisses. Von einer *negativen Zielerreichungsdiskrepanz* spricht man, wenn die Höhe der Leistung das darauf bezogene Anspruchsniveau untertrifft; unter dieser Bedingung kann ein Mißerfolgserlebnis auftreten.

Zu den gut gesicherten Ergebnissen der Anspruchsniveauforschung gehört, daß es nach einem Erfolg normalerweise zu einer Erhöhung des Anspruchsniveaus kommt, während Mißerfolge im allgemeinen eine Absenkung des Anspruchsniveaus im Gefolge haben. Bei den genannten Wirkungen von Erfolg und Mißerfolg spricht man auch von einer *typischen Anspruchsniveauverschiebung*. Das Gegenteil, nämlich eine *atypische Anspruchsniveauverschiebung* liegt vor, wenn ein Mensch nach einem Erfolg sein Anspruchsniveau abgesenkt hat, während von ihm nach einem Mißerfolg mit einer Erhöhung des Anspruchsniveaus reagiert worden ist.

Bei der Verschiebung werden offenkundig vorangegangene Informationen (i. e. die Kenntnisnahme und Verarbeitung eines Erfolgs oder Mißerfolgs) verwendet. Allerdings bedarf es dazu wahrscheinlich bestimmter Voraussetzungen, die erst im Verlauf der kognitiven Entwicklung entstehen. Nach vorliegenden Untersuchungsbefunden (J. E. *Parsons* und D. N. *Ruble,* 1977; J. E. *Parsons* et al., 1976) sind Kinder im Vorschulalter noch nicht zur systematischen Nutzung vorausgegangener Informationen in der Lage; eine Folge davon ist, daß sie vielfach unrealistisch hohe Erwartungen für die Zukunft nennen.

Die ältere Anspruchsniveauforschung konnte zeigen, daß Anspruchsniveauverschiebungen in beträchtlichem Umfang von vorausgegangenen Erfahrungen mit Aufgabensituationen abhängen. Um beobachtbare interindividuelle Unterschiede erklären zu können, bedarf es allerdings der Berücksichtigung weiterer Variablen. Warum reagieren Menschen auf einen Erfolg vielfach mit typischen, manchmal aber auch mit atypischen Anspruchsniveauverschiebungen? Warum erhöhen einige Menschen ihr Anspruchsniveau nach einem Erfolg ziemlich schnell, während sie es nach einem Mißerfolg nur zögernd absenken? Vielfach wird die Überzeugung geteilt, daß sich solche Fragen nur dann befriedigend beantworten lassen, wenn weitere kognitive Faktoren mitberücksichtigt werden. Man sollte allerdings nicht übersehen, daß bereits die ältere Anspruchsniveauforschung auf Kognitionen aufmerksam geworden ist. So fand z. B. Jerome *Frank* (1935) bei seiner Auseinandersetzung mit individuellen Differenzen in der Anspruchsniveausetzung, daß die Erwartungsverschiebungen von der wahrgenommenen Wichtigkeit der zu bearbeitenden Aufgabe abhängen. Nur kurze Zeit später untersuchte Margarete *Jucknat* (1938) die Abhängigkeiten der Anspruchsniveauverschiebungen von der Stärke der erlebten Erfolge und Mißerfolge.

2.5.1.2 Neuere Hypothesen zur Erklärung von Erwartungsänderungen

In neuerer Zeit konkurrieren drei Hypothesen, die eine Abhängigkeit zwischen kognitiven Prozessen und Erwartungsveränderungen behaupten. Die erste entstammt der Sozial-Lerntheorie Julian *Rotters*, die zweite der Attribuierungstheorie Bernard *Weiners*. Ein dritter Autor, Richard *Wollert*, meint, daß die aus *Rotters* und *Weiners* Arbeitskreisen entstammenden Befunde am besten mit seiner Erwartungs-Konfidenz-Hypothese zu erklären wären.

2.5.1.2.1 Die Wahrnehmung internaler und externaler Kontrolle

Nach Julian *Rotter* (1966) unterscheiden sich Menschen bezüglich ihrer Überzeugung, Kontrolle über relevante Ereignisse ausüben zu können. Wenn sie glauben, sie können auf Geschehnisse in ihrem Leben durch eigene Handlungen Einfluß nehmen, ist für sie die Wahrnehmung innerer Kontrolle kennzeichnend. Im Gegensatz dazu lassen sich andere Menschen sich von der Überzeugung leiten, daß Ereignisse, die für sie relevant sind, sich ihrer Kontrolle entziehen; sie gehen davon aus, daß Erfolge und Mißerfolge vom Schicksal oder Zufall bestimmt werden und deshalb nicht durch die Person beeinflußbar sind.

Rotter hat zur Erfassung der von ihm behaupteten Persönlichkeitsdisposition einen Fragebogen mit 23 Paaren alternativer Feststellungen entwickelt. Der Befragte wird aufgefordert, jeweils die Alternative anzukreuzen, mit der er übereinstimmt. In den beiden folgenden Beispielen aus der I-E-(für internal-external)-Skala stellt Alternative a) jeweils eine externale Antwort dar, b) eine internale.

a) Ich habe häufig gefunden, daß das passiert, was passieren muß.

b) Vertrauen auf das Schicksal hat sich für mich nie so ausgezahlt wie die Entscheidung, in einer Sache selbst zur Tat zu schreiten.

a) Manchmal kann ich nicht verstehen, wie Lehrer zu den Zensuren kommen, die sie geben.

b) Zwischen der Intensität meiner Arbeit und meinen Zensuren gibt es eine direkte Beziehung.

Rotter vermutet nun, daß Menschen, für die eine internale Kontrolle kennzeichnend ist, eine stärkere Anspruchsniveauverschiebung vornehmen als solche, die als Externale zu gelten haben. Jerry *Phares* (1957) war der erste, der diese Hypothese experimentell überprüfte. Seine Versuchspersonen ließ er eine Diskriminationsaufgabe bearbeiten. Der einen Hälfte teilte er mit, ihre Leistungen hingen von ihren Fähigkeiten ab (Bedingung internaler Kontrolle), während die andere Hälfte der Versuchspersonen erfuhr, daß ausschließlich der Zufall über Erfolg oder Mißerfolg entscheiden würde. Vor jedem Versuchsdurchgang sollten die Teilnehmer angeben, wie viele von zehn Chips sie auf ihr nächstes Leistungsergebnis verwetten wollten. Die Größe dieser Einsätze sollte Aufschluß über die jeweiligen Erwartungen geben. Die Versuchspersonen beider Bedingungen erhielten im Verlauf der 13 Versuchsdurchgänge gleiche nicht-kontingente Verstärkungen. *Phares* beobachtete, daß typische Erwartungsveränderungen unter der Fähigkeitsbedingung häufiger und in stärkerem Maße auftraten als unter der Zufallsbedingung. Nach einem Erfolg waren z.B. die Versuchspersonen der Fähigkeitsbedingung eher bereit, ihre Erwartungen zu erhöhen und mehr Chips einzusetzen als Mitglieder der Zufallsbedingung. Atypische Erwartungsverschiebungen beobachtete *Phares* dagegen mehr in der Zufallsgruppe, weniger in der Fähigkeitsgruppe.

Atypische Erwartungsveränderungen bei Aufgaben, über deren Ausgang tatsächlich der Zufall entscheidet, hat man mit der „Täuschung des Spielers" *(gambler's fallacy)* zu erklären versucht. Danach werden die Ergebnisse von Glücksspielen nicht als unabhängig voneinander wahrgenommen. Folglich handelt ein Spieler nach der Überzeugung, daß mit jedem Auftreten eines bestimmten Spielergebnisses die Wahrscheinlichkeit seiner nochmaligen Wiederholung absinkt.

Phares meinte, mit seinen Ergebnissen eine Bestätigung für *Rotters* eingangs genannte Hypothese erhalten zu haben. Es gibt jedoch keine durchgängigen empirischen Belege (siehe z. B. *James* und *Rotter*, 1958; *Miller* und *Seligman*, 1973). Zudem ist die Studie von *Phares* mit methodischen Schwächen behaftet. Vor allem wurde versäumt, die Anfangserwartungen zu überprüfen. Es kann nämlich nicht ausgeschlossen werden, daß mit der Fähigkeits- bzw. Zufallsinduzierung unterschiedliche Erwartungen geschaffen worden sind, die nachfolgend auch Einfluß auf das Ausmaß der Erwartungsveränderungen genommen haben.

2.5.1.2.2 Stabilitätsdimension und Erfolgserwartung

Weiner geht davon aus, daß eine bei Erfolg oder Mißerfolg vorgenommene Attribuierung auf konstante Faktoren (Fähigkeit, Aufgabenschwierigkeit) zu einer stärkeren Erwartungsveränderung führt als eine Attribuierung auf variable Faktoren (Anstrengung, Glück). Wenn also ein Mensch seine Erfolge als Ergebnis seiner guten Begabung wahrnimmt, müßte er danach seine Erwartungen mehr steigern, als wenn er seinen Erfolg auf hohe Anstrengung oder auf den Zufall zurückführt. *Weiners* Vermutung liegt folgende Überlegung zugrunde: Wenn ein Mensch die Ursache eines Handlungsergebnisses als konstant wahrnimmt, vermag er mit einiger Sicherheit dessen Wiederauftreten vorherzusagen; unter dieser Bedingung legt ein aktuelles Erfolgserlebnis die Erwartung nahe, daß dieses bei einem weiteren Durchgang abermals zu erreichen oder sogar zu übertreffen sein wird. Wenn im Mißerfolgsfall eine Attribuierung auf Fähigkeit erfolgt, ist für die Zukunft mit geringeren Erwartungen zu rechnen als bei Inanspruchnahme von Pech oder Müdigkeit. Bei Attribuierung auf variable Ursachenfaktoren kann nicht ohne weiteres erwartet werden, daß sich ein aktuelles Leistungsergebnis in der Zukunft wiederholt. Unter dieser Bedingung läßt ein Erfolg nur eine gedämpfte Erwartung zu; möglicherweise kommt es sogar zu atypischen Verschiebungen, d. h. ein Mißerfolg muß bei Attribuierung auf variable Faktoren keineswegs zu der verstärkten Überzeugung führen, daß mit einem weiteren Versagen zu rechnen ist.

Meyer (1973) war der erste, der *Weiners* Hypothese überprüft hat; er fand unter Erfolgsbedingungen nur eine tendenzielle, aber keine eindeutig gegen den Zufall abzusichernde Bestätigung. In einem weiteren Experiment teilte *Meyer* an einer Zahlen-Symbol-Aufgabe fünfmal hintereinander Mißerfolge mit. Danach hatten die Versuchspersonen eine Attribuierung vorzunehmen und ihre Erfolgswahrscheinlichkeit anzugeben. Letzteres mit Hilfe einer Skala, die von 0 bis 100 % reichte und deren Endpunkte mit „schaffe ich ganz sicher nicht" und „schaffe ich ganz sicher" markiert waren. Versuchspersonen, die das ihnen mitgeteilte Leistungsergebnis auf konstante Ursachen (Begabung und Aufgabenschwierigkeit) zurückführten, senkten ihre subjektiven Erfolgswahrscheinlichkeiten eindeutig stärker als andere, die bei ihrer Attribuierung variable Faktoren berücksichtigt hatten (eine isolierte Betrachtung der Ursachen ergab allerdings keinen signifikanten Unterschied in den Erfolgswahrscheinlichkeiten von Versuchspersonen, die zum einen hoch, zum anderen gering auf Begabung attribuiert hatten; auch bezüglich des Zufalls ergab sich keine statistisch bedeutsame Differenz. Auf dem 5-Prozent-Niveau signifikant waren Erwartungsdifferenzen bei hoher vs. niedriger Attribuierung auf Anstrengung).

Ian *McMahan* (1973) ließ Versuchspersonen leichte und schwere Anagramme lösen. Vor Bearbeitung jeder Aufgabe hatten die Versuchspersonen auf einer 11-Punkte-Skala ihre Sicherheit zu skalieren, erfolgreich zu sein. Nach jedem Durchgang erfolgte eine Ursachenzuschreibung. Die Korrelationskoeffizienten waren zwar insgesamt nicht sehr hoch, standen aber bezüglich ihrer Tendenzen im Einklang mit der Stabilitätshypothese, denn im Erfolgsfall korrelierten konstante Faktoren überwiegend positiv, variable Faktoren überwiegend negativ mit den Erwartungswerten (je stärker bei Erfolg also auf Fähigkeit oder Aufgabenschwierigkeit attribuiert worden ist, desto mehr stiegen die Erwartungen; je stärker auf Anstrengung und Zufall attribuiert worden ist, desto geringer die nachfolgenden Erwartungen). Im Mißerfolgsfall korrelierten konstante Faktoren hypothesenkonform überwiegend negativ und variable Faktoren fast immer positiv mit den Erwartungen. Bemerkenswert ist, daß die Korrelationen sich im Verlauf der vier Durchgänge allmählich verringerten.

Auch Tesuro *Inagi* (1977) korrelierte Attribuierungen mit Erfolgserwartungen. Die subjektive Erfolgswahrscheinlichkeit wurde mittels einer 10-Punkte-Skala operationalisiert. In der Studie bestätigte sich folgende Hypothese: „In der Mißerfolgsbedingung ruft die Attribuierung auf stabile Faktoren geringere Erfolgserwartungen beim nächsten Durchgang hervor als bei einer Attribuierung auf variable Faktoren." *McMahan* und *Inagi* fanden allerdings, daß die vergleichsweise stärkere Absenkung der Erfolgserwartung ausgeprägt nur bei Attribuierung auf Fähigkeit, nicht aber auf Aufgabenschwierigkeit erfolgt ist. Dies lag möglicherweise daran, daß beide Autoren Aufgaben verwendet haben, bei denen die Versuchspersonen eine – im Vergleich zu *Meyers* Aufgaben – höhere Variabilität der Schwierigkeit wahrgenommen haben.

Es lassen sich Ergebnisse weiterer Studien (*Fontaine*, 1974; *Kovenklioglu* und *Greenhaus*, 1978; *Ostrove*, 1978; *Valle*, 1974; *Valle* und *Frieze*, 1976; keine Bestätigung dagegen bei *Riemer*, 1975) zitieren, die als Bestätigung der Hypothese *Weiners* interpretiert werden können.

Obwohl *Weiner* et al. (1976) meinten, der von ihnen behauptete Zusammenhang sei durch die vorliegenden Untersuchungsergebnisse hinreichend belegt, entschlossen sie sich, in einem weiteren Experiment zwischen ihrer und *Rotters* Hypothese eine Entscheidung herbeizuführen. Die Autoren kritisierten Experimente wie jenes von *Phares* (s. S. 100), weil mit „Fähigkeit" und „Zufall" zugleich *zwei* Merkmale verändert worden waren: 1. internal-external und 2. konstant-variabel.

Weiner vereinfacht die Beziehungen allerdings zu sehr, wenn er meint, es brauche nur entschieden zu werden, ob die Erwartungsveränderungen von der Lokalitätsdimension (external vs. internal) oder von der Stabilitätsdimension (stabil vs. variabel) abhängen. Zwischen seiner und *Rotters* Konzeption gibt es nämlich noch weitere Unterschiede:

1. Die Lokalitätsvariable *Rotters* wird vor der Aufgabenbearbeitung erfaßt bzw. manipuliert, die der Attribuierung jedoch danach. *Rotters* Variable ist also im Vergleich zu derjenigen der Attribuierungstheoretiker stärker ein situationsunabhängiges Merkmal der Person.

2. Die Ursachen Fähigkeit-Zufall unterscheiden sich nicht nur nach den Merkmalen internal/stabil – external/variabel (worauf *Weiner* hinweist) sondern auch bezüglich der Kontingenz (was *Weiner* übersieht), denn normalerweise erfolgt eine Attribuierung auf Zufall, wenn man zwischen Verhalten und zu interpretierenden Ereignissen keine Beziehung zu erkennen vermag. Den Faktor Fähigkeit nimmt man dagegen nur bei wahrgenommener Kontingenz in Anspruch, d. h. wenn man Beziehungen zwischen dem eigenen Verhalten und seinen Leistungsergebnissen wahrzunehmen vermag. – *Rotter* interessiert sich für die Ursachen, die nach Auftreten einer Handlung kontrollieren, ob eine Verstärkung folgt. Bei *Weiner* geht es um die Ursachen, die ein Ergebnis bedingen.

In einem Experiment von *Weiner* et al. (1976) wurden unabhängige Versuchsgruppen eingerichtet, die entweder 1, 2, 3, 4 oder 5mal an einer Intelligenzaufgabe (*Mosaik*-Test) Erfolge mitgeteilt bekamen. Innerhalb jeder Bedingung sollten die Versuchspersonen zum Abschluß eines Durchgangs ihre „Erwartung zukünftigen Erfolgs" mitteilen und eine Interpretation ihrer Leistungsergebnisse vornehmen. Die Fragen zur Kausalattribuierung waren so formuliert worden, daß sich die beiden jeweils zu vergleichenden Ursachen stets nur bezüglich einer Dimension voneinander unterschieden (z. B. „Waren Sie bei dieser Aufgabe erfolgreich, weil Sie bei dieser Art von Aufgaben immer gut sind oder weil Sie sich bei dieser Aufgabe besonders stark angestrengt haben?" – beides internale Ursachen, aber Unterscheidung bezüglich stabil-variabel).

Weiner et al. gelangten in ihrer Studie zu folgendem Schluß: „Die Stabilität der Kausalattribuierungen und nicht die Lokation steht mit Erfolgserwartungen und Erwartungsverschiebungen in Beziehung. Wir halten diese Beziehung nunmehr für belegt." Diese Feststellung wurde aber doch wohl etwas voreilig getroffen, denn in fast allen vorliegenden Studien (einschließlich derjenigen von *Weiner* et al.) gibt es Teilergebnisse, die sich mit der Stabilitätshypothese nicht vereinbaren lassen. Auch *Wollert* (1979) findet in seiner Studie keine Bestätigung für den von den Attribuierungstheoretikern behaupteten Zusammenhang. Ebensowenig stützen die pfadanalytischen Befunde von *Bernstein* et al. (1979) *Weiners* Hypothese, denn darin offenbarte sich nur ein geringer Effekt der Ursachenzuschreibungen auf die Erfolgserwartungen. Schließlich läßt sich sogar aus den von *Weiner* et al. mitgeteilten Daten entnehmen, daß Erwartungsveränderungen nicht nur von den Stabilitätsmerkmalen der Attribuierungen bestimmt werden können. Eine eingehende Analyse ergibt nämlich, daß die Versuchspersonen nur nach einem oder zwei Erfolgen bei hoher Stabilitätsattribuierung mit einer größeren Steigerung der mitgeteilten Erfolgswahrscheinlichkeit reagieren als andere mit niedriger Stabilitätsattribuierung. Nach drei, vier oder fünf Erfolgen verschwindet diese Differenz völlig.

Zu beachten ist, daß *Weiner* et al. die Kontrolldimension unbeachtet gelassen haben. Gerade unter schulischen Bedingungen dürften Erwartungen erheblich von der Wahrnehmung des Schülers mitbestimmt werden, sein Leistungsverhalten kontrollieren zu können. Eine Bestätigung für diese Vermutung lieferten *Forsyth* und *McMillan* (1981). Sie werteten Antworten von Studenten aus, die sich auf ihre jeweiligen Ergebnisse einer wichtigen Klausurarbeit bezogen. Bei niedrigen Bewertungen fanden sich zwar die geringsten Erwartungen, aber vor allem dann, wenn die Befragten meinten, das ungünstige Ergebnis wäre auf Umweltfaktoren zurückzuführen, die sich ihrer Kontrolle entzogen hätten (z. B. schlechter Unterricht, Zeitdruck, unfaire Prüfungsbedingungen). Die höchsten Erwartungen äußerten demgegenüber jene Studenten, die ihr gutes Abschneiden auf den Einfluß internaler, kontrollierbarer Faktoren (z. B. Anstrengung, Ausdauer, Lerntechniken) zurückführten.

Es gibt also Hinweise, daß neben der Lokalitätsdimension auch der Grad wahrgenommener Kontrollierbarkeit Einfluß auf die Erwartung zukünftiger Leistungsergebnisse nimmt. Sicherlich hängen Erwartungsveränderungen aber nicht nur von Attribuierungen ab. Man hat auch Wechselwirkungen zu berücksichtigen. Nach den bereits mitgeteilten Befunden (s. S. 77) von *Feather* und *Simon* (1971) nehmen Erwartungen auch Einfluß auf Attribuierungen (d. h. erwartete Ergebnisse werden mehr internal, unerwartete mehr external interpretiert). Sollte ein Mißerfolg den höher liegenden Erfolgserwartungen widersprechen, ist durch Inanspruchnahme z. B. externaler variabler Ursachen zunächst davon abzusehen, die nachfolgenden Erwartungen entscheidend zu korrigieren. Ein Fortdauern der Mißerfolgsserie könnte schließlich zu Zweifeln an der eigenen Fähigkeit führen (*Inagi*, 1977), das zieht eine Steigerung der Stabilitätsattribuierung nach sich, d h. in der Selbst-Attribuierung wird verstärkt mangelnde Fähigkeit in Anspruch genommen (*Covington* und *Omelich*, 1981).

2.5.1.2.3 Erwartungskonfidenz und Erwartungsverschiebungen

Nach Auffassung von Richard *Wollert* (1979) hat sich die Beziehung zwischen Erwartungsverschiebungen und den ihnen vorausgehenden Handlungsergebnissen deshalb nicht eindeutig klären lassen, weil die zugrundeliegenden Experimente mit methodischen Schwächen behaftet gewesen wären. Als besonders problematisch bezeichnet er die üblicherweise vorgenommene Operationalisierung der Leistungserwartungen. Nach *Wollert* könnte man die Versuchspersonen z. B. fragen, mit welcher Wahrscheinlichkeit sie einen Erfolg erwarteten. Dies wäre aber etwas ganz anderes als die Frage nach der subjektiv eingeschätzten Sicherheit, bei einer nachfolgenden Aufgabe erfolgreich zu sein, denn in diesem Fall setze man bereits stillschweigend eine hohe Erfolgswahrscheinlichkeit voraus und frage nur noch, wie sicher eine solche erwartet würde. Angemessener wäre es, Versuchspersonen nach ihrer Erfolgswahrscheinlichkeit zu fragen und sie unabhängig davon angeben zu lassen, mit welcher Verläßlichkeit (Konfidenz) sie ihre Erfolgswahrscheinlichkeit überhaupt zu bestimmen vermögen. Ein Befragter kann z. B. antworten, daß er seine Erfolgswahrscheinlichkeit mit 50 Prozent einschätze, zugleich aber unsicher bei seinem Urteil sei.

Nach *Wollert* hat man also davon auszugehen, daß Menschen nicht nur in der Lage sind, die Wahrscheinlichkeit abzuschätzen, nach der sie zukünftig ein bestimmtes Leistungsergebnis erzielen können. Sie haben außerdem einen Eindruck von der Verläßlichkeit dieser Urteile. Das Vertrauen in ihre Schätzwerte hängt von dem Umfang an Erfahrungen ab, die bereits mit einer Aufgabe zu sammeln waren. Bei Aufgaben, die einem Menschen völlig oder ziemlich unbekannt sind (und solche werden ja zumeist in Experimenten verwendet), muß die Sicherheit in die geschätzte Erfolgswahrscheinlichkeit zwangsläufig gering sein.

Wäre es nicht sehr wohl möglich, so fragt *Wollert*, daß die Versuchspersonen, die in dem Experiment von *Phares* (s. S. 100 f.) unter der Zufallsbedingung gearbeitet haben, mehr Konfidenz in ihre Erfolgswahrscheinlichkeit setzen konnten als andere Teilnehmer, die sich mit einer keineswegs alltäglichen Aufgabe erst vertraut machen mußten? Studenten wüßten doch sehr genau, mit welchen Ergebnissen sie bei zufallsabhängigen Aufgaben rechnen müßten, weil sie höchstwahrscheinlich bereits ausreichend Gelegenheit gehabt haben dürften, z. B. Erfahrungen mit Glücksspielen zu sammeln. Solche Erfahrungen würden aber doch die Möglichkeit eröffnen, in die Erfolgsschätzungen bei Zufallsaufgaben erhöhte Sicherheit zu setzen. Sofern ein Mensch dagegen Aufgaben zu bearbeiten habe, mit denen er zuvor kaum oder niemals Erfahrungen zu sammeln vermochte, müßte seine Schätzung zukünftiger Erfolge mit erheblicher Unsicherheit belastet sein.

Solche Vermutungen fanden in Experimenten *Wollerts* eine Bestätigung. Wenn die Versuchspersonen unter dem Eindruck gearbeitet hatten, ihre Leistungsergebnisse hingen vom Zufall ab, setzten sie in ihre Erwartungen zukünftiger Erfolge größere Sicherheit als wenn man ihnen mitgeteilt hatte, ihre Fähigkeiten würden das Leistungsniveau bestimmen. Weiterhin korrelierten Erwartungsveränderungen negativ mit Meßwerten der Erwartungskonfidenz, d. h. je mehr Sicherheit die Versuchspersonen in ihre Erwartungen setzten, desto geringere Erwartungsverschiebungen nahmen sie jeweils nach Erfolg sowie Mißerfolg vor und umgekehrt.

Wenn aber die Erwartungskonfidenz eine Funktion der Erfahrung ist, so schlußfolgerte *Wollert* weiter, dann müßte sich die Sicherheit in den Vorausschätzungen mit zunehmender Aufgabenerfahrung doch erhöhen. Allerdings dürfte sich diese Tendenz nur unter der Fähigkeitsbedingung zeigen, denn mit Zufallsereignissen sind die Versuchspersonen ja ohnehin schon ziemlich vertraut. Tatsächlich ließ sich diese Vermutung *Wollerts* statistisch eindeutig bestätigen. Gerade dieses letzte Ergebnis — so stellt *Wollert* fest — erschüttert aber auch die kausale Stabilitäts-Hypothese *Weinerts,* denn so fragt er, wie wäre danach zu erklären, daß Versuchspersonen bei Attribuierung auf Fähigkeit ihre Erwartungsveränderungen im Verlauf der Versuchsdurchgänge allmählich vermindert haben?

Man muß *Wollert* allerdings kritisch entgegenhalten, daß die Konstanz der Fähigkeitszuschreibung in seinem Experiment nicht einwandfrei kontrolliert worden ist; die Versuchspersonen antworteten nämlich nur auf die Frage: „Wie wichtig ist Fähigkeit oder Zufall beim Zustandekommen von Erfolg bei dieser Aufgabe?" (nur Relevanz-, nicht aber Diagnoseaspekt). *Wollerts* Ergebnisse lassen auch die Erklärungsmöglichkeit zu, daß die Versuchspersonen ihre Fähigkeitsattribuierung im Verlauf des Experiments verstärkt haben. Eine verstärkte Fähigkeitszuschreibung ist z. B. bei den Versuchspersonen während der drei Versuchsdurchgänge eines Experiments von *Inagi* vorgenommen worden.

2.5.2 Zielerwartung und Verhalten

Rotter, Weiner und *Wollert* haben jeweils Merkmale benannt, von denen, neben Erfolg und Mißerfolg, Erwartungsveränderungen abhängen sollen. *Carver* et al. (1979) gehen in ihren Studien bereits davon aus, daß Erwartungen bestehen, die allerdings interindividuell unterschiedlich ausfallen; von ihnen hängt es in entscheidender Weise ab, wie ein Mensch sich verhält, nachdem er ein Leistungsergebnis zur Kenntnis genommen hat.

Der Ausgangspunkt des von *Carver* (1979) postulierten Prozesses ist eine Diskrepanz zwischen einem wahrgenommenen Standard (dem erstrebten Verhalten) und dem aktuellen Leistungsstand. Im Mißerfolgsfall ist diese Diskrepanz besonders groß. Wie ein Mensch auf die wahrgenommene Diskrepanz reagiert, hängt mit von seinen Erwartungen ab, diese verringern zu können. Im Falle einer positiven (d. h. Erfolgs-) Erwartung sagt *Carver* verstärkte Anstrengungen voraus, um die nachfolgende Aufgabe zu bewältigen. Bei einer negativen Erwartung (das ist die Wahrnehmung, daß die Diskrepanz nicht verringert werden kann) müßten nach *Carver* Bemühungen einsetzen, sich zurückzuziehen. Dieses „Aus-dem-Felde-gehen" ist in Experimenten vielfach allerdings nur schwer zu realisieren; es kann aber auch zu einem „geistigen Zerfall" (*mental dissociation*) kommen und sich in Symptomen gelernter Hilflosigkeit äußern (s. S. 118 ff.).

In experimentellen Studien von *Carver* et al. (1979) ließen sich diese Vorhersagen bestätigen. Zusätzlich zeigte sich, daß im Zustand erhöhter Selbstaufmerksamkeit, operationalisiert über Spiegel, sowohl die Rückzugstendenzen (bei negativen Erwartungen) als auch die Anstrengungen zur Erreichung des Ziels (bei positiven Erwartungen) verstärkt auftraten. In letzterem Fall zeigten die Versuchspersonen verhältnismäßig große Ausdauer (Persistenz) bei Lösungsversuchen.

Beachtenswert ist, daß nach *Carver* ein Mensch seine Handlungsergebnisse sehr rational analysiert. Das geht aus den folgenden Feststellungen hervor:

„Mißerfolg bewirkt eine große Diskrepanz zwischen dem aktuellen Zustand und dem erstrebten Zustand.... Nach unserem Modell sollte die Reaktion auf einen Mißerfolg teilweise durch die eigenen Erwartungen determiniert werden, daß man in der Lage ist, diese Diskrepanz zu verringern. Eine positive Erwartung – die Wahrnehmung, daß die Lücke geschlossen werden kann – sollte zu Versuchen der Wiederbehauptung (reassertion) führen" (Carver et al., 1979).

Autoren, die die Aktivierbarkeit von Egotismus behaupten, würden solche Feststellungen erheblich einschränken. So fanden sich z. B. auch in einer Studie von *Davis* und *Stephan* (1980) Studenten, die nach einem Mißerfolg ungetrübt hohe Erwartungen für die Zukunft hatten. Für problematisch halten *Davis* und *Stephan* diese Reaktion, wenn sie unter dem Einfluß von Egotismus zustandekommt.

„*Wenn schwache Leistungen der Schwierigkeit des Tests und nicht unzureichender Anstrengung oder mangelnder Begabung zugeschrieben werden, dann können die Studenten hoffen, daß zukünftige Tests leichter und ihre Leistungen besser werden. Da sie sich für ihre Mißerfolge nicht verantwortlich fühlen, ist es unwahrscheinlich, daß sie irgendwelche Veränderungen herbeiführen, so z. B. härter zu arbeiten, was letztlich zum Anstieg der Leistungen führen mag. Während die Abwehrtendenzen bei den aktuellen Prüfungen sie auf hohe Leistungen beim nächsten Mal hoffen lassen, mögen diese tatsächlich bewirken, daß sich die Wahrscheinlichkeit eines Leistungsanstiegs vermindert*" *(Davis und Stephan, 1980)*.

Carver kann die Gefahr solcher Entwicklungen nicht sehen, denn nach ihm bestimmen letztlich die Erwartungen das Verhalten; deren mögliche Modifikation durch Kausalattribuierungen zieht er nicht in Betracht.

2.5.3 Affektive Auswirkungen von Kausalattribuierungen

Der Mensch reagiert auf Erfolge und Mißerfolge nicht nur kognitiv, indem er eine Kausalattribuierung vornimmt; er wird von seinen Handlungsergebnissen auch affektiv berührt. Affekte können einmal als relativ undifferenzierte Reaktionen auftreten und lediglich die Erlebnisqualität positiv oder negativ (bzw. angenehm oder unangenehm) haben (s. S. 49). Davon abzuheben sind Affekte, die als Ausdruck eines sehr viel spezifischeren Erlebens eine Benennung erfahren haben (Freude, Ärger, Zufriedenheit usw.); solche benannten Affekte sind im folgenden auch als Emotionen zu bezeichnen.

Weiner (1980 a, 1980 b; ebenso *Weiner* et al., 1978, 1979) vertritt die Auffassung, daß affektives Erleben zwar mehrere Ursachen hat, daß Attribuierungen an ihrem Zustandekommen aber entscheidend beteiligt sind. Im Rahmen der Attribuierungsforschung war man bemüht, die Emotionen, die sich als Reaktion auf die jeweilige Ursachenzuschreibung von Erfolg und Mißerfolg einstellen, aufzudecken.

Eine Studie von *Weiner* (1980 a) verdient Beachtung, obwohl sie sich nicht mit Leistungs- sondern mit Hilfehandeln beschäftigt. *Weiner* versucht darin, sein dreiteiliges, sequenziell organisiertes Modell motivierten Verhaltens zu belegen. Nach ihm hängt die Hilfeleistung – neben anderen Bedingungen – von der Kausalanalyse des möglichen Helfers und von den hierdurch ausgelösten

Emotionen ab. *Weiner* überträgt sein Modell auf die Analyse von Hilfeleistung, die in einer Studie von *Piliavin* et al. (1969) untersucht worden ist: Ein Fahrgast bricht in einem U-Bahnwagen zusammen; in einer Bedingung scheint er betrunken, in einer zweiten krank zu sein. Bei Beobachtern setzt dieser Vorfall nach *Weiner* folgende Prozesse in Gang: Das Fallen der Person löst die Suche nach Ursachen aus. Um zwischen Krankheit und Trunkenheit unterscheiden zu können, sind die Lokalitäts- und die Kontrollierbarkeits-Dimension von größter Bedeutung. Trunkenheit wird als internal-kontrollierbar, Krankheit als internal-unkontrollierbar angesehen. Diese unterschiedliche Dimensionierung der Ursachen führt zu unterschiedlichen Emotionen: Ekel und Ärger bei Trunkenheit und Sympathie *(sympathy)* und Mitleid bei Krankheit. Die Emotionen schließlich führen zu Hilfeleistung oder Mißachtung.

Weiner legt sechs Untersuchungen vor, die seine Sequenz angeblich belegen. Andreas *Platzköster* (1980) von der Universität Duisburg hat sich mit ihnen kritisch auseinandergesetzt. Er weist auf mehrere methodische Schwächen hin. Von *Weiner* mitgeteilte Korrelationen wertete er mit Hilfe von Pfadanalysen weitergehend aus. Das Hilfehandeln (hier nur dargestellt für die Bedingung Trunkenheit) läßt sich danach auch wie folgt erklären: Das Zusammenbrechen einer Person kann als unmittelbare Reaktion Erschrecken oder Furcht beim Beobachter hervorrufen. Im Unterschied zu *Weiner* nimmt *Platzköster* an, daß Sympathie auch schon vor der Kausalanalyse entstehen kann. Bei vorhandener Sympathie folgt dann die Feststellung, daß die Notlage des Hingefallenen kontrollierbar gewesen wäre. Die Feststellung der Kontrollierbarkeit führt – wie die Pfadanalyse zeigt – dazu, daß die vorhandene Sympathie nachläßt. Als Folge der nachlassenden Sympathie entstehen Ekel und Wut beim potentiellen Helfer. Die Feststellung der Kontrollierbarkeit nimmt zu einem geringen Teil direkt Einfluß auf die Ekel-Reaktion. Je mehr nun Ekel mit nachlassender Sympathie zunimmt, desto mehr läßt die Wahrscheinlichkeit von Hilfe nach. Abnehmende Sympathie beeinträchtigt auch die Wahrscheinlichkeit des Helfens.

Die Analyse *Platzkösters* sollte zeigen, daß die wahrscheinlich sehr komplexen Beziehungen zwischen Kognitionen, Affekten und Handeln noch keineswegs als geklärt gelten können, und daß die Interpretation, die *Weiner* für seine Daten gibt, nur eine mögliche ist.

Methodisch stellen sich dem wissenschaftlichen Bemühen, die Beziehungen von Attribuierungen und Affekten aufzudecken, erhebliche Schwierigkeiten entgegen. Es gibt nämlich keine Möglichkeit, die Gefühlserlebnisse eines Menschen unmittelbar zu erfassen; man muß ihn befragen. Ob er in seiner Antwort mehr berücksichtigt, was man angesichts eines Handlungsergebnisses und einer bestimmten Kausalattribuierung erleben sollte, oder stärker, was er tatsächlich erlebt hat, kann selbstverständlich nicht restlos aufgeklärt werden.

2.5.3.1 Die frühere Position Weiners: Kennzeichnung und Kritik

Weiner (1972, 1975) ist in früheren Arbeiten davon ausgegangen, daß als Reaktion auf einen Erfolg Stolz, bei Mißerfolg das Gefühl der Beschämung erlebt wird. *Weiner* meinte weiterhin, daß die affektiven

Reaktionen umso stärker wären, je mehr das Handlungsergebnis internalen statt externalen Faktoren zugeschrieben würde und schließlich, daß Anstrengungsattribuierungen stärkere emotionale Konsequenzen hätten als Begabungsattribuierungen.

Die frühere Position *Weiners* hat sich nicht halten lassen. Die Kritikpunkte lassen sich wie folgt zusammenfassen:

1. Bei seiner Behauptung, Anstrengungsattribuierungen würden stärkere Affekte auslösen als Begabungsattribuierungen kann sich *Weiner* nur auf die Ergebnisse eines Experiments berufen (*Weiner* und *Kukla*, 1970; Experiment 3). Lehrerstudentinnen hatten sich hier in die Lage eines Schülers hineinzuversetzen, der bei einer Klassenarbeit eine von fünf Bewertungen erhalten hat und außerdem durch eine von vier Kombinationen des Vorhandenseins oder Nichtvorhandenseins von Fähigkeit und Anstrengung zu kennzeichnen war. Die Versuchspersonen sollten für jede mögliche Kombination das Ausmaß von „Stolz" und „Beschämung" einstufen. David *Sohn* (1977) hat diese Vorgabe kritisiert und darauf hingewiesen, daß man bei Stolz und Beschämung nicht von moralisch neutralen Affekten sprechen könnte; sie wären eher „angemessene Reaktionen auf die Wahrnehmung solcher Verhaltensmerkmale, über die wir ... Kontrolle zu haben scheinen, z. B. Anstrengung und unangemessene Reaktionen auf stabile Merkmale, über die wir wenig ... Kontrolle zu haben scheinen, z. B. Fähigkeit". *Sohn* hat in einem eigenen Experiment zusätzlich die von ihm als moralisch neutral bezeichneten Affekte verwendet und gefunden, daß Fähigkeits- im Vergleich zu Anstrengungsattribuierungen bei Erfolg gleichviel Zufriedenheit aber weniger Stolz auszulösen vermögen. Im Mißerfolgsfall wurde bei Attribuierung auf fehlende Begabung mehr Unzufriedenheit aber weniger Beschämung als affektive Reaktion mitgeteilt.

Nicholls (1976) hat außerdem darauf hingewiesen, daß in den Fragen von *Weiner* und *Kukla* („Unter welchen Umständen würden Sie mehr Stolz nach Erfolg oder Beschämung nach Mißerfolg erleben: wenn das Ergebnis auf hohe Anstrengung und geringe Fähigkeit zurückzuführen ist, oder wenn es aufgrund hoher Fähigkeit und geringer Anstrengung zustandegekommen ist?") die Aufmerksamkeit der Versuchspersonen sehr stark auf aktuelle Leistungsergebnisse gerichtet worden ist. Wenn man bei den Befragten dagegen mehr den Blick auf zukünftige Leistungsanforderungen richtet, kann sich dagegen ein intensiverer Affekt mit Fähigkeit verbinden (siehe hierzu auch S. 157 f.).

Schließlich ist zu berücksichtigen, daß die Behauptung fehlender aufgebrachter Anstrengung nach Mißerfolg Beobachter vor dem Schluß bewahren soll, man sei unbegabt. In Übereinstimmung damit steht der Untersuchungsbefund *Heckhausens* (1978), daß Mißerfolg weniger unangenehm erlebt wird, wenn er auf Anstrengungsmangel und nicht auf geringe Fähigkeit zurückgeführt wird. In Übereinstimmung mit den Erwartungen steht auch, daß nach Erfolg höhere Zufriedenheit erlebt wird, wenn dieser der Fähigkeit und nicht der Anstrengung zugeschrieben wird.

2. *Weiner* (1977) hat inzwischen zugestanden, daß seine früheren Annahmen bezüglich des Zusammenhangs von Attribuierung und Affekt einseitig, teilweise sogar falsch gewesen sind. In einer selbstkritischen Stellungnahme meinte *Weiner*, er habe nicht gesehen, daß einige Affekte aufgrund externaler statt internaler Attribuierung stärker ausgeprägt sind. In seinen jüngeren Arbeiten bekundet *Weiner*, er gehe nun davon aus, daß internale Ursachenzuschreibungen nur einige Affekte besonders aktivierten. Zugleich würden andere affektive Reaktionen bei externaler Attribuierung besonders intensiviert.

3. Welche Art und Intensität von Affekten erlebt wird, hängt aber nicht nur von der Attribuierung, sondern auch von der Aufgabenart ab. *Heckhausen* (1974) hat angeregt, zwischen fähigkeits- und anstrengungszentrierten Aufgaben zu unterscheiden. Fähigkeitszentrierte Aufgaben sind solche, bei denen der Wahrnehmende die Fähigkeit im Vergleich zur Anstrengung für bedeutsamer hält. Anstrengungszentrierte Aufgaben sind dadurch gekennzeichnet, daß man für ihre Bewältigung Konzentration und Ausdauer in stärkerem Maße als Fähigkeit benötigt.

Nach Bearbeitung einer Pseudodiskriminationsaufgabe, die *Heckhausen* (1978) als fähigkeitszentriert klassifiziert, teilten die Versuchspersonen mit, sie würden höhere Zufriedenheit erleben, wenn sie einen Erfolg auf Fähigkeit und nicht auf Anstrengung zurückführten. Klaus *Schneider* (1977) verwendete demgegenüber eine anstrengungszentrierte Aufgabe: zufällig angeordnete Punktmuster wurden kurzfristig dargeboten und sollten in eine der beiden Kategorien „größere Punktmenge" oder „kleinere Punktmenge" eingeordnet werden. Die Aufgabe verlangte permanente Konzentration. Die Frage zum erlebten Affekt nach Erfolg und Mißerfolg lautete: „Wie sehr haben Sie sich über Ihr schlechtes — durchschnittliches — gutes Abschneiden gefreut (geärgert)?" Nach Erfolg stand Freude in einer engeren Beziehung zu Anstrengung als zu Begabung. Im Mißerfolgsfall korrelierte Ärger sehr stark mit mangelnder Anstrengung, nicht dagegen mit Begabung.

2.5.3.2 Die neuere Position Weiners

Die Kritiken an seiner früheren Position, diese war weitgehend nur auf Spekulationen gegründet, veranlaßten *Weiner* et al. (1978, 1979), die Beziehungen zwischen Attribuierung und Affekt systematischer zu erforschen. Hier seien hauptsächlich die Ergebnisse der zweiten Studie dargestellt.

Die Versuchspersonen wurden darin aufgefordert, sich eine „kritische Situation" in ihrem Leben zu vergegenwärtigen, in der sie bei einer Prüfung erfolgreich gewesen waren (bzw. versagt haben) 1. infolge ihrer Begabung, 2. ihrer variablen, 3. ihrer konstanten Anstrengung, 4. wegen Förderung (oder Behinderung) durch andere, 5. aufgrund von Persönlichkeitsmerkmalen oder 6. durch Zufallseinwirkungen. Die Versuchspersonen sollten weiterhin drei Affekte benennen, die sie in diesen Situationen erlebt haben.

Aus den Antworten der Versuchspersonen geht hervor, daß einige stark ausgeprägte Affekte im wesentlichen von dem jeweiligen Leistungsergebnis, dagegen kaum von der wahrgenommenen Ursache abhängig sind. Nach einem Erfolg ist man z. B. glücklich, erlebt Freude, Befriedigung oder fühlt sich einfach gut. Bei Mißerfolg ist man dagegen niedergeschlagen, verdrossen oder verwirrt (*Weiner* et al., 1978). Solche „rein ergebnisabhängigen Affekte" können sich unabhängig davon einstellen, ob man für ein Leistungsergebnis seine Fähigkeit, seine Anstrengung oder den Zufall in Anspruch nimmt. Nach den Befunden *Weiners* werden die ergebnisabhängigen Affekte sowohl nach Erfolg wie nach Mißerfolg als vergleichsweise am intensivsten erlebt. Vermutlich haben die Versuchspersonen *Weiners* jene positiven und negativen Affekte beschrieben, die bereits an anderer Stelle (S. 00 f.) als unmittelbare Folgen auf das Handlungsergebnis dargestellt worden sind.

Es gibt andere Affekte, die bei bestimmten Attribuierungen gehäuft auftreten. Wenn man einen Erfolg auf Fähigkeit zurückführt, erlebt man Zuversicht und Kompetenzgefühle. Sofern man das gleiche Leistungsergebnis mit variabler Anstrengung in Beziehung bringt, stellt sich vielfach eine Aktivierung ein; man fühlt sich aufgewühlt *(uproarious)*. Ein gutes Leistungsergebnis infolge stabiler Anstrengung läßt Erleichterung entstehen. Wenn an einem Erfolg andere mitgewirkt haben, kann sich Dankbarkeit einstellen, während bei Inanspruchnahme des Zufalls (Glück) häufig Überraschung erlebt wird.

Systematische Beziehungen zwischen Attribuierung und Emotion treten auch im Falle von Mißerfolg auf; *Weiner* et al. nennen vor

112

allem folgende engere Beziehungen: mangelnde Fähigkeit: Unzulänglichkeit *(incompetence)*, mangelnde (variable) Anstrengung: Schuldgefühle, mangelnde (konstante) Anstrengung: Schuldgefühle und Beschämung, Behinderung durch andere: Aggression, Pech: Überraschung.

Bemerkenswert ist, daß die Interpretationen von Erfolg und Mißerfolg teilweise zu gegensätzlichen Gefühlsreaktionen führen; so wird z. B. bei Fähigkeitsattribuierungen Kompetenz (im Falle von Erfolg) und Inkompetenz (im Falle von Mißerfolg) erlebt. Sofern dagegen auf Zufall attribuiert worden war, berichteten *Weiners* Versuchspersonen bei Erfolg und Mißerfolg von Überraschungsreaktionen.

Schließlich spielen auch die kausalen Dimensionen eine Rolle im affektiven Bereich. So fanden *Weiner* et al. beispielsweise, daß im Falle von Erfolg bei einer internalen Attribuierung die Emotionen Stolz, Kompetenz, Zuversicht *(confidence)* und Befriedigung stärker als bei externaler Attribuierung von Erfolg erlebt werden. Andererseits verstärken externale Attribuierungen (z. B. Glück) die Emotionen der Dankbarkeit. Bei Mißerfolg treten im Falle internaler Attribuierung besonders intensiv Schuldgefühle auf, während bei externaler Attribuierung Wut und Überraschung verstärkt erlebt werden.

Neben der Lokalität übt die Stabilitätsdimension einen Einfluß auf den affektiven Bereich aus. So finden sich Emotionen wie Depression, Apathie und Resignation vor allem, wenn auf Mißerfolg eine internale, stabile Attribuierung erfolgt. Schließlich deckte *Weiner* (1980 a) auch Beziehungen zwischen Kontrollierbarkeit und Emotionen auf. Wenn ein Mensch um Hilfe gebeten wird, hängt es nicht unwesentlich von seiner Kausalattribuierung ab, wie er reagiert (siehe hierzu S. 108 f.).

Angesichts der soeben dargestellten Zusammenhänge können nach *Weiner* et al. in einer leistungsbezogenen Situation folgende Reaktionsformen auftreten:

1. „Ich habe gerade eine ,4' in einer Prüfung erhalten. Das ist eine sehr schwache Zensur." (Daraufhin entstehen intensive, aber ziemlich schnell sich wieder abschwächende Gefühle der Frustration und Verwirrung). „Ich erhielt diese Note, weil ich mich nicht genügend angestrengt habe" (was Schuldgefühle im Gefolge hat). Nach weiteren Mißerfolgen: „Bei mir fehlt es tatsächlich an etwas" (Daraus ergibt sich eine geringe Selbstachtung). „Woran es mir mangelt, ist nicht zu ändern" (Daraus entsteht Hoffnungslosigkeit).

2. „Ich habe gerade eine ,1, in einer Prüfung erhalten. Das ist eine sehr gute Zensur." (Darauf wird mit Freude reagiert). „Ich habe diese Note erhalten, weil ich das ganze Schuljahr hindurch sehr hart gearbeitet habe" (Dies ruft Zufriedenheit und Erleichterung hervor). „Ich habe wirklich einige positive

Qualitäten, die mir auch in der Zukunft erhalten bleiben" (daraus ergibt sich ein hohes Selbstwertgefühl, eine ausgeprägte Selbstachtung und Optimismus).

2.5.3.3 Selbstverstärkungen

Bisher war davon ausgegangen worden, daß Menschen sich im Rahmen leistungsbezogener Situationen Aufgaben zuwenden und sich um eine Lösung bemühen. Möglicherweise ist weiterhin das Bestreben vorhanden, ein erbrachtes Ergebnis, sei es nun ein Erfolg oder Mißerfolg, zu interpretieren. Weshalb werden leistungsbezogene Situationen aber von einigen Menschen überhaupt spontan aufgesucht? — Aus lerntheoretischer Sicht wäre darauf zu antworten, daß solche Menschen wahrscheinlich erwarten, eine Verstärkung zu erhalten. Zweifellos gibt es jedoch auch Leistungsverhalten, das ohne erkennbare äußere Verstärkungen aufrechterhalten wird. Um solche Beobachtungen erklären zu können, hat man auf das Konstrukt der Selbstverstärkung zurückgegriffen; es ist in diesem Rahmen relevant, weil Affekte dabei eine entscheidende Rolle spielen können.

2.5.3.3.1 Kennzeichnung der Selbstverstärkung

Der Begriff ‚Selbstverstärkung' geht auf Barrhus *Skinner* (1953) zurück. Von ihm sind bereits die bedeutendsten Kennzeichen eines selbstverstärkenden Ereignisses genannt worden (siehe hierzu: *Halisch* et al., 1976):
1. Das Individuum verabreicht sich selbst die Verstärker; es selbst entscheidet, ob es eine Verstärkung bekommen soll oder nicht.
2. Die Verstärker müssen dem Individuum frei zugänglich sein.
3. Die Verabreichung von Selbstverstärkungen erfolgt nur, nachdem eine bestimmte Verhaltensweise stattgefunden hat.

Mit der Forderung nach freier Zugänglichkeit der Verstärker (Punkt 2) wird ein wichtiges Entscheidungskriterium gegenüber Fremdverstärkungen herausgestellt. Dem Tier in einem *Skinner*-Käfig sind die Verstärker nämlich nicht frei zugänglich; sie werden ausschließlich vom Versuchsleiter kontrolliert. Dieser überwacht die Freigabe der Verstärker entsprechend der jeweils gültigen Regeln. Unter der Selbstverstärkungsbedingung übernimmt das Individuum selbst diese Überwachungsfunktion. Der Klinische Psychologe Frederick *Kanfer* (1971) hat die für eine solche Überwachung notwendigen Teilprozesse wie folgt beschrieben. Er geht zunächst davon aus, daß der Handelnde einen Bewertungsmaßstab, einen Standard, gebildet hat, an dem das Ergebnis einer Verhaltensweise gemessen werden

114

kann. Welche Anforderungen der einzelne dabei stellt, hängt einmal von seinen Erfahrungen in vergleichbaren früheren Situationen ab (individuelle Bezugsnorm), zum anderen auch von den wahrgenommenen Leistungen der jeweiligen Bezugsperson (soziale Bezugsnorm). Im Stadium der Selbstbeobachtung (*self-monitoring*) werden eintreffende relevante Informationen registriert. Im Stadium der Selbstbewertung (*self-evaluation*) kommt es dann zu einem Vergleich zwischen den Rückmeldungen und dem eigenen Standard. Von dem Ergebnis dieses Vergleichs hängt es ab, wie die Selbstverstärkung ausfällt. Sollte der Standard vom Handlungsergebnis erreicht oder übertroffen werden, kann sich die betreffende Person z. B. einen externalen Verstärker verabreichen; sie nimmt z. B. einen Leckerbissen zu sich oder gestattet sich einen Filmbesuch. Bei den Verstärkern kann es sich aber auch um verbale Reaktionen handeln ("Das habe ich sehr gut" bzw. "sehr schlecht gemacht."). – Es sei hinzugefügt, daß es für die von *Kanfer* vorgenommene Trennung von Selbstbewertung und Selbstverstärkung in zwei Prozesse mit eigenständigem Charakter bislang keine empirischen Belege gibt (*Halisch* et al., 1976).

Der Ansatz von *Kanfer* soll hier nicht weiter verfolgt werden, weil für ihn das Verhalten – ebenso wie für *Skinner* – letztlich situativ determiniert ist. Selbstverstärkung kann für ihn den Ausfall einer externen Verstärkung nur vorübergehend ersetzen. Bei *Kanfer* ist folglich auch nicht berücksichtigt, daß die Vorwegnahme einer Selbstverstärkung motivierende Funktion haben kann. Eine Loslösung menschlichen Verhaltens aus der Vorherrschaft situativer Kontrolle findet sich dagegen bei Albert *Bandura* (1971, 1974) und bei Heinz *Heckhausen* (1972, 1975).In den Selbstverstärkungskonzepten dieser beiden Autoren kommt affektiven Reaktionen eine bedeutsame Rolle zu. Allerdings meidet *Heckhausen* den Begriff der Selbstverstärkung, weil er zu sehr mit den behavioristischen Konditionierungstheorien verhaftet ist; er spricht statt dessen von Selbstbewertungsfolgen (*Heckhausen*, 1977).

Im Unterschied zu *Kanfer* betont *Heckhausen* die Möglichkeit einer Vorwegnahme möglicher Handlungsergebnisse und ihrer Selbstbewertungsfolgen. Ob und in welcher Intensität der Handelnde Gefühle der Freude, Zufriedenheit oder des Stolzes bzw. des Ärgers, der Unzufriedenheit und der Beschämung erlebt, bestimmt sich – wie bereits dargestellt (s. S. 112 f.) – zum einen danach, wie der Vergleich des Ergebnisses mit dem Standard ausfällt und zum anderen danach, wie dieses interpretiert wird.

Zusammenfassend läßt sich Selbstverstärkung definieren als „die Verabreichung von unmittelbaren, der Person frei zur Verfügung stehenden Handlungsfolgen, meist in Form·affektiver Zuständlichkeiten. Sie ist das Resultat eines Selbstbewertungsprozesses, in welchem das erzielte Handlungsresultat mit selbstverbindlichen Standards verglichen und dabei der Grad der persönlichen Verursachung beim Zustandekommen des Ergebnisses berücksichtigt wird" (*Halisch* et al., 1976).

2.5.3.3.2 Leistungsmotiv als Selbstverstärkungssystem

Wenn Verhalten unter ausschließlicher oder weitgehender situativer Kontrolle stünde, könnten Erfolge und Mißerfolge als positive und negative Verstärker wirken und das Verhalten entsprechend fortlaufend verändern. Die Beobachtungen zeigen jedoch, daß dies nicht zutrifft. Bereits bei der kritischen Auseinandersetzung mit der Studie *Hurlocks* (s. S. 16 f.) ist darauf hingewiesen worden, daß die Bewertung einer Leistung nicht nach objektiven Merkmalen, sondern danach erfolgt, inwieweit sie mit der Einstellung zur eigenen Person übereinstimmt (*Shrauger*, 1972). Zudem werden Leistungsergebnisse besser behalten, wenn sie eigene Erwartungen bestätigt haben, während erwartungswidrige Leistungsbewertungen in der Erinnerung verzerrt werden können, um stärker dem Selbstkonzept zu entsprechen. Weiterhin gibt es Tendenzen, die Gültigkeit leistungsbewertender externer Instanzen in Frage zu stellen, wenn diese mit ihren Urteilen bestehenden Erwartungen widersprechen (*Shrauger*, 1975).
Die Wirksamkeit solcher und weiterer Mechanismen erklärt wahrscheinlich auch, weshalb Erfolgsmotivierte ihre Erfolgszuversicht selbst dann nicht ohne weiteres vermindern, wenn sie wiederholt Mißerfolge erfahren müssen. Ebenso findet sich bei Mißerfolgsmotivierten keine gesteigerte Neigung zur Revision ihrer Selbsteinschätzung trotz wiederholter Erfolge. Die hier zum Ausdruck kommende Kontinuität läßt sich erklären, wenn man folgende Befunde der Leistungsmotivforschung berücksichtigt.

1. Erfolgsmotivierte sind durch realistische, Mißerfolgsmotivierte durch unrealistische Zielsetzungen zu kennzeichnen; letztere stellen an ihre eigenen Leistungen Ansprüche, die entweder viel zu hoch oder zu niedrig liegen.
2. Erfolgsmotivierte führen Erfolge auf internale und Mißerfolge auf externale Ursachen zurück. Mißerfolgsmotivierte zeigen dagegen eher eine gegenläufige Tendenz.
3. Aufgrund der dargestellten Unterschiede in der Standardsetzung

und in der Kausalattribuierung findet sich bei den beiden Motivgruppen ein charakteristischer Unterschied in der Affektbilanz, d. h. Erfolgsmotivierte verstärken sich bei gleichen Leistungsergebnissen im Vergleich zu Mißerfolgsmotivierten häufiger und intensiver. Ruth *Cook* (1970; nach *Weiner* et al., 1972) hat in einer Studie sehr anschaulich demonstrieren können, wie Kinder eines 5. und 6. Schuljahres sich selbst Belohnungen und Bestrafungen verabreicht haben. Damit ist von ihnen wahrscheinlich ein Abbild ihrer positiven und negativen Reaktionen auf Erfolg und Mißerfolg gegeben worden.

Cook ließ ihre Versuchspersonen Nachzeichnungsaufgaben bearbeiten, von denen nur die Hälfte lösbar war; die anderen Aufgaben mußten zu einem Mißerfolg führen. Jeder Schüler hatte vor sich eine Schale, die zu Beginn des Experiments mit einer bestimmten Anzahl von Spielmarken gefüllt worden war. Nach einer richtigen Lösung sollten sich die Versuchspersonen belohnen, indem sie sich aus der Schale so viele Spielmarken nehmen durften, „wie sie fühlten, verdient zu haben". Im Falle eines Mißerfolgs galt die Anweisung, sich zu bestrafen, indem so viele Spielmarken in die Schale zurückzulegen waren, wie es nach dem eigenen Gefühl angemessen erschien.

Nach Abschluß des Experiments wurde bestimmt, wie viele Spielmarken (Selbstbelohnung minus Selbstbestrafung) sich in den Schalen der Versuchspersonen befanden. Hoch Leistungsmotivierte, also solche, die Erfolge internal und Mißerfolge external attribuieren, hatten mehr Spielmarken als Mißerfolgsmotivierte.

Entscheidend ist somit, daß sich beide Motivgruppen auch bei erwartungswidrigen Leistungsergebnissen immer wieder wegen ihrer bestehenden Voreingenommenheiten das vorliegende Motivsystem bestätigen, d. h. für die einen (Erfolgsmotivierte) wird auch zukünftig der Erfolgsanreiz, für andere (Mißerfolgsmotivierte) der Mißerfolgsanreiz das Verhalten in leistungsbezogenen Situationen bestimmen.

2.6 Gelernte Hilflosigkeit

Bisher wurde davon ausgegangen, daß nach Wahrnehmung des Attribuierenden Kovariation zwischen seinem Handeln und seinen Erfolgen bzw. Mißerfolgen besteht. Wie reagiert ein Mensch aber auf eine Situation, in der sich relevante Ereignisse seiner Kontrolle entziehen oder zu entziehen scheinen? – Befunde zahlreicher Untersuchungen · lassen erwarten, daß unter einer solchen Bedingung ‚gelernte Hilflosigkeit' (*learned helplessness)* entsteht, für die u. a. Leistungsdefizite kennzeichnend sind. Arbeiten innerhalb des Bereichs der Hilflosigkeitsforschung, die in jüngerer Zeit auch attribuierungstheoretische Ansätze berücksichtigt hat, verdienen in diesem Zusammenhang deshalb Beachtung, weil ihre Ergebnisse die Kenntnisse von den Determinanten des Leistungshandelns vertiefen und erweitern.

Der Begriff der gelernten Hilflosigkeit verbindet sich vor allem mit Forschungsarbeiten, die von Martin *Seligman*, Klinischer Psychologe an der Universität von Pennsylvania, U. S. A., angeregt und durchgeführt worden sind. Ursprünglich hatte *Seligman* in Experimenten beobachtet, daß Hunde aversive Reize (Schocks) passiv ertrugen, obwohl es nur leicht erlernbarer Maßnahmen bedurft hätte, diese abzuwehren. Vorausgegangen war dieser Passivität eine Phase, in der die Tiere für eine gewisse Zeit Schocks erhalten hatten, auf die sie keinerlei Einfluß zu nehmen vermochten. Nach *Seligmans* Interpretation hatten die Tiere gelernt, hilflos zu sein.

Für *Seligman* stellte sich nach diesen Beobachtungen die Frage, ob Menschen ähnliche Reaktionen entwickeln können. Ein Experiment von Donald *Hiroto* (1974) sollte eine Antwort geben. Ebenso wie in den Tierexperimenten wurden einige Versuchspersonen darin sog. nicht-kontingenten Bedingungen ausgesetzt, das sind solche, bei denen zwischen ihren Vehaltensweisen und Ereignissen objektiv keine systematische Beziehung besteht.

Hiroto bot in einer ersten (Trainings-)Phase seines Experiments ein sehr unangenehmes lautes Geräusch (aversiver Reiz) dar. Für die Versuchspersonen der 1. Gruppe bestanden kontingente Bedingungen; sie besaßen nämlich die Möglichkeit, die Reizdarbietung durch Knopfdruck zu beenden. Für die Angehörigen der 2. Gruppe waren nicht-kontingente Bedingungen kennzeichnend; sie konnten keinerlei Einfluß auf die Darbietung bzw. Beendigung des Geräusches nehmen. Für Mitglieder einer 3. (Kontroll-) Gruppe waren während der Trainingsphase keine Erfahrungen mit dem aversiven Reiz zu sammeln.

In der zweiten (Test-) Phase des Experiments wurde das laute Geräusch sämtlichen Teilnehmern dargeboten. Alle Versuchspersonen hatten nunmehr die Möglichkeit, die aversive Reizdarbietung auszuschalten, wenn sie auf ein optisches Signal von 5 Sekunden Dauer (diskriminativer Reiz) reagierten und rechtzeitig einen Hebel nach der einen oder anderen Seite schoben.

Die Ergebnisse des Experiments zeigten, daß Versuchspersonen der 1. und 3. Gruppe sehr schnell lernten, das Geräusch abzuschalten. Die Versuchspersonen der 2. Gruppe, für die in der Trainingsphase nicht-kontingente Bedingungen bestanden hatten, lernten im Vergleich zu denen der beiden anderen Gruppen nur verspätet, den aversiven Reiz auszuschalten und schafften es nicht, den Lärm aufgrund eines Vorsignals sicher zu vermeiden.

Hiroto beobachtete in seinem Experiment, daß seine Versuchspersonen Hilflosigkeit offenbarten, nachdem sie erfahren hatten, daß sich aversive Reize ihrer Kontrolle entzogen. Im Vergleich zu Tieren war die Hilflosigkeit jedoch erheblich geringer ausgeprägt; dieser Unterschied zwischen Mensch und Tier ist inzwischen allgemein bestätigt worden.

Lubow et al. (1981) haben sich kritisch mit dem Experiment *Hirotos* auseinandergesetzt und darauf hingewiesen, daß in Gruppe 1 der Darbietung des aversiven Reizes (Ereignis 1) stets ein Knopfdruck (Ereignis 2) gefolgt war. Was hat aber in dieser Gruppe die Entstehung von Hilflosigkeit verhindert? *Lubow* et al. meinen, entscheidend wäre gewesen, daß (im Unterschied zu den Bedingungen der 2. Gruppe) eine Ereignis 1- – Ereignis 2-Sequenz stattgefunden hat und nicht, daß mit dem Knopfdruck (Ereignis 2) eine Kontrollmöglichkeit verbunden war. *Lubow* et al. richteten in ihrer Studie (ebenso wie *Hiroto*) eine Gruppe ein, bei der der aversive Reiz durch Knopfdruck ausgeschaltet werden konnte. Die Angehörigen einer weiteren Gruppe hatten zwar nach Auftreten des aversiven Reizes den Knopf zu drücken, wodurch jener allerdings nicht auszuschalten war. Somit gab es unter dieser zuletzt genannten Bedingung zwar eine Ereignis 1- (aversiver Reiz) – Ereignis 2- (Knopfdruck) Sequenz; die Versuchspersonen hatten aber keine Kontrollmöglichkeit. Dennoch offenbarten die Teilnehmer dieser Gruppe nicht statistisch signifikant mehr Hilflosigkeit als jene der ersten Gruppe (aversiver Reiz mit Kontrollmöglichkeit). Der Entstehung von Hilflosigkeit war sogar auch entgegenzuwirken, wenn Ereignis 2 nicht aus einem Knopfdruck (ohne Kontrollmöglichkeit) sondern lediglich aus einem vom Versuchsleiter gesteuerten Lichtsignal bestand.

Aufgrund ihrer Befunde kommen *Lubow* et al. zu dem Schluß, daß fehlende Kontrolle zwar eine hinreichende, keineswegs aber eine notwendige Bedingung für die Entwicklung gelernter Hilflosigkeit darstellt. Es reiche zur Verhinderung von Hilflosigkeit aus, daß dem aversiven Reiz irgendein Ereignis 2 (mit oder ohne Kontrollfunktion) folge. Weitere Forschungen werden noch zu klären haben, ob diese Feststellung, durch die das Konzept der Hilflosigkeit selbstverständlich in entscheidender Weise zu verändern wäre, allgemeine Bestätigung finden wird.

Für *Seligman* geht die Hilflosigkeit mit einem dreifachen Defizit einher: mit einem kognitiven, einem motivationalen und einem emotionalen. Für ihn offenbart sich das kognitive Defizit in einer Beeinträchtigung des Lernens. Das motivationale Defizit kommt in der Passivität zum Ausdruck und schließlich ist von einem emotionalen Defizit zu sprechen, wenn als Folge der Zwecklosigkeit des eigenen Handelns Traurigkeit und depressive Stimmungen entstanden sind.

Untersuchungen, die auf Nachprüfung der Aussagen *Seligmans* ausgerichtet waren, erbrachten jedoch nicht nur übereinstimmende Ergebnisse. In Experimenten von *Benson* und *Kennelly* (1976), *Hiroto* (1974), *Hiroto* und *Seligman* (1975) sowie *Roth* und *Kubal* (1975) — um nur einige zu nennen — zeigten sich als Reaktion die erwarteten Verhaltensbeeinträchtigungen. Demgegenüber verhielten sich Versuchspersonen von *Hanusa* und *Schulz* (1977), *Roth* und *Bootzin* (1974), *Tennen* und *Eller* (1977), *Thornton* und *Jacobs* (1972) sowie *Wortman* et al. (1976) erwartungswidrig; statt einer Minderung zeigten sie eine Verbesserung der Leistungen. Wie lassen sich diese Widersprüche erklären?

Eine Antwort hat zum einen zu berücksichtigen, daß in den Untersuchungen recht unterschiedliche Operationalisierungen vorgenommen worden sind (s. S. 121 f.). Im übrigen stellt die gelernte Hilflosigkeit das Ergebnis eines Prozesses dar, auf dessen Verlauf mehrere Variablen einwirken. Innerhalb des Entwicklungsprozesses gelernter Hilflosigkeit verdienen folgende Teilprozesse besondere Beachtung:

1. Die Wahrnehmung der Nicht-Kontingenz. Entscheidend ist dabei, ob ein Mensch die objektiv bestehende Bedingung der Nicht-Kontingenz überhaupt wahrnimmt.
2. Die Reaktion auf die wahrgenommene Nicht-Kontingenz; sie hängt — entsprechend der Überzeugung attribuierungstheoretisch orientierter Autoren — von der Interpretation eines Menschen ab.
3. Die Entstehung von Erwartungen. Die Interpretation (Kausalattribuierung) bestimmt mit, welche Erwartungen ein Mensch bezüglich der Beziehung weiterer Handlungen und relevanter Ereignisse entwickelt.
4. Das Leistungsverhalten. Es hängt von dem Verlauf der Teilprozesse 1 bis 3 und von weiteren Bedingungen ab, ob ein Mensch bei

objektiv bestehender Nicht-Kontingenz mit abfallenden oder gesteigerten Leistungen reagiert.

2.6.1 Das Versuchsparadigma zum Studium gelernter Hilflosigkeit

Jede Studie im Rahmen der Hilflosigkeitsforschung besteht grundsätzlich aus zwei Phasen: einer Trainings- und einer Testphase. Für die Trainingsphase richtet man in der Regel zwei Gruppen ein: Mitglieder der ersten bearbeiten Aufgaben unter kontingenten Bedingungen; sie erhalten korrekte Rückkoppelungen auf ihre Antworten. Angehörige der zweiten nicht-kontingenten Gruppe sollen den Eindruck entwickeln, daß relevante Ereignisse unabhängig von ihren Handlungen auftreten.

Auch in dem bereits geschilderten Experiment von *Hiroto* (S. 119) bestanden für eine Gruppe kontingente, für eine zweite nicht-kontingente Bedingungen. Die Studie hatte jedoch darin eine Schwäche, daß Angehörige der Gruppe 2 im Vergleich zu denen der Gruppe 1 eindeutig häufiger dem aversiven Reiz ausgesetzt waren. Unter besser kontrollierten Bedingungen (sog. *voking design*) wird jeder Versuchsperson unter nicht-kontingenter Bedingung eine solche aus einer kontingenten Bedingung zugeordnet und arrangiert, daß erstere (aber selbstverständlich nicht-kontingent) die gleiche Anzahl von Verstärkungen erhält wie letztere.

Mitglieder der kontingenten und nicht-kontingenten Gruppe werden in der Testphase mit weiteren Aufgaben konfrontiert; die Rückkoppelungen sind nunmehr kontingent. In einigen Experimenten hat man zusätzlich eine Kontrollgruppe eingerichtet; ihre Mitglieder nahmen an der Trainingsphase nicht teil.

Die Operationalisierung der Nicht-Kontingenz erfolgte in den einzelnen Experimenten sehr unterschiedlich, wie sich der folgenden Zusammenstellung entnehmen läßt (s. hierzu: *Wortman* und *Brehm*, 1975):

1. Man hat gegenüber Versuchspersonen fälschlich behauptet, sie könnten auf aversive Reize kontrollierend einwirken (z. B. *Hiroto*, 1974; *Hiroto* und *Seligman*, 1975).
2. Man hat Versuchspersonen zutreffend darüber informiert, daß bevorstehende aversive Reize sich ihrer Kontrolle entziehen werden (*Thornton* und *Jacobs*, 1971; *Sherod* und *Downs*, 1974).
3. Man hat Versuchspersonen Aufgaben vorgelegt und ihnen Rückkoppelungen nach Zufallsplänen gegeben (*Roth* und *Bootzin*, 1974) oder ihnen fälschlich mitgeteilt, alle oder die meisten Ant-

worten wären falsch (*Krantz* et al., 1974). Man hat auch unlösbare Probleme verwendet (*Glass* und *Singer*, 1972).

4. In einigen Experimenten erfuhren die Versuchspersonen (nichtkontingent), daß sie falsch geantwortet haben; in anderen Studien folgte auf die (angebliche) Falschantwort zusätzlich ein aversiver Reiz.

Eine Analyse der einschlägigen Experimente ergibt weiterhin, daß sich die Bedingungen von Trainings- und Testphase bezüglich des jeweiligen Grades ihrer Ähnlichkeit in nennenswerter Weise voneinander unterscheiden können. Es gibt zwei Extremfälle: Der eine besteht darin, daß derselbe Versuchsleiter Aufgaben gleicher Art in demselben Raum gestellt hat (z. B. *Dweck* und *Repucci*, 1973; *Fosco* und *Geer*, 1971). Im anderen Fall erhalten die Versuchspersonen verschiedenartige Aufgaben, und um bei ihnen den Eindruck zu erwecken, an zwei unabhängigen Experimenten teilzunehmen, treten jeweils andere Versuchsleiter auf (z. B. *Hanusa* und *Schulz*, 1977; *Roth* und *Bootzin*, 1974). Viele Untersuchungen liegen zwischen diesen Extremen.

Eine der Voraussetzungen für die Entstehung kognitiver Defizite ist die Wahrnehmung der Nicht-Kontingenz. Solche Defizite gelten als nachgewiesen, wenn die Lernleistungen in der Testphase hinter denen der kontingenten oder Kontrollgruppe wenigstens signifikant zurückbleiben.

Zur Bestimmung des Leistungsniveaus steht – in jeweiliger Abhängigkeit von der Aufgabenform – eine Vielzahl von Methoden zur Verfügung. Hier sei nur auf drei Meßwerte eingegangen, die man üblicherweise bei Anagrammen bestimmt:

1. Anzahl der Punkte, von denen jeweils einer vergeben wird, wenn innerhalb von 15 Sekunden drei Anagramme richtig gelöst werden (*trials to criterion*); in jüngster Zeit wurden allerdings Zweifel bezüglich der Angemessenheit dieses Meßwertes geäußert. Es hat sich nämlich gezeigt (*Lavelle* et al., 1979; *Price* et al., 1978), daß Versuchspersonen drei und mehr Anagramme in weniger als 15 Sekunden zu lösen vermochten, ohne die allen gemeinsame lösungsrelevante Regel entdeckt zu haben.

2. Die durchschnittliche Zeit zwischen der Darbietung einer Aufgabe und der Reaktion der Versuchspersonen (*mean response latency*). Dieser Meßwert ist häufig zur Operationalisierung eines motivationalen Defizits verwendet worden. Das ist allerdings problematisch. Versuchspersonen können „in ihren Köpfen" nämlich sehr aktiv nach einer Lösung suchen. Wenn sie dabei scheitern, produzieren sie zwar gesteigerte Latenzzeiten; man darf ihnen deshalb aber keine entsprechend verminderte Motivation zuschreiben (*Douglas* und *Anisman*, 1975).

3. Die Anzahl der Aufgaben, die jeweils nach 100 Sekunden noch nicht gelöst worden ist (*number of failures to solve*).

Zur Diagnostik emotionaler Defizite hat man Angst- und Depressionstests eingesetzt (am häufigsten verwendet wurde die *Multiple Affect Adjective List* von *Zuckerman* und *Lublin*, 1965; nur vereinzelt die *Paired Anxiety and Depression Scale* von *Mould*, 1975. Als Depressionstest ist vielfach auf das *Beck Depression Inventory* von *Beck*, 1967, zurückgegriffen worden).

Zum Einsatz kamen weiterhin gesondert konstruierte Fragebogen, in denen Versuchspersonen über Gefühle der Hilflosigkeit, der Inkompetenz, der Wut sowie über ihren Ermüdungsgrad Auskunft zu geben hatten. Vereinzelt hat man auch physiologische Messungen durchgeführt (Hautwiderstandsmessungen bei *Krantz* et al., 1974, sowie *Gatchel* und *Proctor*, 1976; bei der zuletzt genannten Studie auch Messungen der Herzschlagfrequenz).

Emotionale Defizite gelten als belegt, wenn sich der Ausprägungsgrad der erfaßten Variablen bei den Angehörigen der nicht-kontingenten Gruppe wenigstens signifikant von dem der kontingenten Gruppe unterscheidet.

Eine Analyse der einschlägigen Experimente ergibt, daß ein Teil der Ergebnisvariation mit unterschiedlichen Methoden in Beziehung zu setzen ist. Zur Erklärung der verbleibenden, sicherlich noch beträchtlichen Variation müssen weitere Variablen in Anspruch genommen werden.

2.6.2 Die Wahrnehmung von Nicht-Kontingenz

Am Anfang des Prozesses, in dessen Verlauf sich Hilflosigkeit entwickelt, steht die Wahrnehmung von Nicht-Kontingenz. Diese Wahrnehmung erfolgt jedoch nicht automatenhaft bei objektiv bestehender Nicht-Kontingenz. Wie bereits bei der Darstellung der Kontrollmotivation festgestellt worden ist (s. S. 27 f.), fällt es einem Menschen außerordentlich schwer, relevante Ereignisse als zufällig oder als durch die Person unkontrollierbar wahrzunehmen. Dies gilt noch verstärkt für experimentelle Situationen, an die Versuchspersonen in der Regel die Erwartung herantragen, daß dort schon etwas Sinnvolles geschehen werde (*Peterson*, 1980). Es ist also gar nicht ohne weiteres damit zu rechnen, daß Versuchspersonen objektiv bestehende Nicht-Kontingenz als solche wahrnehmen. So hat beispielsweise *Levine* (1971) beobachtet, daß Versuchspersonen, die bei Auseinandersetzung mit Problemen nicht-kontingente Rückmeldungen erhalten hatten, nach immer komplexeren Lösungshypothesen suchten, statt die Unabhängigkeit der Rückmeldungen von ihren Handlungsergebnissen zu erkennen.

Möglicherweise entwickeln Versuchspersonen unter nicht-kontingenten Bedingungen in unberechtigter Weise den Eindruck, sie hätten die relevanten Ereignisse kontrolliert. Versuchspersonen können z. B. zu dem Schluß kommen, daß Lösungsprinzipien durchaus erkannt worden und die Aufgaben kontrollierbar gewesen wären, wenn man ihnen mehr Übungsgelegenheit geboten hätte. Ebenso vermögen Versuchspersonen den Eindruck zu entwickeln, daß aversive Erfahrungen (Mißerfolge, Schocks) zu vermeiden gewesen wären, wenn sie sich mehr angestrengt hätten. Bei solchen Interpretationen stehen Zweifel an der eigenen Kontrollmöglichkeit zumindest nicht im Vordergrund.

Es gibt aber sicherlich Experimente, in denen Versuchspersonen während der Trainingsphase Unkontrollierbarkeit wahrgenommen haben. Ist aber für die Entstehung gelernter Hilflosigkeit das Erlebnis fehlender Kontrolle das Entscheidende? – Jerry *Burger* und Robert *Arkin* (1980) haben darauf aufmerksam gemacht, daß in der empirischen Forschung nicht eindeutig zwischen Kontrolle und Vorhersagbarkeit getrennt worden ist. So gäbe es z. B. Ereignisse, die sich zwar bis zu einem gewissen Grade kontrollieren ließen, ohne daß man sie vorhersagen könnte. Beispielsweise hat ein Erkälteter die Möglichkeit, seine Erkrankung durch Einnahme von Medikamenten und durch Reduzierung seiner Aktivitäten bis zu einem gewissen Grade zu kontrollieren. Wann seine Gesundheit jedoch wieder voll hergestellt sein wird, vermag er nicht vorherzusagen. Umgekehrt gäbe es aber auch Ereignisse mit hoher Vorhersagbarkeit bei einem Fehlen gleichzeitiger Kontrollierbarkeit. So mag ein Gefängnisinsasse täglich durch eine exakt vorhersagbare Routine gehen, die sich vollkommen seiner Kontrolle entzieht.

Burger und *Arkin* prüften in ihrer Studie die Vermutung, daß das Vorliegen von Vorhersagbarkeit *oder* Kontrolle ausreicht, um die Entwicklung von Hilflosigkeit zu verhindern. Die Ereignisse bestätigten ihre Erwartungen: Versuchspersonen, für die aversive Reize entweder kontrollierbar oder vorhersagbar waren, zeigten keine Verhaltensdefizite oder affektiven Reaktionen, die für Hilflosigkeit kennzeichnend sind. Wenn demgegenüber Versuchspersonen weder Vorhersagemöglichkeit noch Kontrolle über relevante Ereignisse wahrnahmen, zeigten sich verstärkt Leistungsdefizite und depressive Affekte.

In den oben dargestellten Studien wurde stets davon ausgegangen, daß die Versuchspersonen zu beurteilen vermochten, ob eine Situation entweder kontrollierbar war oder nicht. Wenigstens im Alltagsleben scheint es jedoch Ereignisse zu geben, die einen Wahrnehmenden insofern mit Unsicherheit belasten, als er nicht weiß, ob er sie kontrollieren kann oder nicht (*Gatchel* und *Proctor*, 1976), d. h. er hat keine Klarheit, ob es für ihn eine Kontrollmaßnahme gibt oder um welche es sich dabei handelt. *Suls* und *Mullen* (1981) fanden in einer Studie (die allerdings nicht die Hilflosigkeit zum Gegenstand hatte), daß unkontrollierbare aversive Lebensereignisse die physiologische Belastbarkeit eines Menschen erheblich herabsetzen konnten und vielfach Krankheiten im Gefolge hatten. Häufiger und stärker traten solche negativen Folgen auf, wenn ihnen Ereignisse vorausgegangen waren, die von den Betroffenen bezüglich des Grades der Kontrollierbarkeit *nicht* zu klassifizieren waren.

2.6.3 Positive und negative Verstärkungen im Entstehungsprozeß gelernter Hilflosigkeit

Noch nicht restlos geklärt ist die Frage, ob Hilflosigkeit nur nach Erfahrungen mit nicht-kontingenter aversiver Reizung auftritt. *Seligman* (1975) hat die Auffassung vertreten, daß alle nicht-kontingenten Verstärkungen zur Entwicklung von Hilflosigkeit führen können, und das schließt positive und negative Reize ein. Mehrere Autoren haben deshalb in ihren Experimenten Gruppen eingerichtet, in denen die Angehörigen nicht-kontingent ausschließlich positive Verstärkungen erhielten. Die Ergebnisse sind jedoch widersprüchlich ausgefallen. In einigen Experimenten (*Benson* und *Kennelly*, 1976; *Hiroto* und *Seligman*, 1975) zeigten sich Leistungsbeeinträchtigungen, in anderen dagegen nicht (*Roth* und *Bootzin*, 1974; *Roth* und *Kubal*, 1975).

Benson und *Kennelly* (1976) haben allerdings darauf aufmerksam gemacht, daß sich die Auffassung *Seligmans* nicht überprüfen läßt, indem man zufallsabhängig positiv verstärkt. Das Ignorieren einer Antwort bei ansonsten ausschließlich positiven Stellungnahmen könnte nämlich Frustrationen hervorrufen, die ein aversives Ereignis darstellen (*Amsel*, 1972). Bei nicht-kontingenter positiver Verstärkung wären folglich positive und negative Verstärkungen konfundiert.

In dem Bemühen einer Überwindung dieser Kritik haben *Benson* und *Kennelly* deshalb den Teilnehmern einer ihrer Experimentalgruppen nicht-kontingent ausschließlich Erfolg rückgemeldet. Im Verlauf dieser Bedingung bemerkten die Versuchspersonen zwar, daß sie keinerlei Kontrolle über die Verstärkungen hatten. Dennoch zeigten die Versuchspersonen keine Leistungsbeeinträchtigungen in der Testphase. Möglicherweise haben — wie noch zu erörtern sein wird — beim Zustandekommen dieses Ereignisses auch die Kausalattribuierungen der Versuchspersonen eine Rolle gespielt.

Insgesamt läßt sich feststellen, daß gelernte Hilflosigkeit wiederholt unter solchen Bedingungen zu beachten war, in denen Nicht-Kontingenz mit aversiven Effekten kombiniert worden ist. Bei Einsatz zufallsabhängiger Verstärkungen sind die Befunde jedenfalls widersprüchlich. *Miller* und *Norman* (1979) meinen deshalb, daß Bedingungen, unter denen sich Hilflosigkeit entwickeln kann, sowohl durch Handlungs-Ergebnis-Unabhängigkeit als *auch* durch aversive Reize (Mißerfolg, Schock) gekennzeichnet sein müssen. Es ist jedoch auch an die Möglichkeit zu denken, daß Trainingsphasen, in denen ausschließlich nicht-kontingente „Erfolge" vermittelt werden, sehr wohl auch Hilflosigkeit hervorrufen können, wenn sie nur lang genug andauern. Bei Erfolg gibt man nicht so schnell auf wie bei Mißerfolg. Es ist motivierender, Erfolg zu haben; dagegen entmotiviert eine Kette von Mißerfolgen vergleichsweise schnell (*Koller* und *Kaplan*, 1978).

2.6.4 Kausalattribuierung bei Wahrnehmung nicht-kontingenter relevanter Ereignisse

Mit der Wahrnehmung eines Menschen, relevante Ereignisse nicht kontrollieren zu können, ist bereits ein wesentlicher Teil jenes Prozesses abgelaufen, der zur Entwicklung gelernter Hilflosigkeit führt. Es muß aber noch etwas hinzukommen, denn es rufen keineswegs alle relevanten Ereignisse, die nicht-kontingent auftreten, Hilflosigkeit hervor. Obwohl beispielsweise das Wetter in seinen Auswirkungen sehr wohl relevant sein kann, gilt es nicht als typischer Auslöser von Hilflosigkeit. Diese entsteht wahrscheinlich erst, wenn die Erwartung bestanden hat, daß auf relevante Ereignisse Einfluß zu nehmen ist und entsprechende Anstrengungen fehlgeschlagen sind. Der Fehlschlag muß als Ausdruck eigener Unzulänglichkeit gesehen werden. Erst wenn sich kognitive und emotionale Defizite daraufhin in sehr verschiedenartigen Situationen offenbaren, in denen objektiv Kontrollmöglichkeiten bestehen, kann von Hilflosigkeit im Sinne von *Seligman* gesprochen werden. Die in einer spezifischen Aufgabensituation gesammelten Erfahrungen müssen also *generalisieren*.

Abramson et al. (1978) haben die Überzeugung vertreten, daß eine Generalisierung nur erfolgt, wenn bei der Interpretation nicht-kontingenter Ereignisse eine internale, relevante, stabile und allgemeine Ursache in Anspruch genommen wird (wie z. B. die Intelligenz). Sofern ein Mensch dagegen eine variable, externale oder spezifische

Ursache für seine Wahrnehmung verantwortlich macht, ist mit Manifestationen der Hilflosigkeit nicht zu rechnen. Stehen die experimentellen Ergebnisse in Einklang mit diesen Aussagen? – Wann immer Bedingungen der Trainingsphase den Versuchspersonen Möglichkeiten eröffnet haben, die Attribuierung auf internale, relevante, stabile und allgemeine Ursachen zu *vermeiden,* dürften keine Reaktionen der Hilflosigkeit entstanden sein. Unter solchen Bedingungen wäre allenfalls mit Verhaltensdefiziten zu rechnen. Diese verschwinden aber nach Wahrnehmung entscheidender Veränderungen; Generalisierungen treten nicht auf.

Es gibt mehrere Experimente (z. B. *Dweck* und *Repucci,* 1973; *Fosco* und *Geer,* 1971; *Thornton* und *Jacobs,* 1971), in denen zwar Verhaltensdefizite, wahrscheinlich aber keine hilflosen Verhaltensweisen entstanden sind. Trainings- und Testphase ähnelten sich in diesen Fällen nämlich hochgradig; unter solchen Bedingungen ist das Entstehen von Verhaltensdefiziten (keine Generalisation!) sehr wahrscheinlich (*Cole* und *Coyne,* 1977). Während der nicht-kontingenten Bedingung konnte bei den Versuchspersonen der genannten Studien sehr wohl der Eindruck entstanden sein, die Aufgaben wären zu schwierig oder der Versuchsleiter (bzw. Lehrer) stellte unlösbare Aufgaben; dieser Verdacht mag sie veranlaßt haben, eine externale Ursachenzuschreibung vorzunehmen. Weshalb sollten die Versuchspersonen an ihrer vorgenommenen Interpretation zweifeln, als derselbe Versuchsleiter (Lehrer) ihnen später (unter kontingenten Bedingungen) die gleichen Aufgaben stellte? Eine Attribuierung auf mangelnde Fähigkeit hat unter diesen Bedingungen sicherlich nicht nahegelegen.

Tennen und *Eller* (1977) teilten in ihrer Studie den Versuchspersonen mit, jede nachfolgende Aufgabe einer Reihe wäre entweder leichter oder schwieriger als die jeweils vorausgegangene. Die Gruppe, die die leichter werdenden Aufgaben während der Trainingsphase zu bearbeiten hatte und deren Mitglieder wahrscheinlich auf mangelnde Fähigkeit attribuiert haben, zeigten in der Testphase Leistungsdefizite. Die Angehörigen der anderen Gruppe, für die der Schwierigkeitsgrad der Aufgaben angeblich anstieg, nahmen zur Interpretation ihrer Mißerfolge vermutlich die Aufgabenschwierigkeit in Anspruch; bei ihnen offenbarten sich keine Anzeichen für hilfloses Verhalten.

Eine externale Attribuierung haben wahrscheinlich auch die Versuchspersonen in der bereits genannten Studie von *Benson* und *Kennelly* vorgenommen; die hundertprozentige nicht-kontingente Erfolgsrückmeldung legte schließlich den Schluß nahe, die ihnen vorgelegten Aufgaben wären unlösbar. Bei veränderten Aufgaben in der Testphase war der Verdacht von der Unlösbarkeit der Aufgaben nicht mehr berechtigt; deshalb zeigten sie keine Leistungsdefizite. *Wortman* et al. (1976) versuchten einigen Teilnehmern ihres Experiments eine Attribuierung auf mangelnde Fähigkeit nahezulegen; diese Versuchspersonen entwickelten jedoch keine Hilflosigkeit. Den Teilnehmern der Studie hatte man gesagt, man wollte den Einfluß von Lärm auf das Leistungsverhalten prüfen. Unter der einen experimentellen Bedingung wurde den Versuchspersonen mitgeteilt, ein ihnen jeweils zugeordneter (Schein-) Partner habe von 12 Aufgaben ·10 gelöst, während ihre eigenen 12 Antworten alle falsch wären. Wahrscheinlich haben die Versuchspersonen jedoch keine Attribuierung auf mangelnde Fähigkeit vorgenommen sondern dem (vermeintlich besseren) Partner höhere, sich selbst dagegen geringere Lärm-Unempfindlichkeit zugeschrieben. Die Versuchspersonen steigerten nämlich ihre Leistungen bei gleichen Aufgaben ohne Lärm.

Als Reaktion auf eine nicht-kontingente Rückmeldung werden sich bei einer Versuchsperson auch dann, wenn ihr eine externale Ursachenzuschreibung abwegig erscheint, nicht sofort Zweifel an den eigenen Fähigkeiten einstellen. Es belastet die Selbstachtung weniger, wenn man ausbleibende Erfolge auf unzureichende Anstrengung zurückführt; eine solche Attribuierung erscheint vor allem dann plausibel, wenn die Aufgaben nach den verfügbaren Informationen nicht allzu schwierig sein können (*Hanusa* und *Schulz*, 1977). Mit einer Erhöhung der Anstrengung erklärt sich wahrscheinlich eine in zahlreichen Experimenten beobachtete Leistungssteigerung.

Sofern jedoch die vom Versuchsleiter manipulierten Rückmeldungen fortdauern und diese die Erfolglosigkeit trotz intensivierter Bemühungen anzeigen, ist bei den Versuchspersonen mit einer Abnahme der Motivation zu rechnen; die Leistungen sinken entsprechend ab. Tatsächlich fanden *Roth* und *Kubal* bei einer kurzen nicht-kontingenten Trainingsphase Leistungssteigerungen, die sogar noch ausgeprägter ausfielen, wenn relevante Aufgaben zu bearbeiten waren. Bei einer verlängerten Trainingsphase kam es dagegen schließlich zum Leistungsabfall, wiederum verstärkt, wenn man die zu bearbeitenden Aufgaben als bedeutsam vorgestellt hatte.

Die Hypothese, daß eine Generalisierung gelernter Hilflosigkeit auf verschiedenartige Situationen bei einer Attribuierung auf mangelnde Fähigkeit (internal, stabil, global) erfolgt, wird durch die Befunde von *Dweck* und *Repucci* (1973) gestützt. Die stärkste Generalisierung fanden diese Autoren bei Kindern, die bei Interpretation ihres Leistungsmangels eine internale, stabile Ursache in Anspruch nahmen. In der Fortführung ihrer Studien trainierte *Dweck* (1975) hilflose Kinder, Mißerfolge nicht auf mangelnde Fähigkeit, sondern auf unzureichende Anstrengung zurückzuführen; sie erreichte damit Verbesserungen im Leistungsverhalten (siehe ausführlicher S. 185 ff.). Einige Befunde sprechen somit für die Hypothese, daß Fähigkeitszuschreibungen eine transsituationale Generalisierung fördern. Zugleich ist aber fraglich, ob überhaupt in einem der vorliegenden Experimente Trainings- und Testphase so unterschiedlich gestaltet worden sind, daß es den Versuchspersonen unmöglich gewesen wäre, Gemeinsamkeiten wahrzunehmen. Die Entdeckung solcher Gemeinsamkeiten dürfte aber in der Regel das Gewicht eines internalen, stabilen, globalen Ursachenfaktors mindern.

Es gibt zwar experimentelle Ergebnisse, die als Beleg für eine Generalisierung von einer Situation (Trainingsphase) auf eine andere (Testphase) gewertet worden sind. Unklar ist aber noch, ob diese Generalisierung auch auftritt, wenn Versuchspersonen keine Beziehungen mehr zwischen verschiedenen Aufgabensituationen wahrnehmen. *Miller* und *Norman* (1979) sehen darin die Hauptschwäche der diesbezüglichen Forschung. „Ohne einen schlüssigen Nachweis der Generalisierung", so stellen die beiden Autoren fest, „wird die Bedeutung des Phänomens gelernter Hilflosigkeit fragwürdig."

2.6.5 Erklärung des Leistungsabfalls

Bisher wurde noch keine Antwort auf die Frage gegeben, warum Versuchspersonen unter bestimmten experimentellen Bedingungen der Hilflosigkeitsforschung mit Leistungsabfall reagieren können. Warum reagieren Menschen auf die Wahrnehmung von Nicht-Kontingenz bei Inanspruchnahme internaler, stabiler und allgemeiner Ursachen mit kognitiven und emotionalen Defiziten?

Sofern Versuchspersonen den Eindruck entwickeln, an einer relativ unwichtigen Laboraufgabe zu arbeiten und deshalb versagen, weil sie vom Versuchsleiter getäuscht worden sind, muß damit gerechnet werden, daß ihre Motivation allmählich nachläßt. Fraglich ist allerdings, ob Studenten auch in solchen Fällen mit einer Verminderung der Anstrengungsbereitschaft reagieren, wo es um die Bearbeitung relativ wichtiger (z. B. Intelligenz-) Aufgaben geht.

In einem Experiment von *Frankel* und *Snyder* (1978) hatten die Versuchspersonen Diskriminationsaufgaben zu lösen und es wurde behauptet, die gezeigten Leistungen gestatteten Rückschlüsse auf die Intelligenz. Nach der Trainingsphase, in der einem Teil der Versuchspersonen Mißerfolge mitgeteilt worden waren, galt es Anagramme zu lösen; sie sind vom Versuchsleiter so charakterisiert worden, daß das Antwortniveau die Selbstachtung entweder stark oder schwach bedrohen konnte. Einigen Versuchspersonen waren die Anagramme nämlich als mittelschwer, anderen als sehr schwierig vorgestellt worden. Es zeigten sich bei schwierigen Aufgaben bessere Leistungen als bei mittelschweren. Dieser Befund widerspricht den Vorhersagen der Theorie der gelernten Hilflosigkeit, denn danach müßten vor allem schwierige Aufgaben die Erwartung bestärken, daß sich die Ergebnisse der Kontrolle des Handelnden entziehen, was Leistungsdefizite im Gefolge haben müßte. *Frankel* und *Snyder* (ebenso *Snyder* et al., 1981) erklären ihre Befunde mit unterschiedlich stark herausgeforderten egotistischen Tendenzen. Man könnte – darauf aufbauend – folgende Vermutung anstellen: Die Versuchspersonen reagierten auf die Mißerfolge während der Trainingsphase mit ihren angeblich relevanten Aufgaben keineswegs mit Resignation; sie waren vielmehr beunruhigt, weil ihre Intelligenz in Frage gestellt werden konnte. In der nachfolgenden Testphase konnte sich diese Beunruhigung eher noch verstärken, wenn man mittelschwere Aufgaben zu bearbeiten hatte, bei denen ein weiteres Versagen erst recht eine Attribuierung auf mangelnde Fähigkeit nahelegen würde. Weniger bedrohlich wirkten die „Intelligenz"-Aufgaben dagegen, wenn die Versuchspersonen erfuhren, daß diese so schwierig wären, daß die meisten anderen Studenten sie auch nicht bewältigt hätten. Diese Mitteilung dürfte eher entlastend gewirkt haben, denn ein Versagen an schwierigen Aufgaben legt kaum eine Attribuierung auf mangelnde Fähigkeit nahe. Bei der Erklärung der Leistungsdifferenzen wird man zu berücksichtigen haben, daß die beiden Situationen unterschiedliche Strategien zum Schutz der Selbstachtung nahelegten (s. S. 80 f.). Die als mittelschwer vorgestellten Aufgaben konnten ja bedrohlicher wirken, d. h. aber gleichzeitig, daß sie stärkere Beunruhigung auszulösen vermochten. Es ist also auch an die Möglichkeit zu denken, daß die affektive Erregung die Aufmerksamkeit der Versuchspersonen so stark auf sich und zugleich von der Aufgabe abgezogen hat, daß deren Bewältigung nicht mehr oder nur noch unzureichend gelang.

Diese Interpretation steht jedenfalls im Einklang mit Erkenntnissen, die der Testangstforschung entstammen (*Wine*, 1971; *Sarason* und *Stoops*, 1978). Man vermutet, daß Menschen mit hoher Testangst im Falle von Mißerfolgen (die die Inanspruchnahme einer internalen, relevanten, stabilen und globalen Ursache nahelegen) „beunruhigt sind wegen ihrer Leistungen, sich mit der Frage quälen, ob andere besser abschneiden könnten, über bestehende Wahlmöglichkeiten grübeln und oft starr sind in ihren Versuchen, eine Aufgabe zu lösen" (*Marlett* und *Watson*, 1968). Von Menschen mit geringer Testangst erwartet man dagegen, daß sie sich voll auf die ihnen vorliegende Aufgabe ausrichten können, wobei sie gleichzeitig ablenkende Gedanken abwehren, sogar wenn sie unter Stress stehen. Beispielsweise hat man beobachtet, daß Menschen mit geringer Selbstachtung (sie sind, wie *Fiedler* et al., 1958, gezeigt haben, durch höhere generelle Ängstlichkeit gekennzeichnet) ihr Leistungsniveau beträchtlich absenken, wenn sie unter Beobachtung stehen (*Shrauger*, 1972; *Brockner* und *Hulton*, 1978). Sie werden durch eine solche Situation offenbar derartig beunruhigt (denn andere könnten ihnen im Falle eines Mißerfolgs ja mangelnde Fähigkeit zuschreiben), daß sie den Aufgaben nicht mehr ihre volle Konzentration entgegenbringen können. Personen, für die eine höhere Selbstachtung kennzeichnend ist, vermögen die Beobachtung durch andere offenbar besser zu verkraften (möglichweise weil ihnen Abwehrattribuierungen zur Verfügung stehen, auf die sie sich im Mißerfolgsfall verlassen können), denn sie reagieren darauf üblicherweise nicht mehr mit einem Leistungsabfall.

Bemerkenswert ist in diesem Zusammenhang der Nachweis, daß testängstliche Personen nach einer für die Hilflosigkeitsforschung typischen Trainingsphase einen stärkeren Leistungsabfall zeigen als Menschen mit geringerer Testangst (*Lavelle* et al., 1979).

Belege dafür, daß es interindividuelle Differenzen bezüglich der Reaktionsweise auf Mißerfolg gibt, haben auch *Diener* und *Dweck* (1978) geliefert. Sie forderten ihre jungen Versuchspersonen (Jungen und Mädchen fünfter Schuljahre) auf, in der Auseinandersetzung mit leistungsbezogenen Situationen (es waren Diskriminationsaufgaben zu lösen) „laut zu denken", d. h. alles mitzuteilen, was ihnen dabei in den Sinn kam; sie sollten auch Gedanken äußern, die mit den Aufgaben in keinerlei Beziehung standen, wie z. B. ihre Pläne für das Mittagessen.

Sämtliche Kinder kamen der Aufforderung nach. Bis zum Auftreten eines Mißerfolgs ließ sich in den sprachlichen Äußerungen von hilflosen und − wie *Dweck* sie nennt − erfolgsorientierten Kindern kein Unterschied nachweisen; beide Gruppen waren offenkundig mit der Suche nach Lösungsmöglichkeiten beschäftigt. Nach Eintreten eines Mißerfolgs beobachteten *Diener* und *Dweck* jedoch eine „dramatische Veränderung". Die hilflosen Kinder begannen unmittelbar darauf, angesichts des Mißerfolgs eine Kausalattribuierung vorzunehmen; sie machten ihre mangelnde Begabung für ihr Versagen verantwortlich und brachten gegenüber der Aufgabe ihre Abneigung zum Ausdruck. Die erfolgsorientierten Kinder nahmen im Gegensatz dazu keine Ursachenzuschreibung vor; sie schienen ihre gesamte Kraft vielmehr darauf zu richten, die bestehenden Schwierigkeiten zu überwinden.

Das Verhalten der erfolgsorientierten Kinder ist folgendermaßen beschrieben worden: „Sie brachten unbeirrt eine positive Prognose zum Ausdruck d.h. „Noch einen Versuch, dann hab' ichs") und beurteilten die Aufgabe positiv (d. h. „Ich mag die Herausforderung"). Trotz der Mitteilung des Versuchsleiters hatte es den Anschein, daß sich die erfolgsorientierten Kinder nicht als solche ansahen, die versagt hatten. Sie hatten Fehler gemacht, das stand fest; aber sie schienen sicher zu sein, daß sie mit angemessener Konzentration und Strategie wieder auf die richtige Spur kamen. Sie legten mehr Nachdruck auf ... die Suche nach einem Ausweg und weniger auf die Aufdeckung der Ursache" (*Dweck* und *Goetz*, 1978).

Dweck geht davon aus, daß durch die Unterschiede in den Ursachenzuschreibungen von hilflosen und erfolgsorientierten Kindern in Problemsituationen ungleiche Voraussetzungen bestehen, diese zu bewältigen. *Diener* und *Dweck* konfrontierten ihre Versuchspersonen mit Aufgaben zum Begriffslernen. Ihre Lösungsstrategien wurden nach dem Grad der Angemessenheit klassifiziert. Als sehr angemessen galt eine Strategie, die ziemlich schnell zur Lösung des Problems führen mußte, während eine unangemessene Strategie keine Chancen besaß, die Bewältigung der Problemsituation nach sich zu ziehen.

Hilflose wie erfolgsorientierte Kinder waren in gleicher Weise in der Lage, die gestellten Aufgaben zu lösen. Unterschiede wurden jedoch sichtbar, als man die Versuchspersonen mit mehreren unlösbaren Aufgaben konfrontierte, die zwangsläufig Mißerfolge hervorriefen. Auf diese Situation reagierten die erfolgsorientierten Kinder nicht mit einem Abbau sondern mit einer Fortführung der Lösungsstrategie; einige steigerten angesichts der schweren Mißerfolge sogar noch den Grad der Angemessenheit. Im Gegensatz dazu verschlechterten sich die Lösungsstrategien der hilflosen Kinder im Verlauf der Mißerfolgsphase zunehmend. Nach dem zweiten Mißerfolg hatte mehr als ein Drittel der Versuchspersonen bereits jene Strategie aufgeben, die erfolgversprechend gewesen wäre. Nach dem vierten Mißerfolg zeigten mehr als zwei Drittel der hilflosen Kinder keinerlei Anzeichen mehr für die Auswahl einer noch als angemessen zu bezeichnenden Strategie.

Auf die hilflosen Kinder wirkte der Mißerfolg im Vergleich zu den erfolgsorientierten ziemlich beunruhigend; es entstand bei ihnen wahrscheinlich ein gesteigerter Grad der Selbstaufmerksamkeit, verbunden mit Selbstzweifeln und Minderungen der Selbstachtung. Diese kognitiven Prozesse haben die Aufmerksamkeit der hilflosen Kinder vermutlich derart in Anspruch genommen, daß eine aufgabenadäquate Lösung nicht mehr zu entwickeln war.

Wenn es wirklich die von Mißerfolgen ausgelöste verstärkte Aufgeregtheit ist, die ein zu hohes Maß an Aufmerksamkeit auf sich zieht, müßte sich einem Leistungsabfall entgegenwirken lassen, indem man einen Menschen hindert, sich zu sehr mit sich selbst zu beschäftigen. Dieser Möglichkeit ist Julius *Kuhl* (1981) von der Universität Bochum nachgegangen. Er hat darauf hingewiesen, daß Kognitionen entweder mehr durch *Lage-* oder duch *Handlungsorientierung* zu kennzeichnen sind. Im Falle einer Lageorientierung gewinnen selbstbezogene Kognitionen die Oberhand; man vergleicht sein Leistungsergebnis z. B. mit einem Standard, sucht nach Ursachen für einen Mißerfolg oder ist vorwiegend mit seinen emotionalen Zuständlichkeiten beschäftigt. Bei einer Handlungsorientierung sind die kognitiven Aktivitäten dagegen auf die Lösungsalternativen gerichtet. Eine zu starke Lageorientierung muß zu einem Leistungsabfall führen, weil die Beschäftigung mit selbstbezogenen Kognitionen zuviel Aufmerksamkeit abzieht von jenen Informationsverarbeitungsprozessen, die einer Aufgabenlösung vorausgehen müssen.

Kuhl forderte einige seiner Versuchspersonen während der Trainingsphase, in der sich der Mißerfolg der Kontrolle des einzelnen entzog, auf, die jeweiligen Hypothesen bezüglich der lösungsrelevanten Regel explizit zu machen, d. h. dem Versuchsleiter mitzuteilen. Er wollte sie damit hindern, planlos zu werden, d. h. angesichts der Mißerfolge die Suche nach Lösungen zunehmend einzustellen. Tatsächlich erbrachten diese Versuchspersonen in der nachfolgenden Testphase bessere Leistungen in einem Konzentrationstest als andere, die nicht gebeten worden waren, ihre vermuteten Lösungen jeweils mitzuteilen. *Kuhl* sieht in diesem Ergebnis eine Bestätigung für seine Hypothese, daß ein typisches Hilflosigkeitstraining zu einem verstärkten Auftreten lageorientierter Kognitionen führen könnte, und diese wiederum beeinträchtigen die Bewältigung von Anforderungen von seiten der Umwelt. Ein überwiegend lageorientierter Mensch versagt aber nicht nur in leistungsbezogenen Situationen; er läßt z. B. auch sein Essen anbrennen, verhält sich merkwürdig gegenüber seinen Freunden usw. (*Kuhl)*.

James *Coyne* et al. (1980) kommen zu vergleichbaren Schlußfolgerungen. Sie gehen davon aus, daß ein typisches Hilflosigkeitstraining eine Steigerung von Testangst bewirkt (was in der Terminologie *Kuhls* zu verstärkter Lageorientierung führt). Sie argumentierten wie folgt: „Wenn Versuchspersonen erfolgreich zu ermuntern sind, sich nach einer Hilflosigkeits- (Mißerfolgs-) Induktion eine positive und entspannende Szene vorzustellen, müßte sich ihre negative Beschäftigung mit sich selbst und die damit einhergehende Leistungsbeeinträchtigung absenken." *Coyne* et al. fanden, daß Versuchspersonen, die sich vor der Testphase vier Minuten lang eine Bergszene vorgestellt hatten, bessere Leistungen in der nachfolgenden Phase zeigten als andere, denen kein Entspannungstraining nahegelegt worden war. *Coyne* et al. meinen, dieses Training würde beruhigend auf den physiologischen Erregungsgrad wirken und die Voraussetzungen schaffen, daß die Aufmerksamkeit wieder davon abgezogen und auf jene kognitiven Prozesse gerichtet werden kann, die aufgabenadäquate Lösungen voraussetzen.

Zu beachten ist, daß die hier in Anspruch genommenen selbstbezogenen Kognitionen grundsätzlich bei jedem Menschen aufmerksamkeitsablenkend und damit leistungsmindernd wirken können, wenn situativ Mißerfolge induziert werden (wie in der Trainingsphase eines typischen Hilflosigkeitsexperiments). Gleichzeitig scheinen bestimmte Menschen aber besonders prädestiniert zu sein, bei Mißerfolgen verstärkt mit selbstbezogenen Kognitionen zu reagieren; es handelt sich um solche, bei denen das relativ überdauernde Merkmal der Hilflosigkeit (*Diener* und *Dweck*), der Lageorientierung (*Kuhl*) sowie der Testängstlichkeit (*Lavelle* et al.) vergleichsweise stark ausgeprägt ist.

3. Kapitel: Interpretation von Verhaltensweisen in der Lehrer-Schüler-Interaktion

3.1 Einführung in das dritte Kapitel

Die bisherige Darstellung hat den Menschen, der Interpretationen seines Erfolgs oder Mißerfolgs vornimmt, noch überwiegend als ein sozial isoliert handelndes Wesen gesehen. Diese Einseitigkeit soll im vorliegenden Kapitel ausgeglichen werden. Sobald ein Kind die kognitiven Voraussetzungen dazu besitzt, sieht sich dieses Leistungserwartungen anderer ausgesetzt. Außerdem schreiben Eltern den Erfolgen und Mißerfolgen ihrer Kinder Ursachen zu (*Bar-Tal* und *Guttmann,* 1978) und teilen ihnen ihre Attribuierungen auch mit. Derartige Informationen kann das Kind ebenso von anderen bedeutsamen Personen seiner Umgebung erhalten (z. B. Freunden). Entscheidend wird die Ursachenzuschreibung eines Kindes weiterhin von seinen Lehrern mitbestimmt. *Bar-Tal* und *Guttmann* (1978) haben sogar gefunden, daß Lehrer im Vergleich zu Eltern im akademischen Bereich mehr die Attribuierung eines Schülers beeinflussen.

Ein solcher Befund steht im Widerspruch zu früheren Feststellungen, wonach die Einflußmöglichkeiten der Schule hinter denen des Elternhauses weit zurückbleiben. Man hat dabei vielfach auf den *Coleman*-Report verwiesen. *Coleman* et al. (1966) schlußfolgerten u. a., daß eine Verbesserung des Unterrichts keine signifikanten Leistungssteigerungen erwarten lasse, vor allem nicht bei sozial benachteiligten Schülern. Die zugrundeliegenden Studien waren jedoch mit methodischen Schwächen behaftet. Heute wird weithin anerkannt, daß der Lehrer erheblichen Einfluß auf die Entwicklung des Leistungsverhaltens von Schülern auszuüben vermag. *Graham* (1979) zieht aus den bislang vorliegenden Untersuchungen folgenden Schluß: „ . . . der Familie, den Medien und den Einflüssen von Gleichaltrigen mag, zusammengenommen, mehr Bedeutung als der Schule zukommen, wenn es um die Determinanten, der Werthaltungen eines Schülers geht, und um dessen Chancen, später im Leben erfolgreich zu sein. Eine Vielzahl von Belegen liegt jedoch vor, mit denen die Position zu stützen ist, daß der Lehrer im Klassenzimmer der mächtigste Einzelfaktor ist, der die akademischen Leistungen beeinflußt."
Diese Feststellung ist von Bedeutung, denn ihre Kenntnis könnte die Auffassung des Lehrers stärken, wirksam zu sein *(sense of efficacy),* d.h. in der

135

Lage zu sein, Einfluß auf die Lernleistungen von Schülern zu nehmen. Mehrere Studien stimmen darin überein, daß diese Lehrervariable eine beachtenswerte Beziehung zum Leistungsverhalten von Schülern aufweist (*Guskey*, 1982).

Tatsächlich nimmt der Lehrer zu den Arbeitsergebnissen seiner Schüler ziemlich häufig in anerkennender oder tadelnder Weise Stellung; dabei schreibt er ihnen u. a. auch „Fleiß", „Ausdauer", „Ungeschicklichkeit" oder „Bequemlichkeit" zu, was wahrscheinlich nicht ohne Einfluß auf Art und Inhalte seiner Kontakte mit dem Schüler bleibt. Deshalb stellt sich die Frage, inwieweit die sich entwickelnde und sich allmählich stabilisierende Tendenz des Schülers, Erfolge und Mißerfolge in bestimmter Weise zu interpretieren, auch von Merkmalen abhängt, die für die schulische Lernumwelt kennzeichnend sind. Welche besonderen schulischen Bedingungen führen aber zur Entwicklung welcher relativ überdauernden Interpretationsweisen von leistungsbezogenen Resultaten beim Schüler? Gibt es Methoden, mit deren Hilfe sich Attribuierungstendenzen ändern lassen? — Die Klärung solcher Fragen ist aus pädagogisch-psychologischer Sicht von großem Interesse, denn damit könnten sich verbesserte Möglichkeiten ergeben, interindividuelle Unterschiede im Leistungsverhalten zu erklären und jenen Kindern zu helfen, die auf Leistungsanforderungen z. B. vorwiegend passiv, mit Abwehr oder mit gelernter Hilflosigkeit reagieren.

3.2 Interpretation von Leistungen im schulischen Bereich

In Auseinandersetzung mit schulischen Anforderungen stellt es ein alltägliches Erlebnis für Schüler dar, daß sie Erfolge und Mißerfolge zur Kenntnis zu nehmen haben. Diese Leistungsergebnisse können Schüler zu Interpretationen herausfordern. Es stellt sich die Frage, ob sie ebenso attribuieren wie Versuchspersonen in einem Experiment. Schülerleistungen sind gleichzeitig Grundlage für Ursachenzuschreibungen durch den Lehrer. Zu beachten ist aber, daß der Lehrer nicht als neutraler Beobachter seiner Schüler gesehen werden darf. Ihm kommt vielmehr eine entscheidende Verantwortung für das Unterrichtsgeschehen zu. Es hängt nicht unerheblich von der Tüchtigkeit des Lehrers ab, welches Leistungsniveau eine Klasse erreicht und welches sozial-emotionale Klima dort herrscht. Die Urteile, die der Lehrer über den Schüler abgibt, können angesichts dieser Bedingung sehr wohl von egotistischen Tendenzen bestimmt sein.

3.2.1 Schulzensur und Kausalattribuierung durch den Schüler

Um in Erfahrung zu bringen, welche Ursachen Schüler in Anspruch nehmen, um ihre Leistungen zu interpretieren, bietet sich grundsätzlich die Methode an, sie zur freien Benennung aufzufordern. Die Praxis lehrt jedoch, daß Schüler eine solche Aufgabe nicht ohne weiteres zu lösen vermögen. Fast alle Autoren der vorliegenden Studien haben sich deshalb entschlossen, Ursachenkataloge *vorzugeben*. Wenn man sich dabei allerdings nur auf die *Weiner*-Faktoren beschränkt (*Lauth* und *Wolff*, 1979; *Lerch*, 1979; weitgehend auch *Neubauer* und *Lenske*, 1979), erfährt man wenig über Besonderheiten von Attribuierungen, die sich im schulischen Kontext offenbaren könnten.

Mit dem Verlassen der relativ gut kontrollierten Bedingungen des Experimentalraums verstärkt sich auch eine Schwierigkeit bezüglich der Interpretation von Ursachenbenennungen. Wenn man Schüler bittet, Faktoren anzugeben, die ihre Zensur bestimmt haben könnten, läßt sich den Antworten häufig nicht entnehmen, ob es sich dabei um Ursachen oder um Folgen handelt. Sofern also ein Schüler seine gute Leistung z. B. mit der Sympathie zu seinem Lehrer in Beziehung setzt, könnte das einmal bedeuten, daß in der als positiv eingeschätzten Beziehung zum Lehrer eine günstige Lernbedingung gesehen wird. Möglich wäre aber auch die Interpretation, daß der Schüler wegen seiner guten Leistungen ein gutes Verhältnis zum Lehrer aufzubauen vermochte.

Mit Interpretationsschwierigkeiten der genannten Art mußte sich auch Uwe-Jörg *Jopt* (1977, 1978), Universität Bielefeld, auseinandersetzen. Ansonsten hat er in seiner Studie einen vergleichsweise differenzierten Ursachenkatalog verwendet. Dieser wurde Hauptschülern des 7. und 8. Schuljahrs mit der Aufforderung vorgelegt, mit seiner Hilfe die jeweils letzte Mathematikzensur zu interpretieren.

Jopt hat seinen Daten entnehmen können, daß die vier im *Weiner*-Schema aufgeführten Faktoren (Fähigkeit, Anstrengung, Aufgabenschwierigkeit und Zufall) gültig und nützlich sind. Zugleich erfordert die Anwendung im schulischen Kontext aber sowohl eine Modifikation als auch eine Erweiterung. Die Notwendigkeit einer Modifikation sieht *Jopt* bezüglich des Faktors Aufgabenschwierigkeit, den die Schüler im Sinne einer subjektiven Erfolgswahrscheinlichkeit („Schwierigkeit für mich") verwendet haben; in dieser Bedeutung gewinnt der Faktor einen internalen Status.

Die Schüler haben weiterhin ihre Mathematikzensur gehäuft mit der Art und Weise in Beziehung gesetzt, wie der Lehrer seinen Unterricht gestaltet hat. Deshalb fordert *Jopt*, das Vierfelderschema durch den externalen-stabilen Faktor ‚Unterrichtsqualität' zu erweitern.

Insgesamt ist festzustellen, daß Schüler (ebenso wie Lehrer, s. S. 139 f.) in ihren Kausalattribuierungen vor allem internale (personale) Faktoren in Anspruch nehmen. Ansonsten gibt es nicht *die* typische Kausalattribuierung im schulischen Bereich. Man findet u. a. Variationen mit den Schulfächern. So wurde z. B. in Interpretationen der Mathematikzensur dem Begabungsfaktor im Vergleich zur Deutschnote ein größeres Gewicht zugeschrieben (*Jopt,* 1977). Weiterhin lassen sich Geschlechtsunterschiede nachweisen. So betonten Mädchen in ihren Kausalattribuierungen sozial-thematische Faktoren wie häusliche Unterstützung und Klassenunterstützung stärker als Jungen. In Einklang mit Erwartungen steht schließlich auch, daß einige Ursachennennungen mit dem Leistungsniveau variieren.

Während sich bezüglich des Interesses, der Anstrengung und der Unterrichtsqualität kein unmittelbarer Zusammenhang zur Benotung ergab (was unter dem Förderungsaspekt sehr positiv ist, denn danach sind die Schwächeren offenbar noch bereit, die Anstrengung zu verändern; sie entschuldigen zudem nicht alles mit „schlechtem Unterricht"), wurden Faktoren wie Sympathie, Zufall und Ablenkung bezüglich ihrer Bedeutung umso höher eingestuft, desto geringer jeweils der Leistungsstand war. Die Rolle der eigenen Fähigkeit beim Zustandekommen der Mathematikzensur ist von den Schülern umso geringer eingeschätzt worden, je schlechter ihre Note war. Bei den Leistungsschwachen (Note 5) fand sich eine Umkehrung dieser Tendenz; denn sie gaben dem Faktor mangelnde Fähigkeit ein vergleichsweise starkes Gewicht — vermutlich hat sich hier bereits eine Voraussetzung zur Entwicklung von Hilflosigkeit offenbart.

3.2.2 Interpretation von Schülerverhalten durch den Lehrer

Zur Klärung der Frage, wie der Lehrer die Leistungen von Schülern wahrnimmt, hat man wiederholt Versuchsbedingungen geschaffen, unter denen Lehrer mit tatsächlich oder nur scheinbar anwesenden Schülern Lernaufgaben zu bearbeiten hatten. Dabei unterlag es zumeist der Kontrolle des Versuchsleiters, ob die Bemühungen erfolgreich oder erfolglos waren. Die Lehrer hatten die Leistungsergebnisse daraufhin zu interpretieren. Die Befunde fielen jedoch nicht einheitlich aus. In einer — methodisch allerdings sehr schwachen — Studie von Linda *Beckman* (1970) schrieben sich Lehrer Erfolge ihrer Schüler selbst zu. Versagten die Schüler dagegen, machten die Lehrer äußere Einflüsse, mangelnde Fähigkeit und fehlende Motivation der Lernenden verantwortlich. In einer anderen Studie von Lee *Ross* et al., über die bereits im zweiten Kapitel Einzelheiten mitgeteilt worden sind (s. S. 85), gaben die Lehrer bei ihren Interpretationen von Mißerfolg Faktoren der Lehrerpersönlichkeit mehr Gewicht, während sie Erfolge vorrangig mit Merkmalen ihrer Schüler in Beziehung setzten.
Interpretieren Lehrer nun Erfolge und Mißerfolge ihrer Schüler in der tatsächlichen Unterrichtssituation ebenso wie die Versuchspersonen von *Beckman* oder wie bei *Ross* et al.,? — Die Frage ist schwer zu beantworten. Jedenfalls ist damit zu rechnen, daß Lehrer sich dem jeweiligen Erwartungshintergrund anpassen, wenn sie über ihre Ursachenzuschreibungen offen Auskunft zu geben haben (vgl. hierzu die Ausführungen zum Öffentlichkeitscharakter der Leistungssituation,

S. 83 ff.). Wenn man dieses durch die Versuchssituation induzierte Anpassungsverhalten der Lehrer ausschließen möchte, muß man auf die Methode der Befragung verzichten und indirekte (nicht-reaktive) Verfahren einsetzen. Entsprechende Studien liegen allerdings gegenwärtig noch nicht vor.

3.2.2.1 Interpretation von Mathematikleistungen durch den Lehrer: Ergebnisse einer Bochumer Studie

Eine Untersuchung, in der zwar auch eine Befragung vorgenommen worden ist, die sich aber auf tatsächliche (in Abhebung von experimentell manipulierten) Schülerleistungen bezieht, ist von Alois *Butzkamm* (siehe: *Meyer* und *Butzkamm*, 1975), Universität Bochum, durchgeführt worden. Er befragte zehn Lehrer, wie sie sich die Rechenleistungen jedes ihrer Schüler (vierter Schuljahre) interpretierten. Die Antworten der Lehrer wurden in folgender Weise klassifiziert:

Am häufigsten nannten die Lehrer Ursachen, die eine *Fähigkeit* der Schüler in Anspruch nahmen, indem sie diesen u. a. ein gutes Gedächtnis, logische Denkfähigkeit, einseitige intellektuelle Begabung oder niedrige Intelligenz, geringes Abstraktionsvermögen usw. zuschrieben. Solche internalen konstanten Ursachen umfaßten bereits 50 Prozent aller Angaben.

Ein weiterer internaler Faktor war mit der *Anstrengung* gegeben; sie wurde in 30 Prozent der Angaben genannt. In der Mehrheit der Fälle meinten die Lehrer damit allerdings einen stabilen Faktor, denn sie erklärten die Leistungen u. a. mit Fleiß, natürlichem Lerneifer, guter Arbeitshaltung oder mit Faulheit, Lernunwilligkeit oder schwachen Antriebskräften. Anstrengung als variabler Faktor (z. B. schweifende Aufmerksamkeit, nicht-konstante Lernbereitschaft) kam in den Kausalattribuierungen vergleichsweise selten vor.

Eine dritte Kategorie, die *außerschulische Faktoren* zum Inhalt hatte, nahm nur noch 9 Prozent auf. Die Lehrer verwiesen z. B. auf ungünstige häusliche Verhältnisse oder auf den guten Einfluß von Nachhilfestunden.

In einer vierten Kategorie wurden – mit 6 Prozent der Angaben – *sonstige Persönlichkeitsfaktoren* herangezogen, um bezüglich der Mathematikleistungen eine Kausalattribuierung vorzunehmen. Die Lehrer kennzeichneten die Schüler z. B. als Träumer oder sie schrieben ihnen Unselbständigkeit, mangelnde Konzentrationsfähigkeit, Ablenkbarkeit, Ängstlichkeit oder Nervosität zu.

Eine Kategorie, die nur 4 Prozent der Angaben aufnahm, enthielt *sonstige Faktoren*, d.h. solche, die sehr unterschiedliche Ursachen umfaßte wie z. B. Verhaltensstörungen, körperliche Merkmale (Gesundheit, Müdigkeit, Entwicklungsstörungen) oder schulische Bedingungen (Früheinschulung, Eingewöhnung in die Klasse, Schulwechsel usw.).

Der Rest der Angaben bestand nur noch aus Beschreibungen; sie enthielten keinerlei Interpretationen für Verhalten in leistungsbezogenen Situationen. Die Untersuchungsergebnisse von *Butzkamm* sind vor allem in einer Hinsicht bemerkenswert. Die befragten Lehrer neigten mit 90 Prozent ihrer Angaben in sehr ausgeprägter Weise dazu, Leistungsverhalten mit Merkmalen der Schülerpersönlichkeit in Beziehung zu setzen. Die Lehrer reagierten also so, wie es nach Auffassung von *Jones* und *Nisbett* (s. S. 145 ff.) typisch ist für die Fremdbeobachtung. Allerdings ist nicht zu übersehen, daß auch Schüler (vielleicht als Anpassung an die Attribuierungen der Lehrer), wie die Befunde *Jopts* gezeigt hatten, in sehr starkem Maße internale Faktoren bei den Interpretationen ihrer Leistungen in Anspruch nahmen.

In einem Punkt unterscheiden sich Lehrer und Schüler allerdings in bemerkenswerter Weise. Schüler bringen ihre Leistungen sehr wohl mit dem Unterricht in Beziehung. Die befragten Lehrer brachten dagegen implizit zum Ausdruck, daß es nach ihrer Meinung am Schüler selbst läge, wenn er gute oder schwächere Leistungen erbringt. Die Lehrer hatten praktisch nicht im Blick, daß auch die Qualität ihres Unterrichts, ihre Möglichkeit, den einzelnen Schüler zu motivieren, die Verständlichkeit ihrer Darstellung, die Ausgewogenheit der Lehrer-Schüler-Aktivitäten usw. etwas mit dem Leistungsverhalten von Schülern zu tun haben könnten. Die Lehrer machten offenkundig den Schüler und seine außerschulischen Lernbedingungen, nicht aber sich selbst für die Ergebnisse der Unterrichtsarbeit verantwortlich. Wo kann aber der Lehrer bei der von *Butzkamm* aufgezeigten Neigung, die Ursache von Mißerfolgen beim Schüler selbst zu sehen und die eigene Verantwortung zu leugnen, noch einen pädagogischen Auftrag sehen, bei dem die verständnisvolle Hilfe im Vordergrund steht? – Diese vorherrschende Einstellung von Lehrern ist bereits seit längerem Ziel erheblicher Kritik. Sie wird zum Ausdruck gebracht, wenn es z. B. heißt, daß im Selbstverständnis der Schule und vieler Lehrer dem Auftrag zur Förderung von Lernprozessen durch didaktisch-methodisch angemessene Unterrichtsgestaltung, für die der Lehrer verantwortlich ist (!), nur noch eine untergeordnete Bedeutung zukommt (*Combe*, 1971; *Schefer*, 1969).

3.2.2.2 Interpretation auffälliger Verhaltensweisen durch den Lehrer

In fast allen Schulklassen finden sich Kinder, die der Lehrer als Problemfälle identifiziert, weil sie entweder nicht die erwarteten Lernfortschritte zeigen und/oder Verhaltensauffälligkeiten anderer Art (soziale Isolation, gesteigerte Aggressivität, motorische Unruhe etc.) offenbaren. Welche Interpretationen nimmt ein Lehrer in solchen Fällen vor?

In einer Untersuchung von Frederic *Medway* (1979) zeigte sich, was nach den Ergebnissen *Butzkamms* zu erwarten gewesen war: Die Lehrer neigten dazu, die eigene Verantwortung für auffälliges Schülerverhalten praktisch zu leugnen. In ihren Attribuierungen griffen die Lehrer zum einen auf Merkmale der Schülerpersönlichkeit (mangelnde Fähigkeit, fehlende Motivation etc.), zum anderen auf ungünstige häusliche Bedingungen (unzureichende Aufsicht, elterliche Trennung usw.) zurück. „Je schwerer die Verhaltensprobleme in der Wahrnehmung waren, desto mehr sah man darin einen Ausdruck zugrundeliegender Persönlichkeitsstörungen und desto weniger sah man darin das Ergebnis früherer pädagogischer Erfahrungen" (*Medway*).

Auch in einer Studie von Jere *Brophy* und Mary *Rohrkemper* (1980, 1981), Universität Michigan, sahen Lehrer die Ursache für Auffälligkeiten im Klassenzimmer (diese wurden ihnen in Form kurzer Schilderungen schriftlich vorgelegt) typischerweise nicht bei sich selbst, sondern beim Schüler. Beide Autoren berücksichtigten allerdings, daß Lehrer Auffälligkeiten auf verschiedene Ursachendimensionen zurückführen können. So gibt es z. B. Verhaltensweisen, durch die Schüler die Autorität des Lehrers in Frage stellen und die dessen Kontrollfunktion beeinträchtigen (*teacher owned problems*): sie werfen z. B. Papierflugzeuge, sie schlagen ohne erkennbare Provokation auf andere ein, sie ignorieren Anweisungen des Lehrers, sie schwatzen während des Unterrichts etc. Dies kann zu Frustrationen beim Lehrer führen, ihn aus der Fassung geraten lassen und verärgern. Es gibt andere Probleme, in denen Schüler durch Einwirkung anderer (mit Ausnahme des Lehrers) frustriert werden (*student owned problems*): sie werden sozial isoliert, reagieren auf leichte Belastungen mit ungewöhnlicher Ängstlichkeit, sind wenig begabt usw.

Probleme der zuerst genannten Art interpretierten die Lehrer in der Untersuchung von *Brophy* und *Rohrkemper* gehäuft, indem sie den betreffenden Schülern die Möglichkeit der Verhaltenskontrolle zuschrieben und ihnen Absichtlichkeit unterstellten. Wenn Schüler dagegen Auffälligkeiten der zweiten Art offenbarten, waren die befragten Lehrer sehr viel eher bereit, ihnen die Kontrollmöglichkeit abzusprechen und ihnen keine Absicht zu unterstellen.

Die jeweiligen Interpretationen der Lehrer sind von Bedeutung, weil sie offenbar mitbestimmen, wie auf auffälliges Verhalten im Klassenzimmer reagiert wird. Wenn der Lehrer die Schüler für ihre Auffälligkeiten nicht verantwortlich machte und in ihnen das „Opfer" von Umständen sah, war er eher bereit, ihnen zu helfen. In solchen Fällen äußerte er sich optimistisch, durch seine pädagogischen Maßnahmen im Verlauf der Zeit Verhaltensveränderungen zu erreichen. Wenn Schüler nach Wahrnehmung des Lehrers dagegen verantwortlich für die unerwünschten Verhaltensweisen waren, und er ihnen Absicht unterstellte, wurde auf Strafen und Drohungen zurückgegriffen, um sie in der aktuellen Situation zu disziplinieren; die Lehrer sahen sich in solchen Fällen praktisch nicht in der Lage, die Ursachen für die Auffälligkeiten dauerhaft zu beseitigen. Viele der an der Untersuchung beteiligten Lehrer versagten Schülern, die durch eine bestimmte Art von Auffälligkeiten zu kennzeichnen waren, offenkundig pädagogische Förderung, die sie − objektiv gesehen − zweifellos benötigten.

3.2.2.3 Verschiedene Lehrerperspektiven als Ursache unterschiedlicher Kausalattribuierungen

Lehrer unterscheiden sich darin, welche Hinweisreize sie beachten und zur Grundlage für ihre Kausalattribuierung machen, welche Kausalfaktoren sie bevorzugen und wie sie diese jeweils gewichten. In der Untersuchung *Butzkamms* traten diese interindividuellen Unterschiede bereits klar zutage. Einer der von ihnen befragten Lehrer bevorzugte z. B. innere stabile Ursachen in seiner Ursachenzuschreibung; er berücksichtigte den variablen Anstrengungsfaktor kaum, während ein weiterer Lehrer sich in anderer Weise verhielt, indem er nicht nur die Anstrengung sondern zusätzlich auch situative Faktoren in Anspruch nahm.

Auf ein weiteres Merkmal, nach dem sich Lehrer unterscheiden können, hat Falko *Rheinberg* (1977, 1980) von der Universität Bochum aufmerksam gemacht; er spricht in Anlehnung an *Heckhausen* (1974) von der Bezugsnorm-Orientierung. Zwei Arten von Bezugssystemen sind für die Leistungsbewertung von besonderer Bedeutung: das individuelle und das soziale Bezugssystem.

Eine *individuelle Bezugsnorm-Orientierung* ist für einen Lehrer kennzeichnend, der das aktuelle Leistungsverhalten eines Schülers vor allem auf dem Hintergrund seiner bisherigen Leistungen bewertet. Bei dieser Längsschnittperspektive vermag also ein Lehrer festzustellen, ob sich das Leistungsverhalten eines Schülers im Verlauf der Zeit verbessert, verschlechtert oder konstant gehalten hat, und das Ergebnis dieses Vergleichs bestimmt sein Urteil in entscheidender Weise mit.

Im Unterschied dazu gibt es Lehrer mit *sozialer Bezugsnorm-Orientierung;* sie bewerten das Leistungsergebnis eines Schülers vor allem an dem, was die Mitschüler zum gleichen Zeitpunkt geleistet haben. Bei dieser Querschnittperspektive hängt das Urteil über den einzelnen Schüler offenkundig davon ab, was jene Schüler leisten, die sich zufällig in derselben Klasse befinden. Lernfortschritte, die bei sämtlichen Angehörigen einer Klasse auftreten, werden als selbstverständlich angesehen und bleiben entweder unsichtbar oder gehen in die Beurteilung des Lehrers nicht mit ein.

Den Vergleich mit den übrigen Mitgliedern seiner Klasse vollzieht natürlich jeder einzelne Schüler. Dabei kann es zu paradoxen Effekten kommen, weil sich der einzelne nicht mit der Gesamtheit möglicher Personen, sondern nur mit einer sehr viel enger gefaßten Bezugsgruppe vergleicht. Beispielsweise orientieren sich Schüler im traditionellen Schulwesen nur an den Mitschülern innerhalb der Schulart. Ralf *Schwarzer* (1979) von der Technischen Hochschule Aachen kommentiert diesen Befund in folgender Weise: „Die objektive Lage ist ein weniger bedeutsamer Indikator für die subjektive Befindlichkeit als die persönliche Wahrnehmung, die in irgendeiner Bezugsgruppe so stark verankert ist, daß sie nicht den Blick freigibt für die tatsächlichen Gegebenheiten auf der Ebene z. B. einer gesamten Altersgruppe."

Die Bezugsnorm-Orientierung eines Lehrers ist deshalb von Bedeutung, weil sie bewirkt, daß Interpretationen von Schülerleistungen tendenziell verfestigt werden (*Liebhart*, 1977). Der Lehrer mit sozialer Bezugsnorm-Orientierung neigt dazu, Erfolg und Mißerfolg auf zeitstabile Ursachen zurückzuführen, wie z. B. die Begabung, die Arbeitshaltung oder das häusliche Milieu. Bei Lehrern mit individueller Bezugsnorm-Orientierung fand *Rheinberg* die Tendenz, Leistungen mit variablen Faktoren in Beziehung zu setzen, denn sie nahmen Ursachen wie z. B. aktuelle Motiviertheit, jeweiliges Sachinteresse und jeweilige Unterrichtsinhalte in Anspruch.

Wenn ein Lehrer, wie unter der sozialen Bezugsnorm-Orientierung, die Begabung häufiger mit den Schulleistungen in Beziehung setzt, so schlußfolgerte *Rheinberg* (1980), müßten seine Schüler eine relativ gute Kenntnis davon haben, für wie begabt sie der Lehrer hält. *Rheinberg* findet in Ergebnissen von *Krug* klare Belege, die seine Vermutung bestätigen.

Der Zusammenhang zwischen der Bezugsnorm-Orientierung des Lehrers und seiner Attribuierungstendenz entsteht nach *Rheinberg* durch bestimmte Maßnahmen in der Unterrichtsarbeit. Lehrer mit sozialer Bezugsnorm-Orientierung bemühen sich bei der Aufgabenstellung um „Angebotsgleichheit", d. h. sie konfrontieren sämtliche Schüler einer Klasse mit gleichen Aufgaben, was zur Folge hat, daß gute Schüler häufig an zu leichten, die schwachen Schüler an zu schweren Aufgaben arbeiten. Unter diesen Bedingungen beobachtet der Lehrer also, daß bestimmte Kinder seiner Klasse wiederholt versagen, während andere überwiegend Erfolge erzielen. Unter den von ihm selbst mitgestalteten Bedingungen nimmt der Lehrer Konstanzen wahr, die sich in seinen Ursachenzuschreibungen niederschlagen.

Der Lehrer mit individueller Bezugsnorm-Orientierung beobachtet dagegen, daß ein Schüler die für ihn ausgewählten Aufgaben manchmal bewältigt und manchmal nicht. Solche variablen Leistungsabläufe drängen den Lehrer dazu, in seinen Interpretationen zeitvariable Ursachen zu bevorzugen. *Rheinberg* (1980) zitiert Untersuchungsergebnisse, denen sich entnehmen läßt, daß Lehrerattribuierungen mitbestimmen, worauf Schüler ihre Leistungen zurückführen.

3.2.3 Unterschiedliche Wahrnehmung von Verhaltensursachen bei Selbst- und Fremdwahrnehmung

Wie die Befunde von *Jopt* und *Butzkamm* gezeigt haben, gibt es durchaus Übereinstimmungen bei Lehrern und Schülern in der Interpretation von Leistungsergebnissen. Nicht selten kommt es aber auch zu Differenzen wie in dem folgenden sicherlich nicht untypischen Beispiel von Edward *Jones* und Richard *Nisbett* (1972): Ein Lehrer hat mit einem Schüler wegen dessen unbefriedigenden Leistungen eine Unterredung. Auf die Frage nach den Gründen antwortet der Schüler, er habe sich nicht gut gefühlt, wäre mit erheblichen Sorgen belastet gewesen und hätte unter diesen ungünstigen Umständen keine Möglichkeit gesehen, den außerordentlich hohen Anforderungen zu entsprechen. Der Lehrer hört sich die Rechtfertigungsversuche zunächst geduldig an, er nickt gelegentlich vielleicht auch; hinter seinem Ausdruck verbirgt sich jedoch eine ganz andere Überzeugung. Er glaubt nicht, daß widrige äußere Umstände oder vorübergehend innere Zustände das Leistungsverhalten bestimmt haben. Er zweifelt vielmehr an der Begabung seines Schülers oder hält ihn zumindest für außerordentlich faul.

Wenn man sich die soeben geschilderte Begebenheit etwas genauer ansieht, dann fällt auf, daß sich Lehrer und Schüler bei ihrer Beurteilung auf dasselbe beziehen: auf Leistungsergebnisse des Schülers. Sie unterscheiden sich jedoch in ihren Ursachenzuschreibungen. Während hinter den Rechtfertigungen des Schülers das Bemühen stehen könnte, die eigene Verantwortung abzuschieben, greift der Lehrer in seiner Interpretation auf internale stabile Ursachen zurück.

Jones und *Nisbett* haben die Überzeugung zum Ausdruck gebracht, daß Unterschiede in den Attribuierungen, wie sie bei Lehrern und Schülern auftreten, darüber hinaus aber auch in vielfältigen anderen Situationen zu beobachten sind: Wer auf der Treppe ausrutscht und stürzt, verweist wahrscheinlich auf die besondere Glätte der Stufen, während ein Beobachter vielleicht in der Ungeschicklichkeit des Treppensteigers die entscheidende Ursache sieht. Ein weiteres Beispiel liefert jener Autofahrer, der sich mit hoher Geschwindigkeit und unter Nutzung von Hup- und Lichtsignalen eine freie Bahn zu verschaffen versucht. Beobachter kennzeichnen einen solchen Autofahrer vermutlich als „aggressiv" und „rücksichtslos"; sie attribuieren also internal. Der Handelnde selbst stellt dagegen in seiner Rechtfertigung fest, er habe unter außerordentlichem Zeitdruck gestanden.

Das Gemeinsame der genannten Beispiele besteht darin, daß das Handlungsergebnis eines Menschen von diesem selbst anders als von einem Beobachter wahrgenommen und interpretiert wird. Beim Handelnden besteht eine sehr starke Bereitschaft, sein Verhalten als das Ergebnis situativen Drucks zu sehen; ein Beobachter ist demgegenüber sehr viel mehr geneigt, dasselbe Verhalten mit Merkmalen der handelnden Person in Beziehung zu setzen. In der englisch-sprachigen Literatur spricht man von einer *actor-observer-difference. Bierbrauer* (1979), der Versuchspersonen das nachgespielte Geschehen des Gehorsamsexperiments von *Milgram* (1963) vorführte, stellte fest, daß die Tendenz eines Beobachters, das Verhalten eines Handelnden internal zu interpretieren, besonders ausgeprägt unmittelbar im Anschluß an die Beobachtungsphase auftritt. Nachdem er den Versuchspersonen 30 Minuten Zeit zum Nachdenken gegeben hatte, waren sie eher bereit, auch situative Einflüsse zu berücksichtigen, ohne daß sich damit allerdings das Gewicht internaler Faktoren in ihren Kausalattribuierungen verminderte.

Das von *Jones* und *Nisbett* dargestellte Phänomen hat eine intensive Forschungstätigkeit und kritische Diskussion angeregt. In den einschlägigen Studien sind zwar schulische Bedingungen zumeist unberücksichtigt geblieben, dennoch liefern die Ergebnisse wenigstens Hypothesen bezüglich der Frage, welche Variablen bei Lehrern die Interpretationen von Schülerleistungen mitbestimmen. Dabei wird im folgenden auf Variablen, von denen bereits an andere Stelle die Rede war – so z. B. das Bestreben, sich in einem möglichst günstigen Licht zu präsentieren, d. h. auf egotistische Tendenzen (s. S. 80 ff.) – nicht noch einmal eingegangen.

3.2.3.1 Der Einfluß der Aufmerksamkeitsrichtung

Jones und *Nisbett* haben darauf hingewiesen, daß sich die Aufmerksamkeitsrichtung eines Handelnden (z. B. eines Schülers) von der eines Beobachters (z. B. der des Lehrers) unterscheidet. Ein Handelnder richtet seine Aufmerksamkeit vorrangig auf die Umgebung, wo er Merkmale wahrnimmt, denen er Ursachenfunktion zuschreibt. – Für den Beobachter springt dagegen das Verhalten des Handelnden ins Auge, das wegen seiner Reizmerkmale Bewegung und Veränderung aufmerksamkeitserregend wirkt und das sich – in gestaltpsychologischem Sinne – wie eine Figur vom situativen Hintergrund abhebt. Verhaltensdeterminanten, die Teil des Hintergrundes sind, werden übersehen. Seine Konzentration auf das Verhalten des Handelnden erklärt nach *Jones* und *Nisbett* die Neigung des Beobachters, den Einfluß innerer Merkmale des Handelnden überzubetonen.

In einem sehr einfallsreichen Experiment von Michael *Storms* (1973), Yale University in New Haven (U.S.A.), war zu zeigen, daß die Aufmerksamkeitsrichtung tatsächlich die Ursachenzuschreibung mitbestimmen kann.

In der Studie von *Storms* hatten jeweils zwei Versuchspersonen für fünf Minuten eine Diskussion zu führen; sie waren die Handelnden in dem Geschehen. In jedem Versuchsdurchgang gab es zwei weitere Teilnehmer, die die Funktion von Beobachtern zu übernehmen hatten. Nach Beendigung der Diskussion sahen die Versuchspersonen der Experimentalgruppen die Aufzeichnung eines Films, der zuvor aufgenommen worden war. Teilnehmer der Bedingung 1 erhielten dabei die Gelegenheit, noch einmal zu betrachten, worauf sich bereits während der Diskussion ihr Blick gerichtet hatte: Handelnde sahen ihren Diskussionspartner und die Beobachter den Diskutierenden, auf den sie ihre Aufmerksamkeit zu lenken hatten. Unter der Bedingung 2 gab die Filmaufzeichnung eine entgegengesetzte Perspektive wieder: Handelnde sahen sich selbst bei der vorangegangenen Diskussion, während die Beobachter nunmehr den Handelnden betrachten konnten, der sich zuvor nicht in ihrer Blickrichtung befunden hatte.

Im Rahmen der abschließenden Befragung sollten die Versuchspersonen beurteilen, inwieweit die Diskussion von inneren Merkmalen der Person (z. B. Stimmungen, Einstellungen) und von äußeren Merkmalen (z. B. von der Situation, in der die Unterhaltung stattgefunden hat) beeinflußt worden ist.

Aus den Ergebnissen der Befragung ging hervor, daß Handelnde der ersten Gruppe (Filmaufzeichnung mit gleicher Perspektive) ihr Verhalten häufiger auf situative Faktoren zurückführten als Beobachter, die innere Ursachen bevorzugten. Versuchspersonen der zweiten Gruppe (Filmaufzeichnung mit veränderter Perspektive) zeigten eine entgegengesetzte Tendenz in der Ursachenzuschreibung. Hier nannten die Handelnden sehr viel häufiger als die Beobachter eine internale Attribuierung.

Storms vermochte allerdings nicht auszuschließen, daß Handelnden und Beobachtern durch Betrachtung des Films, der ihr Verhalten aus einer ganz anderen Perspektive zeigte, völlig neue Informationen übermittelt worden sind. *Regan* und *Totten* (1975) haben deshalb in einem nachfolgenden Experiment versucht, nur die Perspektive oder die Orientierung der Beobachter, nicht aber die dargebotenen Informationen zu verändern. Sie baten einen Teil der Versuchspersonen lediglich, sich in die Rolle des Handelnden hineinzuversetzen (*to empathize with him*). Tatsächlich waren die Beobachter unter dieser Bedingung eher bereit, Attribuierungen zu nennen, die denen des Handelnden glichen.

Regan und *Totten* werteten dieses Ergebnis als Bestätigung der Auffassung von *Jones* und *Nisbett*, daß eine Veränderung der Aufmerksamkeitsrichtung zu einer Verschiebung der Attribuierung von internal nach external oder umgekehrt führen kann.

Aus der Studie von *Storms* ist hervorgegangen, daß die ausgeprägte Neigung des Menschen, bei der Interpretation seiner eigenen Verhaltensweisen äußere Ursachen in Anspruch zu nehmen, nicht nur als ein Leugnen der Verantwortung verstanden werden sollte. Der Handelnde bevorzugt externale Attribuierungen vielmehr, weil er sich normalerweise nicht selbst sieht. — Unwidersprochen ist die Hypothese von *Jones* und *Nisbett,* daß die Aufmerksamkeitsrichtung Einfluß auf die Kausalattribuierung nimmt, allerdings auch nicht geblieben. *Bierbrauer* hat seine Beobachter ausdrücklich darauf aufmerksam gemacht, daß auch situative Bedingungen von Bedeutung sein könnten; dennoch berücksichtigten sie externale Einflüsse nicht stärker als andere, die auf Persönlichkeitsmerkmale hingewiesen worden sind. *Bierbrauer* kann allerdings nicht ausschließen, daß die starke Betonung internaler Ursachen in seiner Studie mit dem besonderen Verhalten (Bestrafen anderer mittels schwerer Schocks) in Beziehung stand.

Grundsätzlich befindet sich ein Lehrer in der gleichen Rolle wie ein Beobachter; seinen Blick richtet er üblicherweise auf den Schüler. Nur in Ausnahmefällen — etwa bei einer Filmaufzeichnung seines Unterrichts — rückt sein eigenes Verhalten in seinen Blickpunkt. Somit wäre bei einer Neigung des Lehrers, Leistungsunterschiede vor allem mit Merkmalen der Schülerpersönlichkeit zu interpretieren, die Aufmerksamkeitsrichtung als Determinante mitzuberücksichtigen.

3.2.3.2 Der Einfluß der verfügbaren Information

Die zweite Erklärung, die *Jones* und *Nisbett* für die Unterschiede in den Attribuierungen von Handelnden und Beobachtern in Anspruch nehmen, berücksichtigt, daß man über sich selbst mehr Informationen (vor allem bezüglich der Konsistenz und der Unterscheidbarkeit nach *Kelley*) als über andere hat. Handelnde wissen üblicherweise, daß sie sich in verschiedenen Situationen nicht immer gleich verhalten und andersartig reagieren würden, wenn eine Änderung der aktuellen Bedingungen erfolgt. Im Unterschied dazu ist Beobachtern normalerweise nicht bekannt, wie Handelnde sich in früheren Situationen verhalten haben; sie neigen deshalb zu der Annahme, daß die in der Gegenwart gezeigte Verhaltensweise auch für frühere Aktivitäten typisch ist. Infolgedessen greifen sie bei ihren Kausalattribuierungen bevorzugt auf stabile innere Ursachen zurück.

Ein geringer Informationsgrad über andere ist sicherlich kennzeichnend für Experimentalsituationen, wo sich vielfach Fremde als Versuchspersonen begegnen. Anders liegen die Verhältnisse im Klassenzimmer, wo der Lehrer über einen längeren Zeitraum Erfahrungen mit seinen Schülern sammelt. Allerdings beobachtet der Lehrer einen Schüler nur bei seinem eigenen Unterricht. Der Schüler sammelt dagegen in der Regel Erfahrungen bei verschiedenen Lehrern. Möglicherweise entdeckt er, daß er bei einigen Lehrern mehr als bei anderen leistet; unter dieser Bedingung könnte der Schüler Mißerfolge, die sich nur bei einem bestimmten Lehrer häufen, eher external interpretieren als eben dieser Lehrer, für den das Versagen hoch konsistent auftritt.

3.2.3.3 Der Einfluß der Kontrollmotivation

Wie bereits im ersten Kapitel festgestellt worden ist, besteht eine sehr starke Tendenz beim Menschen, ein möglichst hohes Maß an Kontrolle über wahrzunehmende Ereignisse zu erlangen (s. S. 27 ff.). Diese Kontrollmotivation richtet sich zweifellos auch auf den mitmenschlichen Bereich. Es ist zu vermuten, daß man umso mehr motiviert ist, das Verhalten anderer als kontrollierbar bzw. vorhersagbar erscheinen zu lassen, je intensivere Kontakte man mit ihm hat oder haben wird. Dieses Ziel läßt sich allerdings nur dann erreichen, wenn davon ausgegangen werden kann, daß das Verhalten anderer von relativ überdauernden Merkmalen bestimmt wird. Die Kontrollmotivation könnte eine aktive Suche nach Informationen bezüglich solcher Merkmale beim Menschen in Gang setzen und sogar verzerrend auf die Wahrnehmung wirken. *Miller* et al. (1975, 1978) konnten die Richtigkeit derartiger Vermutungen experimentell belegen.

Ein Lehrer muß sowohl bei seinen Unterrichtsplanungen als auch bei seinen Entscheidungen über Differenzierungsmaßnahmen Vorhersagen machen. Würde es seine Sicherheit nicht erhöhen, wenn er dabei von stabilen Schülermerkmalen ausgehen kann? Jedenfalls ist damit zu rechnen, daß er in dieser Situation seine Kenntnis der Schülerpersönlichkeit – und damit den Einfluß von Ursachen, die im Schüler liegen – überschätzt (*Miller* et al., 1978).

3.2.3.4 Eine kritische Stimme zur Position von Jones und Nisbett

Jones und *Nisbett* haben die Auffassung vertreten, daß es eine grundsätzliche (*pervasive*), d. h. eine überall vorhandene Tendenz beim Menschen gibt, bei der Interpretation eigener Verhaltensweisen Ursachen der Situation in Anspruch zu nehmen, während Beobachter dazu neigen, dieselben Verhaltensweisen auf Persönlichkeitsmerkmale zurückzuführen. Es ist jedoch fraglich, ob die von *Jones* und *Nisbett* beschriebene Tendenz tatsächlich als universell bezeichnet werden kann, denn in vielen Studien (z. B. *Nisbett* et al., 1973) hat sich ein nicht übersehbarer Anteil von Antworten ergeben, die internale Attribuierungen zum Ausdruck brachten. *Bierbrauer* (1979) fand in seiner Studie, in der das Gehorsamsexperiment von *Milgram* noch einmal in Szene gesetzt worden war, daß sowohl die „Lehrer" (also die Handelnden) als auch die Beobachter in ihren Attribuierungen innere Merkmale der Person gegenüber dem situativen Druck überschätzten. Weiterhin ließen sich Attribuierungsstile nachweisen, d. h. einige Menschen neigen dazu, internale Attribuierungen zu bevorzugen, während andere verstärkt auf externale Ursachen zurückgreifen (*Herzberger* und *Clore*, 1979).

Auch in einer Studie von *Younger* et al. (1977) zeigte sich, daß Beobachter das Verhalten anderer nicht stets internal interpretieren. Offenkundig spielen auch Wert- bzw. Einstellungsfaktoren eine Rolle. Die Versuchspersonen sollten mitteilen, wie es nach ihrer Meinung möglich war, daß ein Mann es zu einem außerordentlichen hohen Einkommen (über 100 000 Dollar pro Jahr) und entsprechendem Wohlstand gebracht hatte, während ein anderer als Arbeitsloser dem Sozialamt zur Last fiel. Wie aus den Antworten hervorging, erschien es den Studenten offenbar am plausibelsten, daß dem außerordentlich erfolgreichen Menschen die geringste, dem erfolglosen Arbeitslosen dagegen die höchste Verantwortung zugeschrieben wurde. Man führte z. B. den Erfolg auf eine gute Erbschaft oder auf die Heirat einer reichen Unternehmerstochter zurück; für die Mißerfolge der erfolglosen Person nahm man dagegen dessen Faulheit in Anspruch.

Der Ausgangspunkt der Kritik von Thomas *Monson* und Mark *Snyder* (1977) sind die empirischen Befunde, die im Widerspruch zu den Feststellungen von *Jones* und *Nisbett* stehen. Offenkundig gibt es also, neben Attribuierungsstilen, bestimmte Bedingungen, unter denen Handelnde die Verantwortung für eigene Aktivitäten übernehmen, während Beobachter sie ihnen eher absprechen. Die fehlende Übereinstimmung in den Untersuchungsergebnissen forderte *Monson* und *Snyder* zu dem Versuch heraus, die Differenzen in den Ursachenzuschreibungen von Handelnden und Beobachtern auf eine differenziertere Interpretationsbasis zu stellen. Zur Überwindung des scheinbaren Widerspruchs in den Befunden bieten diese Autoren die folgenden Hypothesen an:

1. Handelnde greifen in stärkerem Maße als Beobachter auf situative Ursachen zurück, wenn es um die Interpretation von Verhaltensweisen geht, die unter situativer Kontrolle stehen.
2. Im Gegensatz dazu attribuieren Handelnde mehr als Beobachter auf Persönlichkeitsmerkmale, wenn eine Verhaltensweise unter innerer Kontrolle steht.

Zum besseren Verständnis dieser Hypothesen sei auf ein Beispiel von *Monson* und *Snyder* zurückgegriffen: In einem ziemlich voll besetzten Bus bietet ein Schüler einer älteren Dame seinen Sitzplatz an. Ein Beobachter dieser Szene könnte dem aufmerksamen Jungen daraufhin ‚Höflichkeit‘ zuschreiben. Würde er aber das gleiche Urteil gefällt haben, wenn ihm bekannt gewesen wäre, daß der Schüler unter den Augen seines Lehrers gehandelt hat, der solche Verhaltensweisen außerordentlich hoch bewertet? Jedenfalls würde man mit sehr viel größerer Sicherheit das im Bus beobachtete Verhalten auf ‚Höflichkeit‘ zurückführen, wenn bekannt sein sollte, daß der Schüler so handelte, obwohl der danebenstehende enge Freund solche Taten grundsätzlich ablehnt. Eine Antwort auf die Frage, ob sich in dem Verhalten des Schülers Höflichkeit offenbart hat, hängt also u. a. davon ab, wie sich der Junge zuvor in vergleichbaren Situationen verhalten hat (zeitliche Konsistenz), ob sich in seiner Nähe relevante Personen befinden und welche Erwartungen er bei diesen wahrnimmt. *Monson* und *Snyder* argumentieren nun, daß besagter Schüler – verglichen mit einem Beobachter – über mehr Informationen darüber verfügt, wie er sich in ähnlichen Situationen verhalten hat, und ob relevante Personen anwesend sind, die auf sein Verhalten hemmend oder förderlich gewirkt haben; solche Informationen vermag der handelnde Schüler bei seiner Kausalattribuierung zu berücksichtigen. Infolgedessen – so stellen *Monson* und *Snyder* fest – müßten sich die tatsächlichen Determinanten des Verhaltens eher in den Attribuierungen des Schülers und weniger in den Interpretationen eines Beobachters widerspiegeln, jedenfalls insoweit dieser letztere über historische Daten des Handelnden sowie über die Begleitumstände seines aktuellen Verhaltens unzulänglich informiert ist.

Die Hypothesen von *Monson* und *Snyder* lassen sich auch auf empirischer Ebene überprüfen. Die beiden Autoren haben darauf hingewiesen, daß sich einschlägige Experimente in zwei Kategorien einteilen lassen. In einer größeren Anzahl von Studien ist das Verhalten der Versuchspersonen in beträchtlichem Umfang situativ beeinflußt worden. Beispielsweise hat man den Versuchspersonen in einem Experiment von *Nisbett* et al. (1973) höhere oder geringere finanzielle Entlohnungen in Aussicht gestellt, wenn diese bereit waren, eine vom Experimentator gestellte Aufgabe zu übernehmen. Offenkundig stand die Bereitschaft der Versuchspersonen, der Bitte nachzukommen, unter situativer Kontrolle (Geldanreiz). *Monson* und *Snyder* meinen nun, die handelnde Versuchsperson müßte besser als der gelegentliche Beobachter ihres Verhaltens wissen, daß sie (wahrscheinlich) keineswegs unter allen Umständen bereit wäre, Bitten zu erfüllen, wie sie im Rahmen eines Experiments gestellt werden (was das Vorhandensein eines entsprechenden Persönlichkeitsmerkmals nahelegen würde). Vielmehr dürfte der handelnden Versuchsperson am ehesten gegenwärtig sein, daß sie dem Wunsch des Versuchsleiters nur entsprochen hat, weil damit ein materieller Anreiz (eine situative Determinante) verbunden war. Tatsächlich neigten die Handelnden in der Untersuchung von *Nisbett* et al. zu einer Attribuierung ihres Verhaltens auf situative Faktoren, während Beobachter eher bereit waren, Persönlichkeitsfaktoren in Anspruch zu nehmen.

Außerhalb des psychologischen Untersuchungsbereichs, unter den Bedingungen des Alltagslebens, handeln Menschen wahrscheinlich sehr viel häufiger unter dem Eindruck innerer Kontrolle; nur in wenigen Experimenten ist den Versuchspersonen eine entsprechende Wahrnehmung möglich. Eine solche Ausnahme stellt eine Studie von *Miller* und *Norman* (1975) dar. Hier bestimmten die Versuchspersonen mit ihren jeweiligen Entscheidungen (innere Ursache!), wie auf eine Konfliktsituation zu reagieren war. Unter solchen Bedingungen ist zu erwarten, daß Versuchspersonen in vergleichsweise stärkerem Maße bereit sind, Verantwortung zu übernehmen als ihnen von passiven Beobachtern zugesprochen wird. Die Ergebnisse von *Miller* und *Norman* bestätigen eben diese Erwartungen.

Monson und *Snyder* stellen also nicht in Frage, daß es Unterschiede in den Attribuierungen von Handelnden und Beobachtern gibt. Sie bezweifeln aber, daß diese Differenzen stets in der gleichen Richtung liegen müssen. Wegen seines höheren Informationsgrades bezüglich zeitlicher Konsistenz, hemmender und förderlicher Einflüsse der aktuellen Situation auf das Verhalten usw. würde der Handelnde besser als sein gelegentlicher Beobachter zu beurteilen vermögen, ob eine internale oder externale Ursachenzuschreibung angemessen wäre und somit von dessen Kausalattribuierungen grundsätzlich in beide Richtungen abweichen können.

Aus pädagogisch-psychologischer Sicht verdient Beachtung, daß nach der von *Monson* und *Snyder* vertretenen Position der Schüler als Handelnder eine günstigere Informationsvoraussetzung zur Interpretation seines eigenen Verhaltens verfügt als sein Lehrer (bzw. sein Beobachter), dessen Urteil traditionellerweise von vornherein die höhere Gültigkeit zugeschrieben wird. Ein Schüler mag z. B. bei einem Lehrer häufig unaufmerksam und gelangweilt während des Unterrichts erscheinen. Der Lehrer interpretiert dieses Verhalten wahrscheinlich mit Merkmalen des Schülers; er schreibt ihm z. B. Desinteresse oder mangelnde Konzentrationsfähigkeit zu; er hat entsprechendes Verhalten beim Handelnden nämlich das ganze Schuljahr hindurch (hohe Konsistenz) und bei verschiedenen Unterrichtsthemen wahrgenommen (geringe Unterscheidbarkeit). Der Schüler berücksichtigt dagegen, daß er sich keineswegs immer gleich verhält (geringe Konsistenz), denn bei anderen Lehrern zeigt er hohe Mitarbeitsbereitschaft (hohe Unterscheidbarkeit). Der Schüler attribuiert deshalb external, denn er hält den Unterricht für uninteressant. Sofern es aber eine Möglichkeit gäbe, dem Lehrer überzeugende Informationen bezüglich der hohen Unterscheidbarkeit und der geringen Konsistenz des Schülerverhaltens zugänglich zu machen, würde jener sich wahrscheinlich doch die Frage stellen müssen, ob er seinen Unterricht motivierender gestalten sollte (*Eisen*, 1979).

3.3 Relevanz von Leistungsursachen

Man kann Leistungen zum einen auf Ursachen zurückführen. Zum anderen besteht die Möglichkeit, diese Ursachen bezüglich ihrer Wichtigkeit einzuschätzen. Welche Relevanz schreiben Lehrer und Schüler den in Anspruch genommenen Leistungsursachen zu? Stimmen beide Interaktionspartner diesbezüglich überein?

3.3.1 Relevanzzuschreibung durch den Lehrer und ihre Konsequenzen

Werden identische Leistungen zweier Schüler in gleicher Weise benotet, wenn der Lehrer die eine hauptsächlich auf Fähigkeit, die andere auf Anstrengung zurückführt? − Dieser Frage sind *Weiner* und *Kukla* (1970) nachgegangen. Sie baten ihre studentischen Versuchspersonen, sich in die Rolle eines Lehrers hineinzuversetzen, der seinen Schülern nach einer Klassenarbeit bewertende Stellungnahmen zukommen ließ. Insgesamt wurden drei verschiedene Informationen gegeben:

1. Das Ergebnis der Klassenarbeit in fünf Beurteilungsstufen (ausgezeichnet, gut, einigermaßen, teilweise mißlungen und vollständig mißlungen).
2. Der Ausprägungsgrad der Fähigkeit in zwei Stufen (vorhanden, nicht vorhanden).
3. Der Grad der aufgewendeten Anstrengung in zwei Stufen (vorhanden, nicht vorhanden).

Für jede der insgesamt 20 Kombinationsmöglichkeiten (5 x 2 x 2) hatten die Versuchspersonen eine Bewertung anzugeben und zwar Belohnung in Punkten von +1 bis +5 oder Tadel in Punkten von -1 bis -5.

Heckhausen (1974) hat die soeben beschriebene Befragung an erfahrenen Lehrern in Bochum und Luzern durchgeführt. Die Grafik der folgenden Abbildung gibt die Ergebnisse wieder.

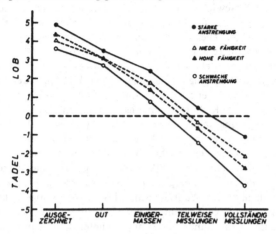

Abb. 3.1: Lehrerbewertung als Funktion der Faktoren Fähigkeit, Anstrengung und Ergebnis von Klassenarbeiten (*Heckhausen*, 1974)

Aus *Heckhausens* Befunden, die übrigens weitgehend mit denen *Weiners* und *Kuklas* übereinstimmen, läßt sich zunächst entnehmen, daß das Resultat der Klassenarbeit den stärksten Einfluß auf die Lehrerurteile genommen hat: Je größer der Erfolg bzw. Mißerfolg desto höher die Belohnung bzw. der Tadel. *Meyer* et al. (1978) konnten dieses Ergebnis nicht bestätigen; nach ihren Befunden sind Lob und Tadel des Lehrers nicht überwiegend am Resultat orientiert. *Meyer* et al. hatten sich allerdings auch einer anderen Methode bedient.

In der Studie von *Weiner* und *Kukla* sowie von *Heckhausen* hatten die Versuchspersonen stets mitgeteilte Handlungsergebnisse fiktiver Schüler zu beurteilen.

Unter Bezugnahme auf die Studie von *Weiner* und *Kukla* äußern *Meyer* et al. folgenden Verdacht: „In die angegebenen Werte gehen ... vermutlich ,Informationen' und ,Sanktionen' gleichzeitig ein, so daß es nicht verwunderlich ist, daß diese Werte am stärksten in Abhängigkeit davon variieren, ob die Arbeit hervorragend, gut, durchschnittlich, mißlungen oder vollständig mißlungen war." Bei *Meyer* et al. wurden die Lehrer zusätzlich befragt, inwieweit nach ihrer Meinung Begabung und Anstrengung das Leistungsergebnis jedes Schülers bestimmt hatten. Bei *Weiner* und *Kukla* war dagegen in unrealistischer Weise Begabung und Anstengung als vorhanden oder nicht vorhanden bereits vorgegeben worden.

Der Grafik auf Seite 155 ist weiterhin zu entnehmen, daß der Schüler auf allen Notenstufen stärker gelobt bzw. weniger getadelt wird, wenn er sich stark angestrengt hat. Fähigkeitsunterschiede fallen dagegen kaum ins Gewicht. In den Antworten der Lehrer zeigte sich vielmehr eine geringe Tendenz, schwächer befähigte Schüler für die gleichen Leistungen eher etwas mehr zu loben bzw. weniger zu tadeln als gut befähigte Schüler. Auch in der Studie von *Meyer* et al. orientierten sich die Lehrer bei ihren Sanktionen stark an der wahrgenommenen Anstrengung der Schüler: „Bei der Hälfte der Lehrer ist es die wahrgenommene Anstrengung der Schüler; bei der anderen Hälfte ergeben sich Korrelationen ungefähr gleicher Höhe von Begabung, Anstrengung und Note zur Sanktion" (*Meyer* et al., 1978).

Wie läßt sich erklären, daß der Lehrer gleiche Leistungen, denen er unterschiedliche Ursachen zuschreibt, verschieden bewertet? – Weshalb schreibt der Lehrer dem Faktor Anstrengung offenbar größere Relevanz zu als der Begabung? – Die Antwort hat zu berücksichtigen, daß sich nach der Wahrnehmung des Lehrers einige Faktoren seiner Kontrolle weitgehend entziehen, während er meint, auf andere Einfluß nehmen zu können. So kennzeichneten Lehrer in einer Befragung von *Rheinberg* (1975) z. B. die ‚allgemeinen geistigen Fähigkeiten', ‚spezielle fachliche Begabungen' und das ‚häusliche Milieu' als ziemlich zeitstabile Faktoren. Dagegen glaubten sie, daß die ‚allgemeine Arbeitshaltung' sowie das ‚Interesse am Unterrichtsstoff' mittel- oder kurzfristig veränderbar wären und der Kontrolle des Schülers unterlägen. Offenkundig sieht nun der Lehrer bei den Motivationsfaktoren – und dazu gehört ja die Anstrengung – eine Möglichkeit, diese durch Einsatz von Lob und Tadel zu verändern. Sollte ihm diese Einflußnahme allerdings nicht gelingen, dann – so muß man unter Berücksichtigung der Ergebnisse *Butzkamms* folgern – liegt es am Schüler, dem der Lehrer zur eigenen Entlastung z. B. Faulheit zuschreiben kann.

Im Rahmen gut kontrollierter, experimenteller Studien läßt sich klar nachweisen, daß nach Wahrnehmung von Versuchspersonen die Faktoren Begabung und Anstrengung für das Zustandekommen einer Leistung unterschiedliche Relevanz besitzen. Zweifellos sind solche Ergebnisse z. B. in der Studie von *Weiner* und *Kukla* eindeutig aufgrund der gewählten Methoden zustandegekommen, denn jedermann weiß, daß Begabung und Anstrengung sich nicht beliebig kombinierbar nach dem Alles-oder-Nichts-Prinzip verteilen. Harris *Cooper* und Reuben *Baron* (1979) bezweifeln zudem, daß der Lehrer im alltäglichen Unterricht zwischen diesen beiden Faktoren unterscheiden kann. Die Beobachtungen der beiden Autoren legen vielmehr den Schluß nahe, daß Anstrengung und Fähigkeit für Lehrer in positiver Beziehung stehen. Ein Lehrer könnte sich z. B. an der Überzeugung orientieren, daß „gute Leute auch fleißig sind". Insgesamt vertreten *Cooper* und *Baron* jedenfalls die Überzeugung, daß die „ungleichen Effekte von Anstrengung und Fähigkeit, wie sie in Laborstudien zu finden waren, sich nicht offenbaren, wenn ausgebildete Lehrer ihre eigenen Schüler beurteilen". Diese Stellungnahme mag zu weitgehend sein; möglich ist aber, daß Lehrer im praktischen Alltag eine engere Beziehung zwischen Begabung und Anstrengung wahrnehmen als Versuchspersonen, die unter experimentellen Bedingungen auf Fragen reagieren, in denen zwischen beiden Faktoren klar differenziert wird.

Der Lehrer steht nicht nur vor der Aufgabe, die Mitarbeit seiner Schüler am Unterricht, also deren Lernmotivation herauszufordern; er hat außerdem Entscheidungen zu fällen, die deren weiteres Bildungsschicksal (z. B. bei Versetzungen, im Rahmen der Übergangsauslese für weiterführende Schulen) sowie deren berufliche Karriere betreffen. Während es sich bei Bemühungen zur Anregung der Lernmotivation um eine aktuelle Aufgabe handelt, sind die eben genannten Entscheidungen zukunftsorientiert. Es liegt die Vermutung nahe, daß Leistungsvorhersagen ein besser gesichertes Fundament besitzen, wenn sie vor allem auf stabile und weniger auf variable Faktoren gestützt werden. Vorliegende Studien bestätigen diesen Verdacht (*Kaplan* und *Swant*, 1973). Offenbar fallen dem Lehrer zwei, nicht immer leicht miteinander zu vereinbarende Aufgaben zu: Er soll Schüler zur Mitarbeit im Unterricht herausfordern und deren Anstrengung honorieren; er hat sie aber auch auszulesen und zwar auf der Grundlage ihrer Lernfähigkeit.

3.3.2 Relevanzzuschreibung durch den Schüler und ihre Konsequenzen

Wie die oben dargestellten Untersuchungsbefunde gezeigt haben, hängt die Wertschätzung einer Schülerleistung in starkem Maße davon ab, wie stark nach Wahrnehmung des Lehrers Anstrengung an ihrem Zustandekommen beteiligt war. Ein weniger begabter Schüler, der sich stark angestrengt hat, kann mit mehr Lob rechnen als ein anderer, der als Hochbegabter mit geringem Fleiß das gleiche Leistungsniveau erreicht hat. Es liegt nun die Vermutung nahe, daß die hohe Wertschätzung, die der Lehrer der Anstrengung gegenüber zum Ausdruck bringt, allmählich auch vom Schüler übernommen wird. Beobachtungen der Schulwirklichkeit führen jedoch alsbald zu der Feststellung, daß dies nicht zutrifft, wenigstens nicht für sämtliche Schüler. Vermutlich in allen Klassenräumen wird man Kinder finden, die keine Anstrengungsbereitschaft erkennen lassen. Andere legen bei der Kommentierung ihrer recht guten Arbeitsergebnisse erheblichen Wert darauf, daß sie sich dafür überhaupt nicht angestrengt hätten. Lassen solche Verhaltensweisen bzw. Äußerungen nicht darauf schließen, daß sich die Anstrengung bei Schülern keineswegs generell höchster Wertschätzung erfreut? Die Verhältnisse sind zu kompliziert, als daß auf diese Frage mit einem eindeutigen Ja oder Nein reagiert werden könnte. Die Antwort hängt auch vom Alter der Schüler ab. Die Mehrheit der in den nachfolgenden Abschnitten mitgeteilten Untersuchungsergebnisse gründet sich auf Antworten von Schülern, die wenigstens das Jugendalter erreicht hatten.

Nach den Befunden von *Harari* und *Covington* (1981) sehen Schüler sämtlicher Schulstufen einen hohen Wert darin, sehr begabt zu sein. Nur jüngere Schüler (bis zur sechsten Schulstufe) schreiben auch der Anstrengung hohe Relevanz zu, weil nach ihrer Wahrnehmung damit entweder eine hohe Begabung einhergeht (Feststellung eines Erstkläßlers: „Kluge Leute geben sich Mühe, dumme nicht") oder diese davon sogar abzuhängen scheint (Feststellung eines Viertkläßlers: „Ich ziehe es vor, hart zu arbeiten, weil ich klüger werden will"). Während der Grundschüler offenkundig noch davon ausgeht, daß mit Fleiß die Begabung zu verändern ist, wird eine solche Auffassung von Sechskläßlern nicht mehr geäußert. Letztere sehen, daß der Erfolg auch von der Begabung mit abhängt („Jeder kann zu guten Ergebnissen kommen, wenn er hart arbeitet, aber es ist leichter für Leute, die klug sind"). Als ziemlich stabil und durch Fleiß nicht mehr beeinflußbar wird die Begabung bei Achtkläßlern wahrgenommen.

Je älter ein Schüler wird, desto weniger Relevanz schreibt er der Anstrengung zu. Vom 11. Schuljahr an wird die Relevanz von Begabung und Anstrengung so wahrgenommen, wie es in den nachfolgenden Abschnitten darzustellen ist.

3.3.2.1 Das Streben zur Bewahrung eines Selbstkonzepts hoher Begabung

Wie läßt sich erklären, daß ältere Schüler und Studenten unter bestimmten Bedingungen bemüht sind, das Ausmaß aufgebrachter Anstrengungen gegenüber anderen zu verbergen? – In der von ihnen vorgeschlagenen Selbstwert-Theorie des Leistungsverhaltens gehen *Covington* und *Beery* (1976) davon aus, daß in der Industriegesellschaft eine außerordentlich starke Tendenz besteht, die Wertschätzung eines Menschen danach zu bemessen, was dieser zu leisten vermag. Aus diesem Grunde ist es ein wesentliches Ziel menschlichen Handelns, möglichst viele Erfolge zu erzielen, die das Abbild guter Fähigkeit bzw. hoher Kompetenz sein können, und Mißerfolge zu vermeiden. Um ein Versagen in leistungsbezogenen Situationen möglichst nicht als Indiz für geringe Begabung erscheinen zu lassen, steht ein Arsenal von Maßnahmen zur Verfügung. Welche Strategie bereits bei der Auseinandersetzung mit einer gestellten Leistungsaufgabe zur Auswahl kommt, bestimmt sich sowohl nach Merkmalen der Person als auch nach den jeweils vorliegenden situativen Bedingungen wie Harald *Sigall* und Robert *Gould* (1977) am Beispiel Lehreranforderungen (Aufgabenschwierigkeit) und Einschätzung der eigenen Begabung nachweisen konnten.

Nach den Ergebnissen ihrer Studie neigt ein Mensch, der sich für sehr begabt hält und entsprechend hohe Zielerwartungen hat, unter Orientierung an entsprechenden kausalen Schemata offenkundig dazu, sich bei leichten Aufgaben nicht anzustrengen, um einen Erfolg ausschließlich seinen Fähigkeiten zuschreiben zu können. Wenn derselbe Mensch dagegen vor einer schwierigen Aufgabe steht, wird sein Verhalten davon bestimmt, daß er ein Versagen nur vermeiden kann, wenn er sich stark anstrengt.

Umgekehrt liegen die Verhältnisse, wenn ein Mensch sich für weniger befähigt hält und entsprechend geringere Erwartungen hat. Er sieht bei leichten Aufgaben eine gewisse Erfolgswahrscheinlichkeit; allerdings nur bei gleichzeitiger Anstrengung. Um die Bewältigung schwieriger Aufgaben wird er sich erst gar nicht bemühen.

Nachdem ein Leistungsergebnis vorliegt, ist eine Interpretation zu finden; sie sollte, so gut es geht, dem Streben zur Bewahrung eines Selbstkonzepts hoher Begabung Rechnung tragen. Es hängt vom jeweiligen Leistungsergebnis ab, welche Relevanz Anstrengung und Begabung zugeschrieben wird; diese Zuschreibung fällt — wie im folgenden zu zeigen sein wird — bei Erfolg anders als bei Mißerfolg aus.

3.3.2.2 Die zugeschriebene Relevanz von Begabung und Anstrengung bei Erfolg

Bei welcher Ursachenzuschreibung erleben Schüler im Falle eines Erfolgs am meisten Stolz und Zufriedenheit: wenn auf Begabung, auf Anstrengung oder auf beide Ursachen zurückgegriffen wird? — *Covington* und *Omelich* (1979c) versuchten bezüglich dieser Frage Aufschlüsse zu erhalten, indem sie Studenten baten, ihre affektiven Reaktionen (Stolz und Zufriedenheit) auf hypothetische Erfolgssituationen bei Inanspruchnahme von Fähigkeit und Anstrengung in ihrer Kausalattribuierung einzustufen. Aus den Antworten ging hervor, daß die Befragten sich am besten fühlten, wenn sie sich im Falle eines Erfolgs sowohl hohe Begabung als auch Fleiß zuschreiben konnten. Das Komplementärverhältnis der beiden internalen Faktoren kam in den Aussagen ebenfalls zum Ausdruck; allerdings nahmen die Studenten bei Selbstzuschreibung hoher Anstrengung im Erfolgsfall nur eine geringfügige Abwertung der Begabung vor (bei der Fremdbeurteilung war diese Abwertung stärker). Als die Versuchspersonen jedoch bei einem Erfolg mitteilen sollten, ob sie diesen lieber auf hohe Begabung *und* niedrige Anstrengung oder vorzugsweise auf niedrige Begabung *und* hohe Anstrengung zurückführen würden, entschieden sie sich für die zuerst genannte Kombination (s. auch: *Nicholls*, 1976). *Covington* und *Omelich* sehen in diesem Ergebnis eine Bestätigung der Selbstwert-Theorie.

Insgesamt eröffnen Erfolge dem Schüler die Möglichkeit, „am Besten von zwei Welten Anteil zu haben". Sie können Tüchtigkeit erleben und dafür sowohl ihre Begabung als auch ihre Anstrengung in Anspruch nehmen. Zudem sind auch keine größeren Konflikte zwischen Lehrer und Schüler zu erwarten, denn im Falle von Erfolg orientieren sich beide am gleichen Wert: Leistung durch Anstrengung oder vielleicht auch am Erfolg als solchen.

3.3.2.3 Die zugeschriebene Relevanz von Begabung und Anstrengung bei Mißerfolg

Nur einer verschwindend kleinen Anzahl von Kindern wird es gelingen, Mißerfolge in der Schule zu vermeiden. Die Mehrheit der Schüler muß Kausalattribuierungen entwickeln, die den bedrohlichen Charakter eines Versagens wenigstens entschärfen. Wie *Covington* und *Omelich* (1979a) von den befragten Studenten erfuhren, ist ein Mißerfolg nach erheblicher Anstrengung mit den stärksten negativen Gefühlen (Beschämung, Unzufriedenheit) verbunden; das gleiche schlechte Leistungsergebnis ist vergleichsweise noch besser zu ertragen, wenn es im Gefolge fehlender Anstrengung zustandegekommen ist. Ein Versagen trotz hoher Anstrengung legt sowohl in der Selbst- als auch in der Fremdbeurteilung den Schluß auf geringe Begabung nahe. Dagegen wird mit dem Hinweis, man habe sich nicht angestrengt, erreicht, daß der Mißerfolg seine Funktion als Begabungsdiagnostikum verliert.

Damit wird die Anstrengung — wie *Covington* und *Omelich* (1979a) es ausdrücken — zu einem „zweischneidigen Schwert": Einerseits kann ein Schüler sich kaum leisten, überhaupt keine Anstrengung aufzubringen, weil er damit Mißbilligungen des Lehrers herausfordern würde. Andererseits darf die Anstrengungsbereitschaft aber auch nicht zu weit gehen, weil im Falle eines Mißerfolgs die Begabung in

Frage gestellt werden kann. Der Schüler bedient sich auf seiner schmalen Gratwanderung allerdings einiger Maßnahmen, die ihm helfen, drohende Gefahren zu reduzieren. Eine Taktik des Schülers besteht z. B. darin, sich intensiv um die Erreichung der gesetzten Leistungsziele zu bemühen, gleichzeitig aber mit einer Entschuldigung auf den Mißerfolg vorbereitet zu sein: Er erklärt z. B., die Prüfungsaufgaben wären nicht dem Gebiet entnommen worden, mit dem er sich bei seinen Vorbereitungen beschäftigt habe. Solche Entschuldigungen sind, wie *Covington* und *Omelich* in ihrer Untersuchung feststellten, geeignet, die Intensität negativer Affekte zu reduzieren.

3.4 Relativ überdauernde Konsequenzen der Ursachenzu-
schreibung durch den Lehrer

Was bedeutet es für das Leistungsverhalten eines Schülers, wenn
der Lehrer dessen Leistungen zur Grundlage von Interpretationen
werden läßt? Hat die Ursachenzuschreibung des Unterrichtenden
Konsequenzen für den Lernenden? — Die Klärung solcher Fragen
ist für die Pädagogische Psychologie selbstverständlich von größtem
Interesse. Da mit sehr komplexen Wechselwirkungen in den Kontakten zwischen Lehrern und Schülern gerechnet werden muß, ist
es nicht einfach, eindeutige Zusammenhänge aufzudecken. Dennoch
gibt es verheißungsvolle Ansätze und Ergebnisse, über die im folgenden berichtet werden soll.

3.4.1 Erwartungseffekte im Klassenzimmer

Dem amerikanischen Psychologen Robert *Rosenthal* (1966) war
aufgefallen, daß seine Studenten, die sich in der Durchführung und
Auswertung von Experimenten üben sollten, Beobachtungsergebnisse
vorlegten, in die ihre eigenen Erwartungen mit eingeflossen waren.

So gab *Rosenthal* seinen Studenten z. B. den Auftrag, Lernexperimente
mit Ratten durchzuführen. Einigen seiner jungen Versuchsleiter versicherte
er, sie hätten es mit besonders dummen Tieren zu tun. Andere erfuhren, daß
ihnen ausgesprochen kluge Tiere zugeteilt worden wären. Obwohl sich die beiden Rattengruppen *tatsächlich* — soweit bekannt war — nicht bezüglich eines
relevanten Merkmals voneinander unterschieden, teilte die eine Gruppe von
Versuchsleitern, die mit vermeintlich klugen Tieren gearbeitet hatte, Ergebnisse mit, die auf überdurchschnittliche Lernleistungen schließen ließen, während Versuchsleiter der zweiten Gruppe, die mit angeblich dummen Tieren gearbeitet hatten, schwache Lernleistungen beobachtet haben wollten.

Die Studenten berücksichtigten bei ihren Beobachtungen offenkundig nicht nur objektive Gegebenheiten; zusätzlich flossen Erwartungen mit ein, die durch eine falsche Vorinformation bei ihnen aufgebaut worden waren. Man spricht deshalb auch von einem Erwartungseffekt; darunter versteht man den verfälschenden Einfluß, den Erwartungen auf Beobachtungen sowie das darauf bezogene Verhalten nehmen können. Den gleichen Sachverhalt beschreibt auch der Begriff „Pygmalion-Effekt". Nach der griechischen Mythologie war Pygmalion ein Bildhauer, der sich in das von ihm geschaffene Standbild einer Jungfrau (Galatea) verliebte und sehnlichst wünschte, daß diese lebendig würde. Die Göttin Aphrodite nahm das starke Verlangen des Künstlers wahr und erweckte die Jungfrau zum Leben.

3.4.1.1 Der Lehrer als Pygmalion

Für *Rosenthal* stellte sich die Frage, ob möglicherweise auch Schülerleistungen von den Einstellungen ihrer Lehrer mitbestimmt werden. Ähnelt der Lehrer insofern Pygmalion, als auch er Erwartungen an die Schüler heranträgt, die diese u. U. erfüllen? *Rosenthals* erste Untersuchungsergebnisse (*Rosenthal* und *Jacobson*, 1968) bestätigten seine Vermutungen. Die nachfolgende kritische Auseinandersetzung (*Elashoff* und *Snow*, 1972; *Jensen*, 1969; *Thorndike*, 1968) mit *Rosenthals* Arbeiten richtete sich vor allem auf sein methodisches Vorgehen; sie stellten nicht grundsätzlich in Frage, daß Schülerleistungen sehr wohl auch von den Erwartungen ihrer Lehrer mitbestimmt sein können. *Rosenthal* (1976) hat inzwischen über 300 Studien analysiert, die eine Überprüfung des Pygmalion-Effekts zum Gegenstand hatten; davon erbrachten 37 Prozent Ergebnisse, die *Rosenthals* Hypothese in statistisch abgesicherter Weise bestätigen. Solche Befunde lassen sich kaum noch mit Zufallseinflüssen erklären. Aufgrund einer eingehenden Literaturdurchsicht ist Harris *Cooper* (1979) jedoch zu der Feststellung gelangt, daß Lehrererwartungen vielfach dazu dienen, Leistungsunterschiede bei Schülern zu *stabilisieren*. Demgegenüber gibt es nur sehr wenige empirisch gesicherte Hinweise dafür, daß sie auffällige Leistungsveränderungen *hervorbringen*.

Der Pygmalion-Effekt stellt das Ergebnis eines Prozesses dar, an dessen Anfang — den Konzeptionen *Zajoncs* (1980) folgend — relativ undifferenzierte Affekte stehen können. Es wäre möglich, daß der Lehrer, nachdem er das äußere Erscheinungsbild des Schülers in einer ersten Begegnung kognitiv grob erfaßt hat, seiner jeweiligen Lerngeschichte entsprechend, Sympathie oder Antipathie erlebt. Es müßte dann weiterhin damit gerechnet werden, daß diese Affekte Einfluß auf die nachfolgende Kausalanalyse nehmen (die natürlich ihrerseits Rückwirkungen auf die Affektvariable haben kann). Im Falle vorliegender Sympathie würden dem Schüler vorrangig positive, bei Antipathie verstärkt negative Merkmale zugeschrieben werden.

Den Zusammenhang von Sympathie und Kausalattribuierung untersuchten *Regan* et al. (1974) in einem Experiment. Sie fanden, daß das Leistungsergebnis eines Menschen in Abhängigkeit von dem Grad der ihm entgegengebrachten Sympathie interpretiert wird. So zeigte sich bei den Versuchspersonen z. B. die Tendenz, sympathischen Menschen hohe Begabung und unsympathischen geringere Fähigkeiten zuzuschreiben. Ebenso fanden *Medway* und *Lowe* (1976), daß die Erfolge anderer, die als sehr sympathisch galten, stärker auf internale Faktoren zurückgeführt wurden als die Leistungsergebnisse unsympathischer Menschen. Beliebten Personen wurde also mehr Verantwortung für Erfolge und weniger Verantwortung für Mißerfolge zugeschrieben als unbeliebten.

Für Thomas *Good* und Jere *Brophy* (1977), zwei amerikanische Pädagogische Psychologen, beginnt der Prozeß, der den Pygmalion-Effekt erklären soll, mit einer Lehrererwartung (siehe hierzu ausführlicher: *Brophy* und *Evertson*, 1981; *Weinert* et al., 1981) oder − wie man auch sagen kann − mit einer Kausalattribuierung (nachfolgende Numerierung kennzeichnet den von *Good* und *Brophy* beschriebenen Prozeß):

1. Der Lehrer schreibt jedem seiner Schüler eine bestimmte (z. B. hohe oder geringe) Befähigung sowie andere Eigenschaften zu. Auf dieser Grundlage entstehen Erwartungen bezüglich des jeweiligen Leistungsverhaltens.

Den Aufbau dieser Erwartungshaltung bestimmen zum einen relevante Merkmale des Schülers, das sind vor allem sein Leistungsverhalten und − wenigstens den U.S.A. − sein IQ. Grundlage der Ursachenzuschreibung des Lehrers sind z. T. die Leistungen, die der Schüler in mündlicher und schriftlicher Form erbringt. Welchen Einfluß nehmen Ergebnisse von Fähigkeitstests auf die Kausalattribuierung eines Lehrers? − Eine Antwort gibt eine amerikanische Studie von *Green* (1978), deren Befunde aber nicht ohne weiteres auf deutsche Verhältnisse übertragen werden können, weil der Test im Schulwesen der U.S.A. eine andere Rolle spielt; dennoch sollte der Befund gegenüber möglichen Testeinflüssen sensibilisieren. Eine wesentliche Feststellung *Greens* lautet: „Es scheint, daß die Verfügbarkeit von Begabungstestwerten potentiell eher einen negativen als einen positiven Einfluß auf den Schüler ausübt. Wenn die Testwerte niedrig sind, werden Leistungsschwierigkeiten in der Gegenwart eindeutig mehr der Fähigkeit zugeschrieben als wenn Testwerte nicht zur Verfügung stünden, sogar wenn der Schüler über vorzügliche Zeugnisse aus der Vergangenheit verfügt. Somit besteht für den Schüler die Wahrscheinlichkeit verminderter Erwartungen, sich in Zukunft verbessern zu können . . . . Wenn die Begabungstestwerte dagegen hoch sind, scheinen sie keinen entsprechend positiven Effekt für den Schüler zu haben."

Wenn für einen Menschen auf der Grundlage von Testergebnissen oder durch Expertenurteile festgestellt worden ist, daß er als intelligenzschwach zu gelten hat, besteht für Beurteiler eine hohe Bereitschaft, für seine Mißerfolge Verständnis zu bekunden; sie führen sein Versagen allerdings vor allem auf mangelnde Begabung und weniger auf unzureichende Motivation zurück (*Jones* und *de Charms*, 1975). Erfolge erwartet man deshalb von intellektuell Retardierten nicht. Sofern sie dennoch einen Erfolg erzielen, besteht kaum Neigung bei Beurteilern, darin den Ausdruck einer besonderen Fähigkeit zu sehen; sie führen das positive Ergebnis vielmehr auf externale Faktoren zurück (*Gibbons* et al., 1979).

Der Aufbau von Erwartungshaltungen wird außerdem von irrelevanten, d. h. von solchen Schülermerkmalen bestimmt, die in keiner ursprünglichen Beziehung zum Leistungsverhalten stehen. Ein Beispiel stellt die Rassenzugehörigkeit dar. *Wiley* und *Eskilson* (1978) konnten zeigen, daß die Kausalattribuierungen, die Lehrer für die Leistungen von Schülern abgaben, auch von der Rassenzugehörigkeit der zu Beurteilenden mit abhängt. Möglicherweise sogar in dem Versuch, rassische Vorurteile zu überwinden, führten die Lehrer schwache Leistungen von Negern nicht auf mangelnde Fähigkeit zurück; sie entschuldigten das Versagen vielmehr mit ungünstigen Umweltbedingungen. Gute Leistungen von Negerkindern brachten sie z. B. damit in Beziehung, daß diese Kinder Glück gehabt haben, der sozialen Mittelschicht entstammten oder mit Erfolgen der Schule, frühere Benachteiligungen der Schwarzen zu überwinden. „Solche Attribuierungen können sowohl für erfolgreiche wie auch für erfolglose schwarze Kinder negative Konsequenzen haben. Wenn wichtige Erwachsene fühlen, daß jemand unfähig ist, die eigenen Resultate zu beeinflussen, warum soll man sich noch Gedanken über Anstrengungen machen? Die Folgen könnten vermindertes Leistungsstreben und ein verminderter Sinn für persönliche Kompetenz sein" (*Wiley* und *Eskilson*, 1978).

Es gibt weitere Schülermerkmale, wie z. B. die soziale Herkunft, das Aussehen, die sprachliche Ausdrucksweise, die Handschrift usw., über deren Wirkrichtung für die Entstehung von Lehrererwartungen die empirische Befundlage z. Zt. allerdings noch ein widersprüchliches Bild ergibt (s. *Weinert* et al., 1981). Vermutlich gewichten Lehrer diese Faktoren auch unterschiedlich. In Studien von *Babad* (1979; *Babad* und *Inbar*, 1981) zeigte sich, daß einige Lehrer sehr viel empfänglicher für Informationen waren, mit denen sich Vorurteile verbinden können. So kamen „voreingenommene" Lehrer, die einen Intelligenztest auszuwerten hatten, zu einem günstigeren Ergebnis, wenn bei ihnen der Eindruck erweckt worden war, der Proband stammte aus einer Familie mit höherem sozioökonomischen Status; sie bestimmten dagegen ein sehr viel geringeres Ergebnis, wenn es sich angeblich um einen Probanden aus einem Milieu mit geringerem Status handelte. Andere Lehrer waren bei ihrer Testauswertung kaum von solchen Informationen zu beeinflussen. Sowohl Persönlichkeitstests als auch die Ergebnisse von Unterrichtsbeobachtungen legten den Schluß nahe, daß „voreingenommene" Lehrer stärker durch Merkmale wie Autoritarismus und Dogmatismus zu kennzeichnen waren.

Sobald ein Lehrer — auf welcher Grundlage auch immer — sich ein Urteil über die Fähigkeit eines Schülers gebildet hat, setzt eine starke

Tendenz ein, daran festzuhalten und zwar auch dann, wenn eine Leistungsveränderung des Schülers eine Revision des Lehrerurteils nahelegen würde (*Therrien*, 1976). In dieser Starrheit der Fähigkeitszuschreibung offenbart sich der Anfangseffekt, auf den im zweiten Kapitel (s. S. 65) bereits hingewiesen worden ist.

Aufschlußreich sind in diesem Zusammenhang vor allem Forschungsarbeiten, die Mark *Snyder* und Mitarbeiter (*Snyder*, 1981; *Snyder* und *Gangestad*, 1981) durchgeführt haben. Nachdem Menschen Hypothesen über ihre Interaktionspartner gebildet haben, beginnen sie damit, diese Hypothesen zu überprüfen. Nach den Beobachtungen *Snyders* werden im Verlauf des Überprüfungsprozesses aber hauptsächlich Informationen eingeholt, die im Einklang mit der Eingangshypothese stehen; *Snyder* spricht von einer auf Bestätigung hinauslaufenden Hypothesen-Prüfungs-Strategie (*confirmatory hypothesis-testing strategy*). „Es schien für die Teilnehmer in dieser Forschungsserie überhaupt keine Rolle zu spielen, woher ihre Hypothesen stammten (*Snyder* und *Swann*, 1978), wie wahrscheinlich es war, daß sich die Hypothesen als richtig oder nicht richtig erweisen würden (*Snyder* und *Swann*, 1978), ob die Hypothesen explizit bestätigende und nicht bestätigende Merkmale beinhalteten (*Snyder* und *Campbell*, 1980) oder ob beträchtliche Anreize für Hypothesenprüfungen angeboten wurden (*Snyder* und *Swann*, 1978). In jedem Fall planten sie so, daß sie vorzugsweise solche Verhaltensbelege einholten . . ., die tendenziell ihre Hypothesen bestätigten" (*Snyder* und *Gangestad*, 1981). An anderer Stelle antwortet *Snyder* auf die Frage, ob es überhaupt möglich ist, Menschen von dieser auf Bestätigung hinauslaufenden Hypothesen-Prüfungs-Strategie abzubringen, folgendermaßen: „Ja, aber ach, der lange Weg, den man gehen muß, um dieses Kunststück zu erreichen. Das einzige Verfahren ist . . ., daß man sie mit keinen Hypothesen zum Testen ausstattet" (*Snyder*, 1981).

2. Der Lehrer behandelt seine Schüler in Übereinstimmung mit seinen Erwartungen unterschiedlich. So schafft der Lehrer zwischen vermeintlich guten und schwachen Schülern Unterschiede u. a. bezüglich des sozial-emotionalen Klimas, in der Art und Häufigkeit der Kontakte und in der Rückmeldung.

Beobachtungen im Klassenzimmer offenbarten, daß Lehrer sich gegenüber „leistungsschwachen" im Vergleich zu vermeintlich guten Schülern folgendermaßen verhalten haben (nach Zusammenstellungen von *Good* und *Brophy*, 1977 und *Cooper*, 1979):

A. Sozial-emotionales Klima
a) In Kontakten mit vermeintlich schwächeren Schülern lächelten sie seltener und nickten weniger mit dem Kopf.
b) Sie hatten mit den „Schwächeren" weniger Augenkontakt.
c) Sie gaben den „Schwächeren" vergleichsweise weniger emotionale Unterstützung und waren weniger freundlich.

B. Art und Häufigkeit der Kontakte
a) Bei der Mehrheit der Lehrer war die Häufigkeit der Kontaktaufnahme mit „guten" und „schwächeren" Schülern unterschiedlich. Die Richtung war

jedoch nicht stets die gleiche. In Abhängigkeit vom Lehrstil suchten einige Lehrer mehr Kontakt zu den „Schwächeren", andere mehr mit den „Besseren".

b) Sie ließen dem vermeintlich schwachen Schüler weniger Zeit zur Beantwortung einer Frage.

c) Sie tendierten weniger dazu, eine Frage, auf die der „Schwache" falsch oder gar nicht antwortete, umzuformulieren. Dagegen waren sie vergleichsweise schneller dazu bereit, die richtige Antwort selbst zu geben oder einen anderen Schüler aufzurufen.

d) Sie schenkten den Antworten der „schwächeren" Schüler weniger Beachtung.

C. Rückmeldung

a) Einige Lehrer tendierten dazu, „schwache" Schüler vergleichsweise häufig zu kritisieren und wenig zu loben. Vor allem zu Beginn des Schuljahres wurde beobachtet, daß „gute" Schüler mehr gelobt wurden, weniger dagegen in der Mitte oder gegen Ende des Schuljahres. In der Kommentierung dieses Befundes vermuten *Good* et al. (1980), daß Lehrer Lob als Kontrollmechanismus nutzen, um Schüler in wünschenswerte Rollenbilder hineinzudrängen.

b) Einige der beobachteten Lehrer haben „schwache" Schüler für teilweise richtige oder falsche Antworten in unangemessener Weise gelobt.

Wenn „schwache" Schüler erfahren müssen, daß ihnen weniger Zeit für ihre Antwort gegeben wird, daß sie mehr bei falschen Antworten kritisiert werden und weniger bei richtigen Reaktionen gelobt werden, scheint der Rückzug aus der aktiven Unterrichtsarbeit noch der günstigste Ausweg zu sein; der „Schwache" geht in die Passivität. *Cooper* meint sogar, daß die zunehmende Passivität des Schülers planmäßig vom Lehrer herbeigeführt würde (ohne daß ihm dies gegenwärtig sein muß). Diese Schülerreaktion würde nämlich das Bemühen des Lehrers unterstützen, Kontrolle über das Interaktionsgeschehen während des Unterrichts zu bewahren oder zu erhöhen. Auf entsprechende Befragungen von *Cooper* (1977) sowie *Cooper* et al. (1979, 1980) antworteten Lehrer, sie hätten über Dauer und Inhalt der Interaktionen mit „schwächeren" Schülern vergleichsweise wenig Kontrolle und zwar vor allem dann, wenn ein Kontakt von diesen Kindern und nicht von ihnen selbst in Gang gesetzt würde; gerade dies erfolge mit der Bitte um Unterstützung und um Ratschläge bei einem neuen Lehrer aber vergleichsweise häufig (*Brophy* und *Good*, 1970). *Cooper* geht davon aus, daß Kontakte mit Schülern, auf die sich niedrige Erwartungen richten, vom Lehrer als unbefriedigend erlebt werden. Deshalb könnten einige der oben genannten Maßnahmen des Lehrers darauf gerichtet sein, die Kontaktinitiativen „schwacher" Schüler zu mindern. Als *Cooper* (1977) Lehrer gebeten hatte, auf kritische Stellungnahmen planmäßig zu verzichten, stieg auf seiten der Schüler die Anzahl der Initiativen, die Lehrer als am schwersten kontrollierbar halten, an.

Daraus ist aber nicht zu schließen, daß mehrere Lehrer sich gegenüber vermeintlich schwachen Schülern stets gleich verhalten. Es hat sich im Gegenteil sogar gezeigt, daß Verhaltensstile von Lehrern gegenüber „Schwachen" mehr Variation aufweisen als gegenüber solchen Schülern, auf die sich höhere Erwartungen richten. „. . . von jenen Schülern, die die geringste Anpassungsfähigkeit besitzen, wird erwartet, daß sie die größte Anpassung aufbringen", wenn sie einen Lehrerwechsel mitvollziehen müssen (*Good*, 1980). Es wird noch eingehender zu untersuchen sein, wie sich diese Überforderung bei „Schwachen" im einzelnen auswirkt.

In den bisher genannten Untersuchungen hat man vor allem solche Verhaltensweisen zu erfassen versucht, die einer objektiven Messung relativ leicht zugänglich sind (Häufigkeit des Lobens, Anzahl der Blickkontakte, gewährte Zeit zur Beantwortung einer Frage etc.). Erst in jüngerer Zeit fand Berücksichtigung, daß der Schüler bei seinem Lehrer auch Emotionen wahrnimmt (*Meyer*, 1981; *Weiner*, 1980b, 1981). Wenn ein Schüler nach Interpretation seines Lehrers auf Grund unkontrollierbarer Ursachen (mangelnde Begabung) versagt, könnte beim Unterrichtenden Mitleid und Sympathie entstehen. Mit *Weiner* ist allerdings skeptisch zu fragen, ob Mitleid und Sympathie tatsächlich förderlich auf den Schüler wirken, denn wenn dieser die ihm entgegengebrachten Emotionen wahrnimmt, könnte er daraus ableiten, daß ihm auch der Lehrer wenig zutraut (s. hierzu S. 179 f.).

3. Über die besondere Behandlung durch den Lehrer erfährt jeder Schüler, was von ihm erwartet wird, und das wiederum hat Einfluß auf sein Selbstkonzept, seine Leistungsmotivation und sein Anspruchsniveau.

Im Rahmen der bereits genannten Experimentalserie von *Snyder* hatten Versuchspersonen aus einem Fragenkatalog 12 Fragen auszuwählen; sie entschieden sich für jene, die im Einklang mit ihrer Hypothese standen. Diese 12 Fragen richteten sie dann an eine andere, ihnen unbekannte zweite Versuchsperson; diese sollte „so informativ, offen und aufrichtig wie möglich" antworten. Nach Einschätzung unabhängiger Beurteiler (Blindtechnik) zeigten die Befragten im Verlauf des Interviews mehr und mehr das Verhalten, das den Hypothesen der Interviewer entsprach. Befragte, die auf Extraversion geprüft wurden, gaben sich tatsächlich zunehmend sozial und mitteilsam. Andere, die auf Introversion geprüft wurden, benahmen sich zunehmend scheu und zurückgezogen. Aus den Hypothesen der Interviewer war im Verlauf der Interaktion Realität entstanden (*Snyder* und *Swann*, 1978).

Aus Untersuchungen von *Meyer* et al. (1979) ist hervorgegangen, daß Schüler aufgrund lobender und tadelnder Stellungnahmen des Lehrers Schlüsse ziehen, welche Fähigkeiten ihnen dieser zuschreibt. Wenn also z. B. ein Schüler für erzielte Erfolge an einer leichten Aufgabe in überdurchschnittlicher Weise gelobt wird, liegt für diesen der Schluß nahe, für nicht besonders begabt gehalten zu werden. Aus neutralen Reaktionen nach einem Erfolg oder aus kritischen Stellungnahmen nach einem Mißerfolg an einer sehr schwierigen Aufgabe ergibt sich vielfach die Wahrnehmung des Beurteilten, für besonders fähig gehalten zu werden.

Allerdings orientiert sich der Schüler bei seiner Urteilsbildung auch daran, ob der sanktionierende Lehrer bereits ausreichend Gelegenheit gehabt hat, Annahmen über die Fähigkeit des Schülers zu entwickeln. Ein Lehrer, bei dem die Schüler „schon seit langer Zeit Unterricht haben", wird als kompetenter wahrgenommen als ein anderer, der „zum ersten Mal die Klasse betritt". In einer Studie von *Meyer* und *Plöger*, (1979) zeigte sich, daß beim urteilskompetenten Lehrer Lob für Leistungen an einer leichten Aufgabe zu einer Senkung der eigenen Fähigkeitseinschätzung führte; Tadel bewirkte dagegen die Zuschreibung höherer Fähigkeit. Wenn dagegen ein Lehrer nicht als urteilskompetent wahrgenommen wurde, sah der Schüler in dessen lobenden und tadelnden Stellungnahmen vorwiegend Äußerungsformen von Sympathie und Antipathie. Insgesamt sind die unter diesen Bedingungen erfolgenden Selbstattribuierungen von Bedeutung, weil davon auszugehen ist, daß sie die nachfolgenden Anspruchsniveausetzungen sowie das weitere Leistungsverhalten des Schülers mitbestimmen (*Meyer* et al., 1979).

4. Als Reaktion auf den Lehrer tendiert der Schüler dazu, sich so zu verhalten, daß er die besonderen Erwartungen des Lehrers ihm gegenüber vervollständigt und bekräftigt.

Wie es über Selbstattribuierung und Anspruchsniveausetzungen nach *Meyer* zu Veränderungen des Leistungsverhaltens kommen kann, wurde soeben dargelegt. Auch *Cooper* (1977) sieht auf der Grundlage der von ihm vermuteten Zusammenhänge eine Möglichkeit zur Beantwortung der Frage, wie sich Lehrererwartungen auf seiten des Schülers realisieren könnten. Der häufige Einsatz von Kritik bei Schülern, auf die sich geringe Erwartungen richten, wird – wie bereits dargestellt – als Funktion der Bemühungen des Lehrers gesehen, höhere Kontrolle über persönlich unbefriedigende Kontakte zu erlangen. Da die Lehrerkritik dieser Motivation entspringt und weniger Bezug zur Leistung oder zur Anstrengung bei einer Aufgabe aufweist, hat der vermeintlich schwache Schüler im Vergleich zum „guten" weniger Gelegenheit, die Kovariation zwischen Anstrengung und Leistungsergebnis wahrzunehmen. Als Folge davon vermindert sich beim „schwachen" Schüler die Bereitschaft, Anstrengungen aufzubringen und damit wiederum die Wahrscheinlichkeit eines zukünftigen Erfolgs. Mit dieser Reaktion wird schließlich die ursprüngliche Überzeugung des Lehrers bekräftigt, daß der vermeintlich schwache Schüler für seine Mißerfolge wegen mangelnder Motivation selbst verantwortlich ist.

5. Aufgrund der Rückkoppelungen (Anerkennung, Kritik) verbessern sich die Leistungen einiger Kinder möglicherweise, verbleiben aber zumindest auf einem höheren Niveau, während andere eventuell absinken oder auf einem niedrigeren Niveau stabilisiert werden. Diese Entwicklungen vollziehen sich in Übereinstimmung mit den jeweiligen Lehrer-Erwartungen.

Die vermeintlich schwächeren Schüler könnten z. B. den Eindruck entwickelt haben, keinerlei Kontrolle über das eigene Leistungsergebnis zu haben. Damit wäre bei ihnen der Zustand gelernter Hilflosigkeit entstanden, über dessen Beziehung zum Leistungsverhalten an anderer Stelle berichtet worden ist.

Nicht alle Schüler passen sich mit gleich hoher Bereitschaft an die Erwartungen des Lehrers an. *Johnson* (1970) meint, daß vor allem Schüler, die hochgradig abhängig und erwachsenen-orientiert sind, durch Erwartungseffekte beeinflußbar sein müßten. Jedenfalls muß damit gerechnet werden, daß wenigstens ein Teil der für „schwach begabt" gehaltenen Schüler im Verlauf unterrichtlichen Interaktionsgeschehens auf sie bezogene Attribuierungstendenzen des Lehrers übernimmt, d. h. Erfolge external und Mißerfolge internal zu attribuieren.

169

3.4.1.2 Der Schüler als Pygmalion

Auch der Schüler entwickelt Einstellungen gegenüber seinem Lehrer. Besteht nicht die Möglichkeit, daß ebenso der Schüler Erwartungen an den Lehrer heranträgt, denen dieser u. U. sogar Rechnung trägt? Hat man auch im Schüler einen Pygmalion zu sehen? *Feldman* und *Prohaska* (1979) sind dieser Frage nachgegangen. In einem ihrer Experimente waren sie bemüht, bei Versuchspersonen, die die Rolle von Schülern zu spielen hatten, den Eindruck zu erwecken, daß sie bei dem bevorstehenden Unterricht mit einem sehr tüchtigen Lehrer arbeiten würden. Andere „Schüler" erfuhren, daß ihr Lehrer kein sehr tüchtiger sein werde. Tatsächlich entwickelten die „Schüler" eine entsprechende Einstellung gegenüber dem Lehrer und seinem Unterricht. Diese unterschiedlichen Einstellungen spiegelten sich auch in ihrem Verhalten wider; wer einen tüchtigen Lehrer erwartete, hatte z. B. vergleichsweise viel Blickkontakt und war um eine geringe räumliche Distanz bemüht. Wirken Schüler auf diese Weise verändernd auf das Verhalten des Lehrers? – *Feldman* und *Prohaska* haben auch diese Frage geprüft. In ihrem Experiment zeigte sich, daß Lehrer, denen positive Erwartungen entgegengebracht worden waren, sich bezüglich ihrer Tüchtigkeit vergleichsweise höher einstuften als wenn die Erwartungen der Schüler negativ waren. Besonders bemerkenswert ist, daß auch Beobachter die Angemessenheit der Unterrichtsarbeit günstiger bei den Lehrern beurteilten, die mit Schülern positiver Erwartung konfrontiert worden waren. Die Lehrer hatten sich offenbar in Richtung der Erwartungen ihrer Schüler verhalten.

3.4.2 Der Einfluß der Bezugnorm-Orientierung des Lehrers auf den Schüler

In einer Feldstudie von *Rheinberg* u. a. (1979) hatte ein Lehrer Unterrichtsverhalten unter sozialer und individueller Bezugsnorm-Orientierung in zwei zehnten Schuljahren zu spielen (damit sind selbstverständlich methodische Schwächen gegeben; deshalb können die Ergebnisse nur Hinweise geben, nicht aber ohne weiteres verallgemeinert werden). Welche Merkmale in den beiden Unterrichtsweisen verwirklicht werden sollten, ist der folgenden Tabelle zu entnehmen:
Bei einem Vergleich der beiden Klassen ergab sich, daß Schüler unter einer individuellen Bezugsnorm die Tendenz hatten, Erfolge häufiger auf zeitvariable Ursachen zurückzuführen. Ebenso nahmen sie zur Interpretation von Mißerfolg seltener zeitstabile Ursachen in An-

Tab. 3.1: Charakteristika von Unterrichtsweisen unter sozialer und individueller Bezugsnorm-Orientierung (nach Rheinberg et al., 1979, S. 5)

	soziale Bezugsnorm (Klasse sB)	individuelle Bezugsnorm (Klasse iB)
Leistungsrückmeldungen im Unterrichtsgespräch	stets soziale Vergleiche z. B. „Willi, Deine Antwort ist viel besser als das, was Frank und Uwe gerade gesagt haben".	stets intraindividuelle Vergleiche z. B. „Willi, Deine Beiträge heute sind besser als das, was Du gestern gebracht hast".
Rückmeldung der Ergebnisse im informellen Leistungstest	Testergebnisse der Schüler wurden mit Rangplatzzahlen versehen und die Rangreihe wurde ausführlich im Unterricht kommentiert	Testergebnisse wurden zu den vorangegangenen Noten bzw. zum vorangegangenen Test in Beziehung gesetzt und die Entwicklung individuell kommentiert
Aufgaben/ Fragestellung	Uniform an die Klasse gerichtet. Falls ein Schüler eine Frage nicht beantworten konnte, wurde ein anderer gefragt	Im Schwierigkeitsgrad grob auf den gefragten Schüler abgestimmt und je nach Schülerantwort dann schwieriger oder leichter gemacht („Zwei-Phasen-Technik", Rheinberg 1977, S. 319)
Sanktionen	Lob und Mißbilligung nach Leistungsvergleich im Klassendurchschnitt	Lob und Mißbilligung nach Lernzuwachs bzw. -rückfall

spruch als es Schüler bei sozialer Bezugsnorm-Orientierung des Lehrers taten. Weiterhin erlebten mehr (nämlich zwei Drittel der Schüler) unter individueller als unter sozialer Bezugsnorm ihr Testergebnis als Erfolg (unter der zuletzt genannten Orientierung taten dies nur etwa die Hälfte der Schüler). Während vor Beginn des Versuchs keine Unterschiede nachweisbar waren, hatten nach dem sechswöchigen Unterricht die Schüler unter individueller Bezugsnorm-Orientierung die niedrigeren Angstwerte.

Es ist weiterhin zu vermuten, daß auch die Anspruchsniveausetzung des Schülers mit der Bezugsnorm-Orientierung des Lehrers variiert. Da die aktuelle Leistung unter individueller Bezugsnorm mit der jeweils vorausgegangenen verglichen wird, besteht eine günstige Voraussetzung für eine realistische Zielsetzung. Tatsächlich beobachteten *Rheinberg* et al. (1980) bei einer Ringwurfaufgabe, daß Schüler, die an ihren vorangegangenen Ergebnissen gemessen wurden, ihre Ziele realistischer setzten, als wenn sie mit Leistungen ihrer Mitschüler verglichen wurden. Schüler unter individueller Bezugsnorm zeigten also realistische Zielsetzungen, wie sie auch für Erfolgsmotivierte charakteristisch sind.

3.4.3 Entstehung gelernter Hilflosigkeit in der Schule

Das herkömmliche Schulsystem ist darauf angelegt, daß die Schüler unter Wettbewerbsbedingungen arbeiten müssen. Das Lehrerverhalten läßt deshalb in der Regel eine soziale Bezugsnorm-Orientierung erkennen. Wie Carole *Ames* und ihre Mitarbeiter (*Ames*, 1978; *Ames* et al., 1977; *Ames* und *Felker*, 1979a) gefunden haben, rufen Mißerfolge unter Wettbewerbsbedingungen keine Abwehrattribuierungen hervor; folglich kann es zu einer erheblichen Selbstabwertung kommen. Unzufriedenheit mit einem Mißerfolg mag zu einer Verstärkung zukünftiger leistungsorientierter Verhaltensweisen führen. Wenn aber zu der Unzufriedenheit mit den eigenen Leistungen noch mangelndes Vertrauen in die eigenen Fähigkeiten hinzukommt, ist mit einer Verminderung weiterer Anstrengungen zu rechnen. Diese Assoziation von negativem Affekt mit Abwertung der eigenen Begabung ist nach *Ames* et al. die typische Reaktion eines Kindes auf Mißerfolge unter Wettbewerbsbedingungen. ,,Der Schüler könnte anfangen, Mißerfolge zu erwarten, da die zugeschriebene geringe Begabung ein relativ konstantes Merkmal darstellt und der negative Affekt sich für ihn mit leistungsbezogenen Situationen assoziiert" (*Ames* et al.). Mißerfolge unter Wettstreitbedingungen wirken sich danach ,,verheerend" aus; sie forcieren die Entwicklung gelernter Hilflosigkeit. Das bestätigen auch Ergebnisse einer weiteren Studie von *Ames* und *Ames* (1981). Darin attribuierten Schüler Erfolge und Mißerfolge unter Wettbewerbsbedingungen vorwiegend auf Fähigkeit und Zufall, d. h. auf Faktoren, die als unkontrollierbar wahrgenommen werden. Demgegenüber wurden Leistungsergebnisse unter individualistischen Arbeitsbedingungen (ohne Nennung von Leistungsstandards) vorwiegend mit dem Anstrengungsfaktor in Beziehung gebracht, d. h. man erlebte seine Leistungsergebnisse eher als kontrollierbar.

Ames und Mitarbeiter stützen sich bei ihren Feststellungen allerdings auf Beobachtungen in relativ kurzfristigen Experimenten. Reagieren Menschen, denen *über ziemlich lange Zeit* Erlebnisse des Versagens zuteil geworden sind, ebenfalls in der von *Ames* et al. vorhergesagten Weise? Zur Beantwortung dieser Frage hat sich die Forschung mit zwei Populationen eingehender beschäftigt: mit Kindern geringerer Intelligenz und mit Schülerinnen.

3.4.3.1 Gelernte Hilflosigkeit und verminderte intellektuelle Leistungsfähigkeit

Das Schicksal der meisten Kinder mit geringen intellektuellen Fähigkeiten (im folgenden auch Retardierte genannt) besteht darin, daß sie häufig mit Aufgaben konfrontiert werden, die sie überfordern (*Zigler*, 1971). Diese Kinder, so folgerte John *Weisz* (1979) von der Universität Nord Karolina, müßten unter diesen Bedingungen im Verlauf der Schulzeit allmählich zunehmende Hilflosigkeit erlernen. Zur Überprüfung seiner Vermutung verglich *Weisz* auf jedem von drei Niveaus intellektueller Entwicklung (er berücksichtigte folgende Intelligenzaltersstufen: 5 1/2, 7 1/2 und 9 1/2) retardierte und Kinder durchschnittlicher Intelligenz. Er fand, daß retardierte im Vergleich zu nicht-retardierten Kindern auf höheren Intelligenzalterniveaus ausgeprägtere Hilflosigkeit zeigten als auf den unteren Niveaus. In diesem Ergebnis sieht *Weisz* eine Bestätigung seiner Vermutung, daß retardierte Kinder im Verlauf mehrerer Jahre ihrer Entwicklung, in denen Mißerfolge und ungünstige Stellungnahmen des Lehrers vergleichsweise häufig sind, in wachsende Hilflosigkeit hineingedrängt werden. Dies trifft wohl vor allem zu, wenn retardierte Kinder mit pädagogisch gar nicht oder unzureichend ausgebildeten Lehrern zu interagieren haben. *Weisz* (1981) meinte, aufgrund experimenteller Ergebnisse den Schluß ziehen zu können, daß Studenten, sofern man sie veranlaßt, ein Kind als intellektuell retardiert (*mentally retarded*) wahrzunehmen, verstärkt bereit sind, Mißerfolg auf mangelnde Fähigkeit statt auf unzureichende Anstrengung zurückzuführen und die prognostizierte Erfolgswahrscheinlichkeit für ein so stigmatisiertes Kind abzusenken.

Es ist aber sehr wohl möglich, daß Kinder mit verminderter Lernfähigkeit nicht so leicht Hilflosigkeit entwickeln, wenn sie rechtzeitig auf Sonderschulen überwiesen werden, wo sich Lehrer mit besonderer pädagogischer Ausbildung um sie bemühen. Jedenfalls zeigte sich in einer Untersuchung von *Lauth* und *Wolff* (1979), daß Sonderschüler im Durchschnittsalter von 13 Jahren Mißerfolg gehäuft auf fehlende Anstrengung zurückführten; dies geschah bei ihnen sogar noch ausgeprägter als bei gleichaltrigen Hauptschülern. Die Inanspruchnahme der Anstrengung in den Kausalattribuierungen zeigt an, daß Leistungsergebnisse nach Wahrnehmung der befragten Sonderschüler nicht völlig ohne ihre Kontrolle zustandekommen.

3.4.3.2 Determinanten in der Entwicklung von Hilflosigkeit bei Mädchen

Bei ihrer Auseinandersetzung mit der Frage, unter welchen Bedingungen Kinder im Bereich der Schule Hilflosigkeit erlernen können, gehen Carol *Dweck* und Therese *Goetz* (1978) von Befunden aus, die auf den ersten Blick paradox erscheinen müssen.

Einerseits: Nach übereinstimmenden Untersuchungsergebnissen gilt für Mädchen im Vergleich zu Jungen,

- daß sie während der Grundschulzeit in allen Fächern erheblich bessere Leistungen zeigen,
- daß sie von ihren Lehrern weniger Kritik erhalten und von diesen in allen schulisch relevanten Bereichen vergleichsweise hoch eingeschätzt werden: Geschicklichkeit, Fleiß, Betragen usw.
- daß sie annehmen, ihre Lehrer halten sie für klüger und fleißiger; sie meinen, diese brächten ihnen mehr Sympathien entgegen.

Andererseits: Trotz dieser vergleichsweise günstigen schulischen Umwelt zeigen Mädchen im Vergleich zu Jungen starke Anzeichen gelernter Hilflosigkeit, wenn ihnen von einem Erwachsenen ein Mißerfolg mitgeteilt wird.

Bei Mädchen findet sich im Vergleich zu Jungen

- eine geringere Bereitschaft, mangelnde Anstrengung als Ursache für einen Mißerfolg in Anspruch zu nehmen,
- eine höhere Neigung, Mißerfolge auf mangelnde Begabung zurückzuführen,
- eine verstärkte Tendenz, angesichts eines tatsächlichen oder drohenden Mißerfolgs aufzugeben und die Qualität der Leistungen abzusenken, auffallenderweise auch in solchen Bereichen, in denen Mädchen normalerweise Jungen überlegen sind.

Im Gegensatz dazu beobachtet man bei Jungen,

- daß sie Mißerfolge häufiger auf kontrollierbare oder variable Ursachen zurückführen,
- daß sie bei Mißerfolgen sogar dazu tendieren, sich mehr anzustrengen und qualitativ bessere Leistungen zu erbringen,
- daß sie mehr als Mädchen dazu neigen, Erfolge als Ergebnis entsprechender Fähigkeiten zu sehen.

Nach den Beobachtungen von *Dweck* (siehe: *Dweck* und *Bush*, 1975) ergeben sich die genannten Geschlechtsunterschiede aber nur, wenn die leistungsbewertenden Stellungnahmen von einem Erwachsenen (noch ausgeprägter, wenn es sich bei diesem um einen Mann handelt) abgegeben werden. Wenn die Mitteilung über einen Mißerfolg von einem *Gleichaltrigen* stammt, tendieren Jungen und Mädchen dazu, entgegengesetzt zu reagieren; unter diesen Bedingungen

— sehen Jungen in dem Mißerfolg ein Anzeichen für geringere Fähigkeiten; ihr Leistungsverhalten zeigt daraufhin Beeinträchtigungen,

— neigen Mädchen dazu, den Mißerfolg mit unzureichender Anstrengung in Beziehung zu setzen; ihre Leistungen verbessern sich daraufhin eindeutig.

Dweck zieht aus diesen Beobachtungen den Schluß, daß die typische Reaktionsweise von Jungen und Mädchen auf Mißerfolge das Ergebnis besonderer Erfahrungen mit bestimmten Personen darstellen muß. Kann es sein, so fragte sich *Dweck*, daß Lehrer im Unterricht Mädchen anders als Jungen behandeln, und daß die tendenziell unterschiedliche Reaktion der beiden Geschlechter auf Mißerfolg als Ergebnis verschiedenartiger schulischer Erfahrungen zustandekommt? Um zu einer Beantwortung dieser Frage zu gelangen, führte *Dweck* eine weitere Untersuchung durch (*Dweck* et al., 1978).

In mehreren Klassen vierter und fünfter Schuljahre wurden Lehrer systematisch daraufhin beobachtet, ob sie Jungen anders als Mädchen behandelten. Dabei offenbarte sich, daß Jungen häufiger als Mädchen getadelt wurden. Allerdings richtete sich die Kritik vergleichsweise häufig auf nicht-leistungsbezogene Aspekte des Verhaltens; die Jungen wurden z. B. häufig ermahnt, weil sie angeblich den Unterricht störten, nicht aufpaßten oder unsauber gearbeitet hatten. Darüber hinaus führten die Lehrer Mißerfolge bei Jungen achtmal häufiger als bei Mädchen auf fehlende Anstrengung zurück.

Im Gegensatz zu den Jungen waren die Mädchen relativ selten Adressaten negativer Stellungnahmen von seiten der Lehrer. Wenn sich aber die Kritik gegen sie richtete, bezog sich diese in der Mehrzahl (d. h. in 88,2 Prozent) der Fälle auf intellektuelle Aspekte ihrer Arbeit. Da Lehrer ihre Schülerinnen als sehr fleißig einschätzten — und Mädchen auch dazu neigen, dieses Urteil in ihren Selbsteinschätzungen zu übernehmen —, bleibt für diese wenig Möglichkeit, Mißerfolge mit fehlender Anstrengung zu interpretieren. Die Mädchen — so stellt *Dweck* zusammenfassend fest — haben wahrscheinlich gar keine andere Wahl als in den negativen Stellungnahmen eine objektive Einschätzung ihres Arbeitsverhaltens zu sehen; folglich bleibt vielen von ihnen nur die Möglichkeit, Mißerfolge in leistungsbezogenen Situationen auf mangelnde Fähigkeit zurückzuführen.

Da Mädchen eine vergleichsweise stärkere Neigung haben, Fehlschläge auf geringe Fähigkeit zurückzuführen, tendieren sie dazu, auch zukünftige Leistungen nicht allzu hoch einzuschätzen. Auf diesem Hintergrund überrascht es nicht, daß Mädchen im Vergleich zu Jungen schwächere Leistungen vorhersagen und zwar auch dann, wenn sie bislang gleiche oder bessere Noten als ihre männlichen Mitschüler erhalten.

Es mag die Lernmotivation des Jungen sehr wohl vorübergehend beeinflussen, wenn er seine Mißerfolge mit Einstellungen oder Voreingenommenheiten des Lehrers in Beziehung setzt. Da die Jungen external interpretieren, stellen sie ihre Fähigkeiten nicht in Frage. So wird verständlich, daß sie dazu neigen, zukünftige Leistungen eher zu überschätzen.

Wenn diese Unterschiede in den Kausalattribuierungen zutreffend sind, so schlußfolgerten *Dweck* et. al. (1980), dann müßten die ungleichen Leistungserwartungen vor allem zu Beginn des Schuljahres auftreten. Wenn Jungen für ihre Mißerfolge den Lehrer verantwortlich machen und ihre eigenen Fähigkeiten nicht nennenswert in Frage stellen, dürfte ihnen ein neuer Lehrer zu Beginn des Schuljahres Anlaß für optimistische Leistungsprognosen geben, zumal sie weiterhin von ihren vermeintlich guten Fähigkeiten ausgehen können. Für die Jungen mag sich die Hoffnung einstellen, daß der neue Lehrer ihnen positiver und aufgeschlossener gegenübertritt. Sollte sich dann jedoch zeigen, daß der neue Lehrer dem des vergangenen Jahres doch in relevanten Merkmalen ähnelt, z. B. in seinen Einstellungen, Bewertungsformen usw., könnte im Verlauf des Schuljahres allmählich eine Zurücknahme der Erfolgserwartungen vorgenommen werden.

Bei Mädchen besteht weniger Anlaß, auf einen Lehrerwechsel mit gesteigertem Optimismus in das zukünftige Leistungsverhalten zu reagieren. Wegen ihrer verstärkten Neigung, Erfolge external zu interpretieren und wegen ihrer Wahrnehmung verminderter konstanter Fähigkeiten, wäre ein neuer Lehrer für sie kein plausibler Anlaß, die Leistungserwartungen zu erhöhen.

Die Befunde *Dwecks* et al. (1980) bestätigen diese Schlußfolgerungen: Zu Beginn eines neuen Schuljahres, das mit einem Lehrerwechsel verbunden ist, haben Jungen höhere Erfolgserwartungen als Mädchen, obwohl diese letzteren im vorausgegangenen Jahr objektiv bessere Leistungen aufzuweisen hatten. Diese Geschlechtsunterschiede verringern sich allmählich im Verlauf des Schuljahres.

3.5 Methoden zur Veränderung von Ursachenzuschreibungstendenzen

Es steht außer Frage, daß die vorherrschenden Voreingenommenheiten eines Menschen, wie er Erfolge und Mißerfolge interpretiert, das Ergebnis bestimmter Erfahrungen in leistungsbezogenen Situationen darstellt. Den Eltern, ebenso wie auch den Lehrern kommt, wie *Dweck* nachweisen konnte, diesbezüglich eine besondere Verantwortung zu. Sie gewähren dem Kind mehr oder weniger Selbständigkeit in der Auseinandersetzung mit Problemsituationen, stellen höhere oder geringere Anforderungen und geben Stellungnahmen, die bereits auf eine Ursachenzuschreibung schließen lassen, die von Kindern u. U. übernommen wird.

Von Bedeutung ist, daß ein Kind bereits während des Vorschulalters Erfahrungen sammelt, die es zum Aufbau eines günstigen Fähigkeitskonzepts veranlassen. Ständige Überforderungen lassen, wegen der mit ihnen einhergehenden Versagensquote, leicht Zweifel an der eigenen Fähigkeit entstehen. Sofern ein Kind dagegen gehäuft Gelegenheit erhält, die seitens der Umwelt gestellten Anforderungen zumindest unter Aufbietung erhöhter Anstrengungen erfolgreich zu bestehen, dürfte es mehr Vertrauen in seine Fähigkeit entwickeln.

Ebenso wie *Heckhausen* (1972) meint auch *Kun* (1977), daß dem Vorschulalter sowie den ersten Grundschuljahren eine besondere Bedeutung zukomme. *Kun* vermutet, daß in diesem frühen Alter die eigenen Anstrengungen eine wesentliche Informationsquelle für Fähigkeitsattribuierungen darstellen. Wegen der Wirksamkeit des Halo-Schema (s. S. 73) nimmt das Kind sich als sehr begabt wahr, wenn es einen Erfolg nach erheblichen Anstrengungen zu erzielen vermag, nicht aber, wenn ihm der Erfolg ohne Bemühung zugefallen ist. Die Entwicklung des Selbstvertrauens in die eigene Fähigkeit hängt demnach offenbar davon ab, ob das Kind ausreichend Gelegenheit hat, die Beziehung zwischen Anstrengung und Effekt zu erfahren. Sobald während der Phase der konkreten Operationen das inverse Kompensations-Schema (s. S. 74) entstanden ist, wird der Zwang zu erhöhten Anstrengungen nicht mehr Fähigkeitsattribuierungen nahelegen. Damit ist nach *Kun* die optimale Phase zum Aufbau eines günstigen Fähigkeitskonzepts beendet.

Im Verlauf der Grundschulzeit verfestigt sich allmählich die zuvor jeweils herausgebildete Attribuierungstendenz. Das bleibt wahrscheinlich nicht ohne Folgen für die weitere Entwicklung des Leistungsverhaltens. Beispielsweise neigen diejenigen Menschen, die ihre Erfolge bevorzugt auf Fähigkeit zurückführen, zur Auswahl solcher Aufgaben, an denen sie ihre Tüchtigkeit überprüfen können. Wer sich dagegen geringe Fähigkeiten zuschreibt, wird entsprechende Aufgaben zu meiden versuchen (*Kukla*, 1978). Man sollte die pädagogischen Implikationen eines solchen Wahlverhaltens sehen (*Fyans* und *Maehr*, 1979). Wenn Schüler nämlich von sich aus die Beschäftigung mit Aufgaben suchen, die Begabung voraussetzen, prüfen sie nicht nur ihre Fähigkeiten, sie werden diese im Rahmen der übenden Auseinandersetzung gleichzeitig verbessern.

Darf man nun erwarten, daß sich stabilisierte Attribuierungstendenzen noch verändern lassen? – Mehrere Autoren halten dies für möglich. Sie haben zu diesem Zweck Methoden entwickelt und – gestützt auf die Ergebnisse von Erprobungsstudien – nachweisen können, daß diesen eine gewisse Effektivität zukommt. Dennoch sollte man an diese Interventionsprogramme nicht zu hohe Erwartungen knüpfen, denn es ist zu berücksichtigen, daß die Erprobungsphase stets von dem besonderen Engagement des Autors getragen wird.

Eine stillschweigende Voraussetzung aller Interventionsprogramme ist mit der Annahme gegeben, daß alle Lehrer stets bereit und in der Lage sind, jedem Kind die Hilfe anzubieten, die es benötigt. Wird damit an den Lehrer aber nicht eine übermenschliche Anforderung gestellt? Ohne Zweifel gibt es Schüler, denen der Lehrer keine Sympathien entgegenbringt. Einstellungen sind aber, wie die einschlägige Forschung nachgewiesen hat, sehr schwer oder gar nicht zu verändern. Die Bereitschaft eines Lehrers, die Anweisungen eines Interventionsprogramms zu befolgen, bietet keineswegs eine Gewähr dafür, daß er damit auch sein „Bild" vom Schüler ändert. Besteht nicht die Gefahr, daß sich die negative Einstellung des Lehrers dem Schüler gegenüber fortan auf andere Weise überzeugend offenbart? Mit wachsendem Alter eines Schülers verbessert sich dessen Fähigkeit, die Emotionen anderer angemessen zu interpretieren. Folglich besteht die Möglichkeit, daß der Schüler auf der Ebene affektiver Kommunikation erschließt, was sich hinter den konkreten Verhaltensweisen des Lehrers verbirgt, d. h. was dieser tatsächlich von ihm hält. Ein Lehrer kann einen Schüler z. B. anregen, Mißerfolge auf fehlende Anstrengung statt auf Unfähigkeit zurückzuführen. Wenn der Schüler hinter der Zuwendung seines Lehrers aber Mitleid zu erkennen vermag, sind nach den Befunden von *Weiner* et al. (1981) neunjährige Kinder ansatzweise, Jugendliche sogar ziemlich sicher in der Lage, die Fähigkeitsattribuierung ihres Lehrers zu erschließen.

Auch Beobachtungen von *Conty* (1980, zit. nach *Weiner, Meyer* und *Taylor*, 1981 sowie *Meyer*, 1981) sprechen dafür, daß nicht erbetene Hilfe (wie sie u. U. im Rahmen eines Trainingsprogramms gewährt wird) beim Empfänger negative Wirkungen haben kann und zwar dann, wenn dieser darin eine Bedrohung seiner Selbstachtung sieht. Wenn von zwei Versuchspersonen eine (bei der zweiten handelt es sich um einen Vertrauten des Versuchsleiters) wahrnimmt, daß der Experimentator nur ihr unaufgefordert Hilfe zuteil werden läßt, kann das bei ihr zu einer Herabsetzung ihrer Erfolgserwartungen und zum Erleben negativer Affekte führen. Sollte die Versuchsperson dagegen wahrnehmen, daß nicht ihr, sondern dem zweiten Versuchsteilnehmer unerbetene Hilfe zukommt, ist bei ihr eine Erhöhung der Erfolgserwartung und das Erleben positiver Affekte wahrscheinlich. Unerbetene Hilfe des Lehrers kann auf seiten des Schülers zu der Interpretation führen, daß ihm als Empfänger verminderte Fähigkeiten zugeschrieben werden.

Es ist also der Schluß zu ziehen, daß sogar erprobte Therapiemaßnahmen wirkungslos bleiben müssen, wenn sie mechanistisch angewandt werden und nur darauf zielen, isoliert den Schüler (der implizit als passives, anpassungsfähiges Objekt gesehen wird) zu verändern. Auf diese Weise würden allenfalls kurzfristige Effekte erzielt, die sich jedoch langfristig — und nur solche Ziele erscheinen auf dem Hintergrund der komplexen sozialen Bedingungen individuellen Verhaltens vertretbar — als Scheinerfolge erweisen. Jedes der nachfolgend zu beschreibenden Interventionsprogramme ist nur in einer Lehrer-Schüler-Interaktion zu verwirklichen, und darin werden mehr Informationen übermittelt und interpretiert als durch die formalen Anweisungen des jeweiligen Programms kontrolliert wird. Der Einsatz von Therapiemaßnahmen ist nur zu empfehlen, wenn gleichzeitig sichergestellt ist, daß keine Bedingungen der schulischen (evtl. auch häuslichen) Umwelt fortbestehen, die den zugrundeliegenden Intentionen eines Interventionsprogramms widersprechen.

3.5.1 Veränderung der Attribuierungstendenz nach McMahan (1973)

Ian *McMahans* (1973) Hauptinteresse bestand nicht darin, ein Programm zur Veränderung von relativ stabilisierten Attribuierungstendenzen zu entwickeln und zu erproben. Er zieht aus einer experimentellen Studie vielmehr Schlußfolgerungen, die in diesem Zusammenhang von Bedeutung sind.

McMahans Ausgangspunkt ist ein wiederholt, auch durch seine eigene Studie, bestätigter Befund. Danach besteht eine ausgeprägte Tendenz, Ergebnisse, die weit über den jeweils bestehenden Erwartungen liegen, auf variable Faktoren zurückzuführen. Man nimmt in seiner Ursachenzuschreibung z. B. die Anstrengung oder den Zufall in Anspruch oder schreibt das unerwartet gute Ergebnis der geringen Schwierigkeit der Aufgaben zu.

Was bedeutet diese Attribuierungstendenz nun für einen Menschen, der durch ein zu niedriges und damit unrealistisches Anspruchsniveau zu kennzeichnen ist? Wenn seine Erwartungen durch seine Leistungen einmal erheblich übertroffen werden, nimmt er in seiner Kausalattribuierung die soeben genannten Faktoren (Anstrengung, Zufall oder Aufgabenleichtigkeit) in Anspruch. Bei dieser Ursachenzuschreibung braucht er sein Fähigkeitskonzept nicht zu verändern; folglich bleibt er auch für die Zukunft bei seiner niedrigen Anspruchsniveausetzung.

Für *McMahan* ergibt sich nun die Frage, wie sich die Ursachenzuschreibungstendenz dieser Menschen verändern läßt. *McMahan* gibt die Antwort auf der Ebene einer Spekulation; er schlägt eine Methode vor, die er in seiner Studie nicht überprüft hat. Danach hält er es für entscheidend, daß Menschen, die sich tendenziell ein unrealistisch niedriges Anspruchsniveau setzen, Leistungen erzielen, die *nur ein wenig* über ihren Erwartungen liegen. Nach *McMahans* Vorstellungen sollte das Anspruchsniveau nur so gering übertroffen werden, daß der Handelnde den bescheidenen Erfolg nicht als erwartungswidrig wahrnimmt (eine solche Empfehlung ist selbstverständlich theoretisch leicht ableitbar; im praktischen Alltag wird man sie aber kaum realisieren können). Da bestätigte Erwartungen entsprechend den mitgeteilten Befunden Attribuierungen auf konstante Faktoren nach sich ziehen, hofft *McMahan*, daß Leistungen, die die Erwartungen nur sehr gering übertreffen, mit eigener Fähigkeit interpretiert werden, was zu einer Korrektur der Erwartungen führen müßte. Wenn es gelingt, einen solchen Erfahrungsprozeß — in dessen Verlauf die Rückmeldungen also nicht zu erwartungswidrig sein dürfen —

über einen etwas längeren Zeitraum zu kontrollieren, müßten sich nach den Vorhersagen *McMahans* die Einschätzungen der eigenen Fähigkeit, entsprechend auch die Erfolgserwartungen anheben und schließlich ein angemesseneres Niveau erreichen.

3.5.2 Das „Verursacher"-Programm von deCharms

Richard *deCharms* (1973), amerikanischer Psychologe an der Washington-Universität in St. Louis, verdeutlicht seinen Ansatz mit der Schilderung einer kleinen Begebenheit.

Am 9. November 1965 befand sich ein kleiner Junge auf dem Heimweg von der Schule. Dabei nahm er einen Stock auf, mit dem er u. a. gegen eine Straßenlaterne schlug. Daraufhin erlosch die Beleuchtung; auch in den Häusern herrschte Dunkelheit. Der Junge glaubte, er habe den Stromausfall verursacht. Er lief sofort nach Hause, um seiner Mutter die vermeintliche Missetat zu gestehen; diese meldete den Vorfall sofort der Polizei.

Tatsächlich hatte die Handlung des Jungen selbstverständlich nicht die von ihm vermuteten Folgen. Ein Defekt im Stromnetz war die Ursache dafür, daß ein großer Teil des dichtbesiedelten Nordostens der Vereinigten Staaten vollständig von der Stromzufuhr abgeschnitten war.

Der kleine Junge war offenkundig davon überzeugt, daß er durch sein Verhalten den Stromausfall verursacht habe; er fühlte sich persönlich verantwortlich und daher schuldig. *DeCharms* bemerkt aber zu seiner Schilderung, daß sie zwar gut wiedergäbe, wie ein Kind sich als *Verursacher* eines Ereignisses fühle; zugleich sei das Beispiel jedoch schlecht, denn der Stromausfall stellte nicht das beabsichtigte Ergebnis des Schlagens gegen die Laterne dar.

Seinen Ausgangspunkt sowie seine Zielsetzung umreißt *deCharms* folgendermaßen:

„Grundmotiv des Menschen ist es, sich im Herstellen von intendierten Änderungen in der Umwelt als wirksam zu erweisen. Die Entstehung dieser Motivation setzt die Entwicklung eines Erlebens persönlicher Verursachung voraus. Programme zur Motivförderung müssen dem Individuum dazu verhelfen, bei der Erreichung seiner Ziele effektiv zu sein; sie können sich nicht darauf beschränken, ihm nur ein Gefühl zu vermitteln, daß er diese Ziele erreichen kann."

Nuttin (1973) beobachtete das Verhalten Fünfjähriger an zwei Maschinen, die sich nur in einem, offenbar aber wesentlichen Merkmal voneinander unterschieden. Beide Maschinen waren mit farbigen Lichtern und jeweils einem beweglichen Hebel ausgestattet. Beim

Gerät A hatte der Experimentator die Lichteffekte jedoch vorprogrammiert. Die Lichter der Maschine B ließen sich dagegen durch bestimmte Hebelbewegungen ein- und ausschalten.

Den jungen Versuchspersonen war freigestellt worden, mit welcher der beiden Maschinen sie ihre Zeit verbringen wollten. Es ergab sich eine eindeutige Bevorzugung der Maschine B. Offenbar stellte es ein positives Erlebnis für die Kinder dar, sich als Verursacher der Effekte dieser Maschine zu erleben. *Nuttin* spricht von einer „Kausalitätsfreude" (*causality pleasure*), einem angenehmen Affekt, der sich beim selbsttätigen Tun, bei der Wahrnehmung selbst ausgelöster Effekte, kaum aber bei einem passiven Erfahren einstellt.

Nuttins Beobachtungen decken sich sehr gut mit dem Verursacher-Konzept von *deCharms* (1971, 1973, 1976). Menschliches Streben ist nach der Überzeugung von *deCharms* nicht nur darauf gerichtet, zu überleben. Zugleich gäbe es das fundamentale Motiv, wirksam zu sein, um in der Umwelt Veränderungen herbeizuführen. Menschen wären bestrebt, sich als Verursacher zu erleben. Sie neigten dazu, Widerstand zu leisten, wenn ihr Verhalten von außen her bestimmt werden soll.

Es gibt Lehrer, so schreibt de*Charms*, die auf seiten des Schülers den Eindruck fördern, daß deren Handlungen von ihnen selbst bestimmt würden; diese Schüler hätten das Gefühl, in der Auswahl ihrer Ziele frei zu sein. Diese Lernenden erlebten ihre Handlungen als Ausdruck ihrer Wünsche. Bei ihnen bestünde der Eindruck der Selbstkontrolle. Menschen, auf die solche Merkmale zutreffen, bezeichnet *deCharms* als „Verursacher" (*origins*).

Andere Unterrichtsstile sollen dagegen den Eindruck der Schüler fördern, ein „*pawn*" zu sein. Beim *pawn* handelt es sich um die Figur des Bauern, der auf dem Schachbrett hin- und hergeschoben wird. In der deutschen Sprache verwendet man mit gleichem Bedeutungsgehalt vielfach den Begriff „Spielball". Wer sich als Spielball fühlt, erlebt sich als Objekt, auf das Kräfte in der Außenwelt einwirken. Ein solcher Mensch handelt unter dem Eindruck, daß nicht er selbst sein Schicksal bestimmt, sondern daß dieses von außen her kontrolliert wird; deshalb vermag er z. B. auf erfolgreiche Handlungsergebnisse nicht mit Stolz oder gesteigerter Selbstachtung zu reagieren.

Ein Lehrer, der die Unterrichtsziele und die Wege zu ihrer Erreichung bis ins einzelne vorschreibt, der also das Verhalten der Lernenden sehr genau kontrolliert, hat mit hoher Wahrscheinlichkeit Schüler, die sich als Spielbälle fühlen. Wenn ein Lehrer dagegen größere

Freiheit gewährt und die Selbstkontrolle der Lernenden fördert, dürften diese sich eher als Verursacher fühlen.

DeCharms warnt ausdrücklich vor dem Schluß, die Entwicklung von Selbstkontrolle beim Schüler wäre am besten damit zu fördern, wenn der Lehrer auf jegliche Kontrolle im Klassenzimmer verzichtet und den Schüler in völliger Freiheit beläßt. Es wäre falsch, vom Lernenden mehr Selbstkontrolle zu verlangen als dieser zu übernehmen vermag. Der Lehrer sollte liebevolles Akzeptieren des Schülers mit festen Regeln und steigernden Erwartungen verbinden. In die gleiche Richtung zielt auch die folgende Feststellung *deCharms* (1973):

> *„Eine romantische Sichtweise des Verursachers ist augenblicklich bei amerikanischen College-Studenten sehr populär, nämlich als eines freien Geistes, der von Zwängen anderer Personen und der Gesellschaft unbehindert ist. Danach ist das Individuum etablierten Autoritäten gegenüber nicht verpflichtet. Wir stehen dieser Auffassung mehr und mehr skeptisch gegenüber. Unsere Befunde zeigen nämlich, daß gerade persönliche Verantwortlichkeit und eine realistische Wahrnehmung der Welt für einen Verursacher charakteristisch sind.“*

DeCharms (1971) hat beobachtet, daß Menschen sich unterschiedlich verhalten, wenn sie sich als Spielball oder Verursacher fühlen. Schüler, die als Verursacher behandelt worden sind, bekundeten mehr Interesse für ihre Aufgaben, arbeiteten daran intensiver und offenbarten mehr Anzeichen des Stolzes nach ihrer erfolgreichen Erledigung als andere, die man als Spielbälle behandelt hatte.

Diese Beobachtungen veranlaßten *deCharms*, ein Trainingsprogramm für Lehrer zu entwickeln. Die Unterrichtenden sollten dabei lernen, Schüler so zu behandeln, daß diese sich als Verursacher fühlen konnten. Die Lernenden waren zu ermutigen, Verantwortung für eigene Aktivitäten zu übernehmen. Hauptinhalte des Programms waren:

- die Teilnehmer zu ermutigen, über sich selbst nachzudenken und die eigenen Motive einzuschätzen sowie eigene Stärken und Schwächen zu erkennen,
- die Teilnehmer mit Gedanken und Verhaltenscharakteristika von Personen mit unterschiedlichen Motiven — etwa Anschluß, Leistung, Macht — bekannt zu machen,
- ihnen die Nützlichkeit von sorgfältigem Planen und realistischen Zielsetzungen im Zusammenhang mit jedem Motiv aufzuzeigen,

— bei den Teilnehmern Verhaltensweisen zu fördern, die für einen Verursacher charakteristisch sind.

Zwei Beispiele mögen zeigen, auf welche Weise die Lehrer versuchen sollten, beim Schüler das Gefühl zu entwickeln, Verursacher zu sein:

1. *Mein wahres Selbst.* Über zehn Wochen heftet der Lehrer jeweils für sieben Tage den „Gedanken der Woche" an die Wand. Die Schüler diskutieren darüber in den Pausen und während der Unterrichtsstunden. Die „Gedanken" sind so auszuwählen, daß die Schüler zur Selbstwahrnehmung angeregt werden und Beobachtungsergebnisse austauschen können. Die „Gedanken" reichen z. B. von „mein liebster Tagtraum" bis zu die „Art von Mensch, die ich gerne sein möchte". Der Lehrer versucht die Schüler zu motivieren, jeweils am Ende der Woche einen Aufsatz zu dem „Gedanken der Woche" zu schreiben; dieser wird dann zusammen mit Bildern und Zeichnungen in einem Schulhefter gesammelt.

2. *Geschichten von Erfolg und Leistung.* Innerhalb eines Zeitraums von acht Wochen werden die Schüler im Abstand von etwa sieben Tagen angeregt, Geschichten auf Themenstellungen wie etwa die folgende zu erfinden: „Ein Mensch versucht etwas besser zu machen, als es jemals zuvor getan worden ist. Berichte, wie er daran tatsächlich arbeitet."

Die Ergebnisse des Trainingsprogramms lassen sich nach *deCharms* (1973) folgendermaßen zusammenfassen:

1. Es zeigte sich, daß signifikant mehr trainierte als untrainierte Lehrer nach dem Programm höhere Positionen innerhalb des Schulsystems erreichten.

2. Nach den Berichten der Schüler bestanden signifikante Verhaltensunterschiede zwischen trainierten und nicht-trainierten Lehrern, wobei trainierte Lehrer die Schüler ihrer Klasse mehr als Verursacher behandelten.

3. Das Training bewirkte bei den Kindern in erhöhtem Maße Veränderungen zu Verhalten, das für Verursacher charakteristisch ist.

4. Das Training hatte einen statistisch bedeutsamen Einfluß auf die Schulleistungen und anderes schulbezogenes Verhalten, wie z. B. Häufigkeit von Fehlen und Verspätungen. Beides nahm in den trainierten Klassen signifikant ab, während bei den untrainierten Kindern sogar eine Zunahme zu beobachten war.

3.5.3 Überwindung gelernter Hilflosigkeit

Bereits im zweiten Kapitel wurde darauf hingewiesen (s. S. 124), daß ein entscheidendes Merkmal der gelernten Hilflosigkeit in dem Erleben fehlender Kontrolle über ein Handlungsergebnis liegt. Hiflose Menschen neigen dazu — im Vergleich zu erfolgsorientierten Personen —, ihre Mißerfolge auf Faktoren zurückzuführen, die sich nicht so leicht verändern lassen; sie attribuieren eher auf mangelnde Fähigkeit als auf unzureichende Anstrengung.

Es stellt sich die Frage, ob sich und ggf. wie sich gelernte Hilflosigkeit therapieren läßt. *Seligman* (1975) beobachtete in seinen Experimenten, daß bei hilflosen Tieren eine Verhaltensveränderung nicht leicht durchzuführen ist. Hilflose Hunde mußten vom Versuchsleiter über hundertmal mit körperlicher Gewalt von einer Schockquelle weggedrängt werden, bevor sie von sich aus bereit waren, naheliegende Fluchtmaßnahmen zu ergreifen.

Die tierpsychologischen Erkenntnisse *Seligmans* sind nicht ohne weiteres auf den Menschen zu übertragen, weil dessen Verhalten entscheidend von Kognitionen bestimmt wird. Kennzeichnend für hilflose Kinder ist die Wahrnehmung einer Beziehung zwischen ihrem Verhalten und dem Auftreten von Mißerfolgen; jedes Versagen an einer Aufgabe dient zugleich als Hinweis für zukünftige Mißerfolge bei diesen und ähnlichen Aufgaben. Hilflose Kinder interpretieren den Mißerfolg als Ausdruck dafür, daß leistungsbezogene Situationen außerhalb ihrer Kontrolle liegen. Deshalb könnte jene Therapie erfolgreich sein, die das hilflose Kind veranlaßt, den Mißerfolg auf veränderte Weise wahrzunehmen.

Eine vielfach in der Literatur gegebene Empfehlung lautet, hilflose Menschen ausschließlich mit solchen Aufgaben zu konfrontieren, an denen sie Erfolge erleben können. Dieser Ratschlag wird mit der Behauptung gerechtfertigt, daß Fehler auf seiten des Kindes nur negative Gefühle auslösen und bewirken, daß das Lernmaterial sowie die gesamte leistungsbezogene Situation fortan mehr und mehr gemieden wird.

Läßt sich aber, so fragte *Dweck* (1975) kritisch, mit Trainingsprogrammen, die ausschließlich Erfolge vermitteln, die Einstellung hilfloser Kinder gegenüber Mißerfolgen wirkungsvoll verändern? Was passiert, wenn die auf diese Weise therapierten Kinder schließlich in alltägliche Anforderungssituationen entlassen werden und dort — notwendigerweise — auch einmal Mißerfolge erfahren? — *Dweck* meint, es wäre günstiger, ein hilfloses Kind im Rahmen einer Therapie auch mit Mißerfolgen zu konfrontieren, ihm aber gleichzeitig beizubringen, wie man darauf reagieren sollte. Ein solches Kind hätte also zu lernen, seine Tendenz der Ursachenzuschreibung bei Mißerfolgen zu verändern.

Weiner und *Sierad* (1975) konnten in der Tat zeigen, daß man mit der Veränderung von Kausalattribuierungen bei Mißerfolg Einfluß auf das Leistungsverhalten nehmen kann. Zu ihren Versuchspersonen gehörten Menschen mit schwach ausgeprägtem Leistungsmotiv, das sind solche, die Mißerfolge bevorzugt auf geringe Fähigkeiten zurückführen.

Zu Beginn ihres Experiments hatten *Weiner* und *Sierad* ihren Versuchspersonen eine „Droge" verabreicht, bei der es sich tatsächlich um ein Placebo handelte, d. h. um ein Scheinpräparat, von dem keine bekannte physiologische Wirkung ausging. Fälschlich erfuhren die Versuchspersonen jedoch, die Droge würde jene Leistungen beeinträchtigen, die sie im Rahmen des Experiments zu erbringen hätten. Dieser Hinweis eröffnete die Möglichkeit, Mißerfolge dem Präparat zuzuschreiben, d. h. eine externale Ursache in Anspruch zu nehmen. Da nach *Weiners* Theorie schwächere negative Affekte auftreten, wenn Mißerfolge nicht internal, sondern external attribuiert werden (siehe hierzu allerdings neuere Konzeptionen, S. 112 f.), erwarteten die Autoren einen Anstieg der Leistungen. Tatsächlich bestätigten die experimentellen Ergebnisse ihre Vermutungen: Unter der Drogen-Bedingung steigerten mißerfolgsmotivierte Versuchspersonen ihre Leistungen trotz der mitgeteilten Mißerfolge kontinuierlich, während ebenso schwach leistungsmotivierte Angehörige der Kontrollgruppe (keine „Droge" als externale Attribuierungsmöglichkeit) zunächst einen sehr viel geringeren Anstieg, schließlich sogar einen Rückgang der Leistungen offenbarten.

Dweck griff in ihrer Studie nicht, wie *Weiner* und *Sierad*, auf Scheindrogen zurück, um die Ursachenzuschreibungstendenz zu verändern. Statt dessen versuchte sie, die Kinder durch sprachliche Instruktionen dazu zu bringen, daß sie sich für ihre Mißerfolge verantwortlich fühlten und diese als Ergebnis mangelnder Anstrengung wahrnahmen. Das Ziel ihres Programms bestand darin, bei den Kindern die Einstellung zu entwickeln, daß es sich beim Mißerfolg nicht um ein für sie unkontrollierbares Ereignis handelt.

In *Dwecks* Studie wurde die Reattribuierung durch Stellungnahmen des Versuchsleiters zu den kindlichen Leistungsergebnissen vorgenommen. *Fowler* und *Peterson* (1981) halten es aufgrund eigener Befunde für effektiver, wenn das Kind dieses Kommentieren der eigenen Ergebnisse selbst vornimmt; in ihrer Studie hatten einige Versuchspersonen in ihren eigenen Worten zunächst laut, dann flüsternd und schließlich leise zu verbalisieren, daß hohe (im Erfolgsfall) oder unzureichende (im Mißerfolgsfall) Anstrengung die Ursache für ihr Ergebnis gewesen war.

Es gelang *Dweck*, die Attribuierungstendenz von hilflosen Kindern zu verändern. Diese Versuchspersonen lernten, Fehler auf mangelnde Motivation zurückzuführen. Es wurde erreicht, daß die Kinder nach

Mißerfolgen nicht mehr — wie vor dem Trainingsprogramm — eine erhebliche Beeinträchtigung ihres Leistungsverhaltens offenbarten; sie reagierten auf ein Versagen vielmehr mit einer gleichbleibenden oder sogar gesteigerten Leistung. — Andere als hilflos klassifizierte Versuchspersonen wurden während des Trainingsprogramms nur mit Erfolgssituationen konfrontiert; zu einer Veränderung ihrer Ursachenzuschreibungstendenz hat man sie nicht angeregt. Trotz der Erfolgsserie reagierten diese Kinder weiterhin so, wie es für Hilflose typisch ist: nach Mißerfolgen zeigten sie einen erheblichen Abbau ihrer Leistungsqualität; offenbar war ihre Einstellung zum Mißerfolg unverändert geblieben. *Dweck* folgerte aus diesem Befund, daß gelernte Hilflosigkeit nur zu überwinden ist, wenn es gelingt, die Interpretation des Mißerfolgs, die überdauernde Attribuierungstendenz zu verändern. Dies läßt sich zum einen — wie *Dweck* es getan hat — dadurch erreichen, daß man die Teilnehmer eines Programms anregt, bestimmte Attribuierungen zu bevorzugen. Zum anderen unterstützt es sicherlich die Bemühungen, wenn man die Teilnehmer durch individuell angemessene Anforderungsdosierungen *erfahren* läßt, daß zwischen ihren Anstrengungen und ihren Leistungsergebnissen eine Beziehung (Kovariation) besteht. Eine nachfolgende Studie (*Andrews* und *Debus*, 1978) konnte die Befunde *Dwecks* bestätigen. *Chapin* und *Dyck* (1976) haben darauf hingewiesen, daß *Dweck* in ihrer Interventionsstudie partielle Verstärkungen und ein Reattribuierungstraining gleichzeitig eingesetzt hat. Diese Autoren kommen in ihrer Studie zu dem Ergebnis, daß beide Maßnahmen geeignet sind, die Ausdauer bei der Auseinandersetzung mit Leistungsaufgaben zu erhöhen.

Möglicherweise ist der Erfolg des Interventionsprogramms von *Dweck* noch auf einen weiteren, nicht kontrollierten Faktor zurückzuführen. Nach den bereits im 2. Kapitel mitgeteilten Befunden (s. S. 113) ist mit der Interpretation von Mißerfolg durch mangelnde Fähigkeit häufig das Gefühl der Inkompetenz verbunden. Dagegen weckt die Inanspruchnahme von mangelnder Anstrengung bei einem schwachen Leistungsergebnis Schuldgefühle und Beschämung. Es kann nun mit *Weiner* (1980b) sehr wohl vermutet werden, daß die Aufforderung an den Schüler, Mißerfolge auf fehlende Anstrengung statt auf mangelnde Begabung zurückzuführen, wirksam war, weil damit dem leistungshindernden Gefühl der Inkompetenz entgegengewirkt worden ist; gleichzeitig wurden Schuld- und Schamgefühle aktiviert, die einen Anstieg der Motivation im Gefolge hatten. Weitere Studien werden zu prüfen haben, welche Rolle die indirekt manipulierbaren Emotionen im Rahmen eines Reattribuierungsprogramms spielen.

3.5.4 Veränderung der Selbstverbalisierung durch Attribuierungstraining

Werner *Herkner* und Mitarbeiter (1980) von der Universität Wien bezeichneten die Untersuchung *Dwecks* als „eingeschränkt", weil sich das Training nur auf den Faktor Anstrengung beschränkt hatte. Die Autoren legen eine Studie vor, deren Ergebnisse diejenigen *Dwecks* bestätigen und ansonsten „in vielen Punkten systematischer und vollständiger" sind. Ihr Ausgangspunkt ist die bereits mehrfach bestätigte Feststellung, daß zahlreiche Störungen im Leistungs- und Sozialbereich von ungünstigen Selbstverbalisationen begleitet werden. Als typisch positive Reaktion auf eine leistungsbezogene Situation werteten die Autoren z. B. die folgende Feststellung: „Ich will mir erst einmal einen Überblick verschaffen und mich nicht in die Angst hineinjagen lassen." Eine typisch negative Reaktion lautete: „Ich werde so aufgeregt sein, daß ich völlig aus dem Konzept komme." Wer immer oder häufiger in der zuerst genannten Art reagiert, ist als „Positivverbalisierer", wer vielfach in der negativen Art reagiert, als „Negativverbalisierer" bezeichnet worden. Eine entscheidende Annahme von *Herkner* et al. lautete, „daß die meisten Arten von Selbstverbalisationen (insbesondere jedoch Erwartungen, Bewertungen und emotionale Reaktionen) von den Attributionen abhängen, und daß es genügt, die Attributionen zu ändern, um die (meisten) anderen Selbstverbalisierungen zu ändern". In ihrer Studie bestätigte sich die Annahme, daß Negativverbalisierer in höherem Maße als Positivverbalisierer dazu tendieren, Erfolge auf externale und instabile, Mißerfolge dagegen auf internale und stabile Ursachen zurückzuführen.

Über das Attribuierungstraining, das sechs Sitzungen zu je 90 Minuten umfaßte und sich über drei Wochen verteilt hat, machen die Autoren folgende Angaben:

„Es wurde nach einem 3-Phasen-Plan vorgegangen: Zunächst wurden verschiedene Situationen (. . . aus den Bereichen Prüfung, Diskussion und Referat) mit verschiedenen (positiven und negativen) Konsequenzen beschrieben und diskutiert. Im ersten Schritt sollten die Versuchspersonen offen verbalisieren, welche Empfindungen und Gefühle durch die dargestellte Konsequenz in dieser Situation ausgelöst werden. Im zweiten Schritt wurden verschiedene

mögliche Erklärungen (Attributionen) für die beschriebene Konsequenz diskutiert. Dabei wurde darauf hingewiesen, welche Erklärungen günstig sind und welche nicht. Im dritten Schritt wurde diskutiert, welche Handlungen zu bestimmten Attributionen passen bzw. sich aus diesen ergeben."

Die Autoren werteten ihre Maßnahmen als erfolgreich, denn die Selbstverbalisierungen der ursprünglich als Negativverbalisierer klassifizierten wurden durch das Training positiver. Nach dem Training attribuierten die Negativverbalisierer ihre Erfolge vorwiegend internal, während sie die Mißerfolge eher auf instabile Ursachen zurückführten. Ihre Erfolgserwartungen konnten durch das Training eindeutig erhöht und die Mißerfolgserwartungen gesenkt werden. Bezüglich der Angsteinschätzung erfolgte eine Angleichung an die Positivverbalisierer.

Eine Schwäche der hier dargestellten Studie, auf die von den Autoren allerdings auch hingewiesen wird, ist damit gegeben, daß eine direkte Wirkung des Attribuierungstrainings auf das Leistungsverhalten nicht demonstriert worden ist. Denkbar wäre selbstverständlich, daß die zweifellos intelligenten Versuchspersonen (Studenten) in der Befragung nach dem Training lediglich verbale Anpassungsleistungen in Richtung auf die zuvor wahrgenommenen Erwartungen der Autoren vorgenommen haben, ohne damit zugleich in der Lage zu sein, Verhaltensveränderungen in realen leistungsbezogenen Situationen zu offenbaren.

3.5.5 Änderung der Kausalattribuierung durch Beobachtungslernen

In einer Studie von Siegbert *Krug* und Josef *Hanel* (1976) sollten mißerfolgsmotivierte und leistungsschwache Schüler des 4. Schuljahres „realistischere Zielsetzungen, angemessenere Ursachenzuschreibungen und positivere Selbstbekräftigungen erlernen". Die Autoren erreichten einen deutlichen Motivwandel sowie Leistungsverbesserungen in einem Intelligenztest, allerdings ließen sich keine schulischen Leistungsverbesserungen registrieren. Neben einer Kombination von Techniken war auch das Lernen am Modell (Beobachtungslernen) eingesetzt worden. Allerdings ließ sich unter diesen Bedingungen nach Aussagen der Autoren nur schwer abschätzen, „inwieweit diese Techniken im einzelnen zum Erfolg des Trainings beitrugen".

Ingrid *Gatting-Stiller* et al. (1979) von der Technischen Universität Braunschweig entschieden sich deshalb für die Erprobung nur eines Modifikationsmittels. Ihre Frage lautete, „ob von Modellen gezeigtes Ausdauerverhalten sowie verbalisierte Kausalbeziehungen zu erhöhtem Ausdauerverhalten und verstärkter Anstrengungsattribuierung bei mißerfolgsmotivierten Schülern führen".

318 Schüler und Schülerinnen 5. und 6. Schuljahre sahen über Video-Aufzeichnung ein weibliches Modell, das sich mit einer leistungsbezogenen Aufgabe auseinandersetzte. Dem Modell stand frei, jederzeit zu einer anderen, nicht leistungsbezogenen Aufgabe zu wechseln. Nach seinen Lösungsversuchen erhielt es Mißerfolgsrückmeldungen vom Versuchsleiter. Daraufhin zeigte das Modell Unentschlossenheit („Soll ich aufhören oder weitermachen? . . . Ich nehme mir die andere Aufgabe . . . Oder soll ich doch . . . ?").

Nach diesem für alle experimentellen Bedingungen identischen Vorspann variierte der weitere Verlauf der einzelnen Filme. Hier seien auszugsweise nur zwei Bedingungen geschildert.

Bedingung „Modellkognition": Das Modell verbalisierte zunächst die mißerfolgsorientierte Attribuierung („Ich bin einfach zu dumm dazu . . . da brauch' ich mich gar nicht erst anzustrengen . . ."). Kurz darauf wechselte es zur erfolgs- und anstrengungsorientierten Attribuierung („Es liegt nicht daran, daß ich zu dumm bin . . . ich habe mich einfach nicht genügend angestrengt . . .").

Bedingung „Modellverhalten": Das Modell wandte sich zunächst von der kritischen Aufgabe ab. Nach einer Phase unentschlossenen Verhaltens wechselte es zu ausdauerndem Leistungsverhalten, indem es die kritische Aufgabe auch nach fünf weiteren Mißerfolgsrückmeldungen jeweils sofort wieder aufnahm. Dabei verbalisierte es seine Ausdauerbereitschaft („Ich mache weiter").

Nach jeder der geschilderten Szenen folgte eine Ausblendung. Die Wiedereinblendung zeigte das Modell bei (in der Bedingung „Modellkognition" nach) erfolgreicher Bearbeitung der Aufgabe (innerhalb der vorgesehenen Zeit) mit abschließender Erfolgsrückmeldung.

Nach der Filmbetrachtung wurde bei den Versuchspersonen das Ausdauerverhalten geprüft bzw. die Attribuierungstendenz erfragt.

Die Autoren fanden, „daß von Modellen angesichts von Mißerfolgen gezeigtes Ausdauerverhalten bei mißerfolgsmotivierten Beobachtern zu erhöhten Ausdauerwerten führt". Es zeigte sich weiterhin, daß die von Modellen zum Ausdruck gebrachte Anstrengungsorientierung ebenfalls von den Versuchspersonen nachgeahmt worden ist. Offenbar steht dem Lehrer somit auch als Vorbild die Möglichkeit zur Verfügung, auf das Ausdauerverhalten seiner Schüler sowie auf deren Attribuierungstendenzen einzuwirken.

3.5.6 Veränderung der Bezugsnorm-Orientierung beim Lehrer

Es wurde bereits auf eine Studie von *Rheinberg* et al. (1979) verwiesen, in der ein Lehrer in zwei Klassen Unterrichtsverhalten unter sozialer und individueller Bezugsnorm-Orientierung realisiert hatte.

Im Verlauf von sechs Wochen ergaben sich bei den Schülern Unterschiede in Schulangst-, Attribuierungs- und Selbstbewertungsmaßen. Allerdings hatten die Autoren ihr Vorgehen nicht ausdrücklich als Interventionsprozedur gekennzeichnet. Inzwischen liegen Studien vor, in denen Lehrer trainiert worden sind, Leistungsrückmeldungen unter individueller Bezugsnorm vorzunehmen. So baten *Kraeft* und *Krug* (1979) Lehrer vierter Schuljahre, „Aufgabenstellungen verstärkt dem Leistungsstand der einzelnen Kinder anzupassen und die Schüler nach ihrem jeweiligen individuellen Leistungsstandard zu bekräftigen. Im besonderen sollten sie dem Schüler gegenüber Erfolge auf gute Begabung und Anstrengung, Mißerfolge dagegen auf mangelnde Anstrengung und Pech zurückführen". Dabei zeigte sich, daß es nicht allen Lehrern möglich war, eine individuelle Bezugsnorm-Orientierung zu übernehmen. Nur bei jenen Lehrern, deren Unterrichtsverhalten durch das Training zu verändern war, zeigte sich im Verlauf von acht Wochen bei den Schülern eine Abnahme der Mißerfolgsfurcht sowie eine gesteigerte Mitarbeit im Unterricht.

Über erhebliche Schwierigkeiten, die Bezugsnorm-Orientierung von Lehrern zu verändern, berichten auch *Rheinberg* et al. (1980). Sie hatten die Unterrichtenden trainiert, „so oft wie möglich im Unterricht intraindividuelle Leistungsvergleiche laut zu äußern und wichtig zu machen". Den Autoren gelang es zwar − wahrscheinlich nur für die Dauer des sechs Wochen während den Versuchs − das oberflächliche Verhalten der Lehrer, nicht aber deren zugrundeliegende Orientierung zu verändern.

Eine günstigere Situation ist gegeben, wenn man Schulklassen miteinander vergleichen kann, deren Schüler teilweise von Lehrern mit originär individueller und teilweise von solchen mit sozialer Bezugsnorm-Orientierung unterrichtet werden (wobei selbstverständlich schwer zu kontrollieren ist, ob sich die Lehrer neben der Bezugsnorm-Orientierung auch bezüglich anderer relevanter Merkmale voneinander unterscheiden). Eine solche Studie ist von *Peter* durchgeführt worden; *Heckhausen* und *Rheinberg* (1980) berichten darüber. Zu den Teilnehmern gehörten Schüler mit „schlechter Lernmotivation". Die Kinder wurden je zur Hälfte in Klassen untergebracht, die entweder vornehmlich von Lehrern mit individueller oder von Lehrern mit sozialer Bezugsnorm-Orientierung unterrichtet wurden. Anfänglich ließ sich zwischen diesen beiden Gruppen bezüglich der Testintelligenz, der Schulunlust und der Prüfungsängstlichkeit kein statistisch bedeutsamer Unterschied nachweisen. Nach Ablauf von einem Jahr stieg die Schulunlust in Klassen mit sozialer Bezugsnorm-

Orientierung sogar noch an, während sie bei individueller Bezugsnorm auf ein „normales" Maß zurückgegangen war; unter den zuletzt genannten Bedingungen ließ sich auch eine Abnahme der Prüfungsängstlichkeit registrieren.

Welches Schicksal erfahren nun aber Schüler nach Abschluß eines Interventionsprogramms? Wie reagieren Kinder, die vorübergehend die Bedingungen individueller Bezugsnorm-Orientierung kennengelernt haben und sich anschließend wieder dem ständigen sozialen Vergleich anpassen müssen? *Rheinberg* vermag auf solche Fragen − ebensowenig aber auch Autoren anderer Interventionsprogramms − keine Antwort zu geben. Grundsätzlich muß jedoch damit gerechnet werden, daß Schüler nach Wiederherstellung der ursprünglichen Unterrichtsbedingungen wiederum jene Verhaltensweisen offenbaren, die zuvor als therapiebedürftig bezeichnet worden sind. Unter Umständen treten diese Verhaltensweisen bei jenen Kindern sogar verstärkt in Erscheinung, die der erhöhten Variation der Unterrichtsbedingungen die geringste Flexibilität entgegenzusetzen haben; auf diese Kinder, die der besonderen Förderung am dringendsten bedürffen, hätte das Programm unter den genannten Voraussetzungen sogar negative Wirkungen ausgeübt.

Solche Entwicklungen decken sich ganz sicher nicht mit den Intentionen *Rheinbergs*. Keineswegs ist die Zielsetzung *Rheinbergs* auf ausschließliche Veränderung des Schülers gerichtet. Er möchte die Lehrer vielmehr zur kritischen Auseinandersetzung mit den von ihnen gestalteten Unterrichtsbedingungen herausfordern und sie zur Prüfung der Frage anregen, ob alternative Maßnahmen − z.B. solche, die einer individuellen Bezugsnorm-Orientierung entsprechen − eventuell eher als ihre bislang praktizierten geeignet sein könnten, wünschenswerte Ziele zu erreichen.

Die Pädagogische Psychologie kann diese Herausforderung an den Lehrer richten und ihm − wie es auch im Rahmen der gesamten vorliegenden Darstellung geschehen ist − relevante Erkenntnisse anbieten. Es liegt jedoch nicht ausschließlich in den Händen der Pädagogischen Psychologie, ob und in welchem Umfang Lehrer diese Herausforderung annehmen und ob wenigstens einige Erkenntnisse Eingang in die praktische Unterrichtsarbeit finden werden. Allerdings müßte eine Pädagogische Psychologie, die ihren Optimismus fallenließe, sich selbst aufgeben.

Literaturverzeichnis

Abelson, A scipt theory of understanding, attitude, and behavior. In: Carroll, J. S. u. Payne, J. W. (Eds.), Cognition and social behavior. Hillsdale/N. J. 1976, S. 33-45

Abrams, R. D. u. Finesinger, J. E. Guilt reactions in patients with cancer. Cancer, 1953, 6, S. 474-482

Abramson, L. Y., Seligman, M. E. P. u. Reasdale, J. D. Learned helplessness in humans: Critique and reformulation. Journal of Abnormal Psychology, 1978, 87, S. 49-74

Ajzen, I. Intuitive theories of events and effects of base-rate information on prediction. Journal of Personality and Social Psychology, 1977, 35, S. 303-314

Allen, B. P. u. Smith, G. F. Traits, situations, and their interaction as alternative "causes" of behavior. The Journal of Social Psychology, 1980, 111, S. 99-104

Amabile, T. M., DeJong, W. u. Lepper, M. R. Effects of externally imposed deadlines on subsequent intrinsic motivation. Journal of Personality and Social Psychology, 1976, 34, S. 92-98

Ames, C. Children's achievement attributions and self-reinforcement: Effects of self-concept and competitive reward structure. Journal of Educational Psychology, 1978, 70, S. 345-355

Ames, C. u. Ames, R. Competitive versus individualistic goal structures: The salience of past performance information for causal attributions and affect. Journal of Educational Psychology, 1981, 73, S. 411-418

Ames, C. u. Felker, D. W. An examination of children's attributions and achievement-related evaluations in competitive, cooperative, and individualistic reward structures. Journal of Educational Psychology, 1979, 71, S. 413-420

Ames, R., Ames, C. u. Garrison, W. Children's causal ascriptions for positive and negative interpersonal outcome. Psychological Reports, 1977, 41, S. 595-602

Amsel, A. Behavioral habituation, counterconditioning, and a general theory of persistence. In: Black, A. u. Prokasy, W. (Eds.), Conditioning II: Current theory and research. New York 1972

Andrews, G. R. u. Debus, R. L. Persistence and the causal perception of failure: Modifying cognitive attributions. Journal of Educational Psychology, 1978, 70, S. 154-166

Arkin, R. M., Gleason, J. M. u. Johnston, S. Effect of perceived choice, expected outcome, and observed outcome of an action on the causal attributions of actors. Journal of Experimental Social Psychology, 1976, 12, S. 151-158

Arkin, R. M. u. Maruyama, G. M. Attribution, affect, and college exam performance. Journal of Educational Psychology, 1979, 71, S. 85-93

Atkinson, J. W. Motivational determinants of risk-taking behavior. Psychological Review, 1957, S. 359-372

Babad, E. Y. Personality correlates of susceptibility to biasing information. Journal of Personality and Social Psychology, 1979, 37, S. 195-202

Babad, E. Y. u. Inbar, J. Performance and personality correlates of teachers' susceptibility to biasing information. Journal of Personality and Social Psychology, 1981, 40, S. 553-561

Bandura, A. Vicarious and self-reinforcement processes. In: Glaser, R. (Eds.), The nature of reinforcement. New York 1971, S. 228-278

Bandura, A. Behavior theory and the models of man. American Psychologist, 1974, 29, S. 859-869

Bar-Tal, D. u. Guttmann, J. A comparison of pupils', teachers' and parents' attributions regarding pupils' achievement. British Journal of Educational Psychology (in press)

Battle, E. S. Motivational determinants of academic task persistence. Journal of Personality and Social Psychology, 1965, 2, S. 209-218

Beck, A. T. Depression: Clinical, experimental and theoretical aspects. New York 1967

Beckman, L. Effects of students' performance an teachers' and observers' attributions of causality. Journal of Educational Psychology, 1970, 61, S. 76-82

Beckman, L. Effects of students' performance on teachers' and observers' performance. Journal of Educational Psychology, 1973, 65, S. 198-204

Bem, D. J. Self-perception: An alternative interpretation of cognitive dissonance phenomena. Psychological Review, 1967, 74, S. 182-200

Bem, D. J. Self-perception theory. In: Berkowitz, L. (Ed.), Advances in experimental social psychology, Vol. 6, New York 1972, S. 1-62

Benson, J. S. u. Kennelly, K. J. Learned helplessness: The result of uncontrollable reinforcements or uncontrollable aversive stimuli? Journal of Personality and Social Psychology, 1976, 34, S. 138-145

Berglas, S. u. Jones, E. E. Drug choice as a self-handicapping strategy in response to noncontingent success. Journal of Personality and Social Psychology, 1980, 19, S. 33-40

Bernstein, W. M., Stephan, W. G. u. Davis, M. H. Explaining attributions for achievement: A path analytic approach. Journal of Personality and Social Psychology, 1979, 37, S. 1810-1821

Bernstein, W. M., Stephenson, B. O., Snyder, M. L. u. Wicklund, R. A. Attributional ambiguity in heterosexual interaction. New Mexico State University (in Vorb.)

Bierbrauer, G. Why did he do it? Attribution of obedience and the phenomenon of dispositional bias. European Journal of Social Psychology, 1979, 9, S. 67-84

Boggiano, A. K. u. Ruble, D. N. Competence and the overjustification effect: A developmental study. Journal of Personality and Social Psychology, 1979, 37, S. 1462-1468

Bradley, G. W. Self-serving biases in the attribution process: A reexamination of the fact or fiction question. Journal of Personality and Social Psychology, 1978, 36, S. 56-71

Brewer, M. B. An information-processing approach to attribution or responsibility. Journal of Experimental Social Psychology, 1977, 13, S. 58-69

Brockner, J. u. Hulton, A. J. B. How to reverse the vicious cycle of low self-esteem: The importance of attentional focus. Journal of Experimental Social Psychology, 1978, 14, S. 564-578

Brophy, J. Teacher praise: A functional analysis. Review of Educational Research, 1981, 51, S. 5-32

Brophy, J. E. u. Evertson, C. M. Student characteristics and teaching. New York 1981

Brophy, J. u. Good, T. Teachers' communication of differential expectations for children's classroom performance: Some behavioral data. Journal of Educational Psychology, 1970, 61, S. 365-374

Brophy, J. E. u. Rohrkemper, M. M. The influence of problem ownership on teachers' perceptions of and strategies for coping with problem students. Paper presented at the Annual Meeting of the AERA, Boston 1980

Brophy, J. E. u. Rohrkemper, M. M. The influence of problem ownership on teachers' perceptions of and strategies for coping with problem students. Journal of Educational Psychology, 1981, 73, S. 295-311

Broverman, I. K., Vogel, S. R., Broverman, D. M., Clarkson, F. E. u. Rosenkranz, P. S. Sex-role stereotypes: A current appraisal. Journal of Social Issues, 1972, 28, S. 59-78

Burger, J. M. u. Arkin, R. M. Prediction, control, and learned helplessness. Journal of Personality and Social Psychology, 1980, 38, S. 482-491

Buss, A. R. Causes and reasons in attribution theory: A conceptual critique. Journal of Personality and Social Psychology, 1978, 36, S. 1311-1321

Butzkamm, J. Motivierungsprozesse bei erwartungswidrigen Rückmeldungen. Duisburg 1981 (unveröffentl. Dissertation)

Carver, C. S. A cybernetic model of self-attention processes. Journal of Personality and Social Psychology, 1979, 37, S. 1251-1281

Carver, C. S., Blaney, P. H. u. Scheier, M. F. Reassertion and giving up: The interactive role of self-directed attention and outcome expectancy. Journal of Personality and Social Psychology, 1979, 37, S. 1859-1870

Carver, C. S., Blaney, P. H. u. Scheier, M. F. Focus of attention, chronic expectancy, and responses to a feared stimulus. Journal of Personality and Social Psychology, 1979, 37, S. 1186-1195

Chaikin, A. L. The effects of four outcome schedules on persistence, liking for the task, and attributions of causality. Journal of Personality, 1971, 39, S. 512-526

Chapin, M. u. Dyck, D. G. Persistence in children's reading behavior as a function of N length and attribution retraining. Journal of Abnormal Psychology, 1976, 85, S. 511-515

Chodoff, P., Friedman, S. u. Hamburg, D. Stress defenses and coping behavior: Observations in parents of children with malignant disease. American Journal of Psychiatry, 1964, S. 743-749

Cole, C. S. u. Coyne, J. C. Situational specificity of laboratory-induced learned helplessness. Journal of Abnormal Psychology, 1977, 86, S. 615-623

Coleman, J. S. Equality and educational opportunity. Washington, D. C. 1966

Combe, A. Kritik der Lehrerrolle. München 1971

Condry, J. Enemies of exploration: Self-initiated versus other-initiated learning. Journal of Personality and Social Psychology, 1977, 35, S. 459-477

Cook, R. E. Causal ascriptions and achievement behavior: A conceptual analysis of effort and reanalysis of locus of control. Journal of Personality and Social Psychology, 1972, 21, S. 239-248

Cooper, H. M. Controlling personal rewards: Professional teachers' differential use of feedback and the effects of feedback on the student's motivation to perform. Journal of Educational Psychology, 1977, 69, S. 419-427

Cooper, H. M. Pygmalion grows up: A model for teacher expectation communication and performance influence. Review of Educational Research, 1979, 49, S. 389-410

Cooper, H. M. u. Baron, M. Academic expectations, attributed responsibility, and teachers' reinforcement behavior: A suggested integration of conflicting literatures. Journal of Educational Psychology, 1979, 71, S. 274-277

Cooper, H. M., Hinkel, G. M. u. Good, T. L. Teachers' beliefs about interaction control and their observed behavioral correlates. Journal of Educational Psychology, 1980, 72, S. 345-354

Cordray, D. S. u. Shaw, J. I. An empirical test of the covariation analysis in causal attribution. Journal of Experimental Social Psychology, 1978, 14, S. 280-290

Covington, M. V. u. Beery, R. Self-worth and school learning. New York 1976

Covington, M. V. u. Omelich, C. L. Effort: The double-edged sword in school achievement. Journal of Educational Psychology, 1979a, 71, S. 169-182

Covington, M. V. u. Omelich, C. L. Are causal attributions causal? A path analysis of the cognitive model of achievement motivation. Journal of Personality and Social Psychology, 1979b, 37, S. 1487-1504

Covington, M. V. u. Omelich, C. L. It's best to be able and virtuous too: Student and teacher evaluative responses to successful effort. Journal of Educational Psychology, 1979c, 71, S. 688-700

Covington, M. V. u. Omelich, C. L. As failures mount: Affective and cognitive consequences of ability demotion in the classroom. Journal of Educational Psychology, 1981, 73, S. 796-808

Coyne, J. C., Metalsky, G. I. u. Lavelle, T. L. Learned helplessness as experimenter-induced failure and its alleviation with attentional redeployment. Journal of Abnormal Psychology, 1980, 89, S. 350-357

Crandall, V. C. Sex differences in expectancy of intellectual and academic reinforcement. In: Smith, C. P. (Ed.) Achievement-related motives in children. New York 1969

Crocker, J. Judgment of covariation by social perceivers. Psychological Bulletin, 1981, 40, S. 272-292

Davis, M. H. u. Stephan, W. G. Attributions for exam performance. Journal of Applied Social Psychology, 1980, 10, S. 235-248

Deaux, K. Women in management: Causal explanations of performance. In: O'Leary, V., The professional woman. Symposium presented at the Meeting of the APA, New Orleans 1974

Deaux, K. Sex: A perspective on the attribution process. In: Harvey, J. H. et al. (Eds.), New directions in attribution research, Vol. 1, New York 1976, S. 335-352

Deaux, K. u. Farris, E. Attributing causes for one's own performance: The effects of sex, norms, and outcome. Journal of Research in Personality, 1977, 11, S. 59-72

de Charms, R. From pawns to origins: Toward self-motivation. In: Lesser, G. S. (Ed.), Psychology and educational practice. Glenview/Ill. 1971

de Charms, R. Personal causation training in the schools. Journal of Applied Social Psychology, 1972, 2, S. 95-113

de Charms, R. Ein schulisches Trainingsprogramm zum Erleben eigener Verursachung. In: Edelstein, W. u. Hopf, D. (Hrg.), Bedingungen des Bildungsprozessess. Stuttgart 1973, S. 60-78

de Charms, R. Enhancing motivation. New York 1976

Deci, E. L. Intrinsic motivation. New York 1975

Diener, C. T. u. Dweck, C. S. An anaysis of learned helplessness: Continuous changes in performance, strategy, and achievement cognitions following failure. Journal of Personality and Sociel Psychology, 1978, 36, S. 451-462

Diener, C. I. u. Dweck, C. S. An analysis of learned helplessness: II. The processing of success. Journal of Personality and Social Psychology, 1980, 39, S. 940-952

Douglas, D. u. Anisman, H. Helplessness or expectation incongruency: Effects of aversive stimulation and subsequent performance. Journal of Experimental Psychology: Human Perception and Perfomance, 1975, 1, S. 411-417

Duval, S. u. Wicklund, R. A. A theory of objective self-awareness. New York 1972

Dweck, C. S. The role of expectations and attributions on the alleviation of learned helplessness. Journal of Personality and Social Psychology, 1975, 31, S. 674-685

Dweck, C. S. u. Bush, E. S. Sex differences in learned helplessness: I. Differential debilitation with peer and adult evaluators. Developmental Psychology, 1976, 12, S. 147-156

Dweck, C. S., Davidson, W., Nelson, S. u. Enna, B. Sex differences in learned helplessness: II. The contingencies of evaluative feedback in the classroom und III. an experimental analysis. Developmental Psychology, 1978, 14, S. 168-276

Dweck, C. S. u. Goetz, T. E. Attribution and learned helplessness. In: Harvey, J. H., Ickes, W. u. Kidd, R. F. (Eds.), New directions in attribution research, Vol. 2, New York 1978, S. 157-179

Dweck, C. S., Goetz, T. E. u. Strauss, N. L. Sex differences in learned helplessness: IV. An experimental and naturalistic study of failure generalization and its mediators. Journal of Personality and Social Psychology, 1980, 38, S. 441-452

Dweck, C. S. u. Repucci, N. D. Learned helplessness and reinforcement responsibility in children. Journal of Personality and Social Psychology, 1973, 25, S. 109-116

Dyck, R. J. u. Rule, B. G. The effect on retaliation of causal attributions concerning attack. Journal of Personality and Social Psychology, 1978, 36, S. 521-529

Eisen, S. V. Actor-observer differences in information inference and causal attribution. Journal of Personality and Social Psychology, 1979, 37, S. 261-272

Elashoff, J. D. u. Snow, R. E. Pygmalion auf dem Prüfstand. München 1972

Elig, T. W. u. Frieze, I. H. A multi-dimensional coding scheme of causal attributions in social and academic situations. Personality and Social Psychology Bulletin, 1974, 1, S. 94-96

Elig, T. W. u. Frieze, I. H. A multi-dimensional scheme for coding and interpreting perceived causality for success and failure events: The coding scheme of perceived causality (CSPC). Catalog of Selected Documents in Psychology, 1975, 5, S. 313

Elig, T. W. u. Frieze, I. H. Measuring causal attributions for success and failure. Journal of Personality and Social Psychology, 1979, 37, S. 621-634

Enzle, M. E. u. Schopflocher, D. Instigation of attribution processes by attributional questions. Personality and Social Psychology Bulletin, 1978, 4, S. 595-599

Etaugh, C. u. Brown, B. Perceiving the causes of success and failure of male and female performers. Developmental Psychology, 1975, 11, S. 103

Etaugh, C. u. Rose, S. Adolescents' sex bias in the evaluation of performance. Developmental Psychology, 1975, 11, S. 663-674

Fazio, R. H. On the self-perception explanation of the overjustification effect: The role of salience of initial attitude. Journal of Experimental Social Psychology, 1981, 17, S. 417-426

Feather, N. T. Effects of prior success and failure on expectations of success and subsequent performance. Journal of Personality and Social Psychology, 1966, 3, S. 287-298

Feather, N. T. Attribution of responsibility and valence of success and failure in relation to initial confidence and task performance. Journal of Personality and Social Psychology, 1969, 13, S. 129-144

Feather, N. T. u. Simon, J. G. Attribution of responsibility and valence of outcome in relation to initial confidence and success and failure of self and other. Journal of Personality and Social Psychology, 1971a, 18, S. 173-188

Feather, N. T. u. Simon, J. G. Causal attributions for success and failure in relation to expectations of success based upon selective or manipulative control. Journal of Personality, 1971b, 39, S. 527-541

Feather, N. T. u. Simon, J. G. Fear of success and causal attribution for outcome. Journal of Personality, 1973, 41, S. 525-542

Federoff, N. A. u. Harvey, J. H. Focus of attention, self-esteem and the attribution of causality. Journal of Research in Personality, 1976, 10, S. 336-345

Feldman, N. S., Higgins, E. T., Karlovac, M. u. Ruble, D. N. Use of consensus information in causal attributions as a function of temporal presentation and availability of direct information. Journal of Personality and Social Psychology, 1976, 34, 694-698

Feldman, R. S. u. Bernstein, A. G. Degree and sequence of success as determinants of self-attribution of ability. The Journal of Social Psychology, 1977, 102, S. 223-231

Feldman, R. S., Bernstein, A. u. Bernstein, A. G. Primacy effects in self-attribution of ability. Journal of Personality, 1978, 46, S. 732-742

Feldman, R. S. u. Prohaska, T. The student as Pygmalion: Effect of student expectation on the teacher. Journal of Educational Psychology, 1979, 71, S. 485-495

Feldman-Summers, S. u. Kiesler, S. B. Those who are number two try harder: The effect of sex on attributions of causality. Journal of Personality and Social Psychology, 1974, 30, S. 846-855

Fenigstein, A., Scheier, M. F. u. Buss, A. H. Private and public self-consciousness: Assessment and theory. Journal of Consulting and Clinical Psychology, 1975, 43, S. 552-527

Festinger, L. A theory of social comparison processes. Human Relations, 1954, 7, 117-140

Fiedler, F. E., Dodge, J. S., Jones, R. E. u. Hutchins, E. B. Interrelations among measures of a personality adjustment in nonclinical populations. Journal of Abnormal and Social Psychology, 1958, 56, S. 345-351

Fiedler, K. Kausale Schemata und kognitive Psychologie. In: Michaelis, W. (Hrg.), Bericht über den 32. Kongreß der Deutschen Gesellschaft für Psychologie, Zürich 1980, S. 370-376

Fontaine, G. Social comparison and some determinants of expected personal control and expected performance in an novel task situation. Journal of Personality and Social Psychology, 1974, 29, S. 487-496

Fontaine, G. Causal attribution in simulated versus real situations: When are people logical, when are they not? Journal of Personality and Social Psychology, 1975, 32, S. 1021-1029

Forsyth, D. R. u. McMillan, J. H. Attributions, affect, and expectations: A test of Weiner's three-dimensional model. Journal of Educational Psychology, 1981, 73, S. 393-403

Forsyth, D. R. u. Schlenker, B. R. Attributing the causes of group performance: Effects of performance quality, task importance, and future testing. Journal of Personality, 1977, 45, S. 220-235

Forsyth, D. R. u. Schlenker, B. R. Attributional egocentrism following performance of a competitive task. The Journal of Social Psychology, 1977, 102, S. 215-222

Fosco, E. u. Geer, J. H. Effects of gaining control over aversive stimuli after differing amount of no control. Psychological Reports, 1971, 29, S. 1153-1154

Fowler, J. W. u. Peterson, P. L. Increasing reading persistence and altering attributional style of learned helpless children. Journal of Educational Psychology, 1981, 73, S. 251-260

Frank, J. D. Individual differences in certain aspects of the level of aspiration. American Journal of Psychology, 1935, 47, S. 119-128

Frankel, A. u. Snyder, M. L. Poor performance following unsolvable problems: Learned helplessness or egotism? Journal of Personality and Social Psychology, 1978, 36, S. 1415-1423

Frey, D. Reactions to success and failure in public and in private conditions. Journal of Experimental Social Psychology, 1978, 14, S. 172-179

Frieze, I. H., Parsons, J. E., Johnson, P. B., Ruble, D. N. u. Zellman, G. L. Women and sex roles: A social psychological perspective. New York 1978,

Frieze, I. H. u. Weiner, B. Cue utilization and attributional jugdments for success and failure. Journal of Personality, 1971, 39, S. 591-606

Fyans, L. J., Jr. u. Maehr, M. L. Attributional style, task selection, and achievement. Journal of Educational Psychology, 1979, 71, S. 499-507

Gatchel, R. J. u. Proctor, J. D. Physiological correlates of learned helplessness in man. Journal of Abnormal Psychology, 1976, 85, S. 27-34

Gatting-Stiller, I., Gerling, M., Stiller, K., Voss, B. u. Wender, I. Änderung der Kausalattribuierung und des Ausdauerverhaltens bei mißerfolgsmotivierten Kindern durch Modellernen. Zeitschrift für Entwicklungspsychologie und Pädagogische Psychologie, 1979, 11, S. 300-312

Gibbons, F. X., Sawin, L. G. u. Gibbons, B. N. Evaluations of mentally retarded persons: "Sympathy" or patronization? American Journal of Mental Deficiency, 1979, 84, S. 124-131

Ginsburg, H. u. Opper, S. Piagets Theorie der geistigen Entwicklung. Stuttgart 1978[2]

Glass, D. C. u. Singer, J. E. Urban stress: Experiments on noise and social stressors. New York 1972

Goldberg, L. R. Grades as motivants. Psychology in the School, 1965, 2, S. 17-24

Good, T. L. Teacher expectations, teacher behavior, student perceptions, and student behavior: A decade of research. Paper based in part upon an invited address presented at the 1980 meeting of the AERA.

Good, T. L. u. Brophy, J. E. Educational psychology. A realistic approach. New York 1977

Good, T. L., Cooper, H. M., Blakey, S. L. Classroom interaction as a function of teacher expectations, student sex, and time of the year. Journal of Educational Psychology, 1980, 72, S. 378-385

Graham, P. A. Let's get together on educational research. Today's Educational 1979, 68, S. 25-30

Green, S. G. Aptitude test scores, past performance, and causal attributions about the poorly performing student. Journal of Educational Psychology, 1978, 70, S. 242-247

Guskey, T. R. Differences in teachers' perceptions of personal control of positive versus negative student learning outcomes. Contemporary Educational Psychology, 1982, 7, S. 70-80

Hagen, R. L. u. Kahn, A. Discrimination against competent women. Journal of Applied Social Psychology, 1975, 5, S. 362-376

Halisch, F., Butzkamm, J. u. Posse, N. Selbstbekräftigung: I Theorienansätze und experimentelle Erfordernisse. Zeitschrift für Entwicklungspsychologie und Pädagogische Psychologie, 1976, 8, S. 145-164

Hansen, R. D. u. Donoghue, J. M. The power of consensus: Information derived from one's own and others' behavior. Journal of Personality and Social Psychology, 1977, 35, S. 294-302

Hansen, R. D. u. Stonner, D. M. Attributes and attributions: Inferring stimulus properties, actors' dispositions, and causes. Journal of Personality and Social Psychology, 1978, 36, S. 657-667

Hanusa, H. B. u. Schulz, R. Attributional mediators of learned helplessness. Journal of Personality and Social Psychology, 1977, 35, S. 602-611

Harari, O. u. Covington, M. V. Reactions to achievement behavior from a teacher and student perspective: A developmental analysis. American Educational Research Journal, 1981, 18, S. 15-28

Harvey, J. H. u. Tucker, J. A. On problems with the cause-reason distinction in attribution theory. Journal of Personality and Social Psychology, 1979, 37, S. 1441-1446

Harvey, J. H., Yarkin, K. L., Lightner, J. M. u. Town, J. P. Unsolicited interpretation and recall of interpersonal events. Journal of Personality and Social Psychology, 1980, 38, S. 551-568

Hausser, K. Bedingungen subjektiver Erklärungsbedürftigkeit. Überlegungen zu einer vernachlässigten Frage der Attribuierungstheorie. Positionspapier zum Rundgespräch der DFG: „Theoretische Aufarbeitung, methodische Erfassung und Möglichkeiten der Veränderung subjektiver psychologischer Theorien von Lehrern." Bonn 1980a

Hausser, K. Zur Generalität vs. Spezifität von Kausalattribuierungen. Zwischenergebnisse einer Replikationsstudie zu Frieze 1976. In: Michaelis, W. (Hrg.), Bericht über den 32. Kongreß der Deutschen Gesellschaft für Psychologie. Zürich 1980b, S. 376-379

Heckhausen, H. Achievement motive research: Current problems and some contributions toward a general theory of motivation. In: Arnold, W. J. (Ed.), Nebraska symposium on motivation. Lincoln 1968, S. 103-174

Heckhausen, H. Die Interaktion der Sozialisationsvariablen in der Genese des Leistungsmotivs. In Graumann, C. F. (Hrg.). Handbuch der Psychologie, Bd.

7/2, Göttingen 1972, S. 955-1019

Heckhausen, H. Leistungsmotivation und Chancengleichheit. Göttingen 1974

Heckhausen, H. Lehrer-Schüler-Interaktion. In: Weinert, F. E. et al. Funkkolleg Pädagogische Psychologie. Frankfurt 1974, S. 546-573

Heckhausen, H. Fear of failure as a self-reinforcing motive system. In: Sarason, I. G. u. Spielberger, C. (Eds.), Stress and anxiety, Vol. III, Washington D. C. 1975, S. 117-128

Heckhausen, H. Motivation: Kognitionspsychologische Aufspaltung eines summarischen Konstrukts. Psychologische Rundschau, 1977, 28, S. 175-189

Heckhausen, H. Selbstbewertung nach erwartungswidrigem Leistungsverlauf: Einfluß von Motiv, Kausalattribution und Zielsetzung. Zeitschrift für Entwicklungspsychologie und Pädagogische Psychologie, 1978, 10, S. 191-216

Heckhausen, H. Motivation und Handeln. Lehrbuch der Motivationspsychologie. Berlin, Heidelberg, New York 1980

Heckhausen, H. u. Rheinberg, F. Lernmotivation im Unterricht, erneut betrachtet. Unterrichtswissenschaft, 1980, 1, S. 7-47

Heider, F. Social perception and phenomenal causality. Psychological Review, 1944, 51, S. 358-374

Heider, F. The psychology of interpersonal relations. New York 1958 (Dtsch.: Psychologie der interpersonalen Beziehungen. Stuttgart 1977)

Heilman, M. E. u. Kram, K. E. Self-derogating behavior in women – fixed or flexible: The effects of co-worker's sex. Organizational Behavior and Human Performance, 1978, 22, S. 497-507

Henslin, J. M. Craps and magic. American Journal of Sociology, 1967, 73, S. 316-330

Herkner, W. Attribution –.Psychologie der Kausalität. In: Herkner, W. (Hrg.), Attribution. Psychologie der Kausalität. Bern 1980, S. 11-86

Herkner, W., Pesta, T., Maritsch, F. u. Massoth, P. Die Beziehungen zwischen Attributionen und Selbstverbalisierungen und die Wirkungen eines Attributionstrainings bei Leistungsstörungen. In: Herkner, W. (Hrg.), Attribution. Psychologie der Kausalität. Bern, Stuttgart, Wien 1980, S. 397-426

Herzberger, S. D. u. Clore, G. L. Actor and observer attributions in a multitrait-multimethod matrix. Journal of Research in Personality, 1979, 13, S. 1-15

Hiroto, D. S. Locus of control and learned helplessness. Journal of Experimental Psychology, 1974, 102, S. 187-193

Hiroto, D. S. u. Seligman, M. E. P. Generality of learned helplessness in man. Journal of Personality and Social Psychology, 1975, 31, S. 311-327

Hofstätter, P. R. Gruppendynamik. Kritik der Massenpsychologie. Hamburg 1976

Hoppe, F. Untersuchungen zur Handlungs- und Affektpsychologie. IX. Erfolg und Mißerfolg. Psychologische Forschung, 1930, 14, S. 1-63

House, W. C. Actual and perceived differences in male and female expectancies and minimal goal levels as a function of competition. Journal of Personality, 1974, 42, S. 493-509

House, W. C. Effects of knowledge that attributions will be observed by others. Journal of Research in Personality, 1980, 14, S. 528-545

House, W. C. u. Perney, V. Valence of expected and unexpected outcomes as a function of locus of goal and type of expectancy. Journal of Personality and Social Psychology, 1974, 29, 454-463

Hull, J. G. u. Levy, A. S. The organizational functions of the self: An alternative to the Duval and Wicklund model of self-awareness. Journal of Personality and Social Psychology, 1979, 37, S. 756-768

Hurlock, E. Evaluation of certain incentives used in school work. Journal of Educational Psychology, 1925, 16, S. 145-159

Ickes, W. u. Kidd, R. F. An attributional analysis of helping behavior. In: Harvey, J. H., Ickes, W. J. u. Kidd, R. F. (Eds.), New directions in attribution research, Vol. 1, Hillsdale, N. J. 1976, S. 311-334

Ickes, W. u. Layden, M. H. Attributional styles. In: Harvey, J. H., Ickes, W. J. u. Kidd, R. F. (Eds.) New directions in attribution research. Vol. 2, Hillsdale, N. J. 1978, S. 119-152

Inagi, T. Causal ascription and expectancy of success. Japanese Psychological Research, 1977, 19, S. 22-30

James, W. u. Rotter, J. B. Partial and 100% reinforcement under chance and skill conditions. Journal of Experimental Psychology, 1958, 55, S. 397-403

Jensen, A. How much can we boost IQ and achievement? Harvard Educational Review, 1969, 39, S. 1-123

Johnson, D. The social psychology of education. New York 1970

Jones, E. E. How do people perceive the causes of behavior. American Scientist, 1976, 64, S. 300-305

Jones, E. E. (1978). In: Harvey, J. H., Ickes, W. u. Kidd, R. F. A conversation with Edward E. Jones and Harold H. Kelley. In: Harvey, J. H. et al., New directions in attribution research. Vol. 2, Hillsdale 1978, S. 371-388

Jones, E. E. u. Davis, K. E. From acts to dispositions: The attribution process in person perception. In: Berkowitz, L. (Ed.), Advances in experimental social psychology, Vol. 2, New York 1965, S. 219-266

Jones, E. E. u. de Charms, R. Changes in social perception as a function of the personal relevance of behavior. Sociometry, 1957, 20, S. 75-85

Jones, E. E. u. Nisbett, R. E. The actor and the observer: Divergent perceptions of the causes of behavior. In: Jones, E. E., Kanouse, D., Kelley, H. H., Nisbett, R. E., Valins, S. u. Weiner, B. (Eds.), Attribution: Perceiving the causes of behavior. New York 1972, S. 79-94

Jones, E. E., Rock, L., Shaver, K. G., Goethals, G. R. u. Ward, L. M. Pattern of performance and ability attribution: An unexpected primacy effect. Journal of Personality and Social Psychology, 1968, 10, S. 317-340

Jones, E. E. u. Sigall, H. The bogus pipeline: A new paradigm for measuring affect and attitude. Psychological Bulletin, 1971, 76, S. 349-364

Jopt, U.-J. Wie erklären sich Schüler ihre Zeugnisnoten? Psychologie in Erziehung und Unterricht, 1977, 24, S. 174-178

Jopt, U.-J. Selbstkonzept und Ursachenerklärung in der Schule. Bochum 1978

Jucknat, M. Leistung, Anspruchsniveau und Selbstbewußtsein. Psychologische Forschung, 1938, 22, 89-179

Kanfer, F. H. The maintenance of behavior by self-generated stimuli and reinforcement. In: Jakobs, A. u. Sachs, L. B. (Eds.), Psychology of private events. New York 1971, S. 39-59

Kanouse, D. E. u. Hanson, L. R. Negativity in evaluation. In: Jones, E. E., Kanouse, D. E., Kelley, H. H., Nisbett, R. E., Valins, S. u. Weiner, B. (Eds.), Attribution: Perceiving the causes of behavior. New York 1972, S. 47-62

Kaplan, R. M. u. Swant, S. G. Reward characteristics in appraisal of achievement behavior. Representative Research in Social Psychology, 1973, 4, S. 11-17

Karabenick, J. D. u. Heller, K. A. A developmental study of effort and ability attributions. Developmental Psychology, 1976, 12, S. 559-560

Karniol, R. u. Ross, M. The effect of performance-relevant and performance-irrelevant rewards on children's intrinsic motivation. Child Development, 1977, 48, S. 482-487

Kassin, S. M. Consensus information, prediction, and causal attribution: A review of the literature and issues. Journal of Personality and Social Psychology, 1979, 37, S. 1966-1981

Kassin, S. M., Lowe, C. A. u. Gibbon, F. X. Children's use of the discounting principle: A perceptual approach. Journal of Personality and Social Psychology, 1980, 39, S. 719-728

Kelley, H. H. Attribution theory in social psychology. In: Levine, D. (Ed.), Nebraska symposium on motivation, Vol. 15, Lincoln 1967, S. 192-238

Kelley, H. H. Attribution in social interaction. In: Jones, E. E., Kanouse, D. E., Kelley, H. H., Nisbett, R. E., Valins, S. u. Weiner, B. (Eds.), Attribution: Perceiving the causes of behavior. New York 1972, S. 1-26

Kelley, H. H. Causal schemata and the attribution process. In: Jones, E. E., Kanouse, D. E., Kelley, H. H., Nisbett, R. E., Valins, S. u. Weiner, B. (Eds.), Attribution: Perceiving the causes of behavior. New York 1972, S. 151-174

Kelley, H. H. The process of causal attribution. American Psychologist, 1973, 28, S. 107-128

Kelley, H. H. u. Michela, J. L. Attribution theory and research. Annual Review of Psychology, 1980, 31, S. 457-501

Kelly, G. A. The psychology of personal constructs. 2 Vol. New York 1955

Koller, P. S. u. Kaplan, R. M. A two-process theory of learned helplessness. Journal of Personality and Social Psychology, 1978, 36, S. 1177-1183

Kovenklioglu, G. u. Greenhaus, J. H. Causal attributions, expectations, and task performance. Journal of Applied Psychology, 1978, 63, S. 698-705

Kraeft, U. u. Krug, S. Beeinflussung von Lehrerverhalten und seine Auswirkungen. In: Eckensberger, L. (Hrg.), Bericht über den 31. Kongreß der Deutschen Gesellschaft für Psychologie, Mannheim 1978. Göttingen 1979, S. 56-60

Krantz, D. S., Glass, D. C., Snyder, M. L. Helplessness, stress level, and the coronary-prone behavior pattern. Journal of Experimental Social Psychology, 1974, 10, S. 284-300

Krech, D. u. Crutchfield, R. S. Grundlagen der Psychologie. Weinheim / Basel 1976[7]

Krug, S. u. Hanel, J. Motivänderung: Erprobung eines theoriegeleiteten Trainingsprogrammes. Zeitschrift für Entwicklungspsychologie und Pädagogische Psychologie, 1976, 8, S. 274-287

Kruglanski, A. W. The endogenous-exogenous partition in attribution theory. Psychological Review, 1975, 82, S. 387-406

Kuhl, J. Motivational and functional helplessness: The moderating effect of state- versus action-orientation. Journal of Personality and Social Psychology, 1981, 40, S. 155-170

Kuiper, N. A. Depression and causal attributions for success and failure. Journal of Personality and Social Psychology, 1978, 36, S. 236-246

Kukla, A. Foundations of an attributional theory of performance. Psychological Review, 1972, 79, S. 454-470

Kukla, A. An attributional theory of choice. In: Berkowitz, L. (Ed.), Advances in experimental social psychology, Vol. 11, New York 1978, S. 113-144

Kulik, J. A. u. Taylor, S. E. Premature consensus on consensus? Effects of sample-based versus self-based consensus information. Journal of Personality and Social Psychology, 1980, 38, S. 871-878

Kulik, J. A. u. Taylor, S. E. Self-monitoring and the use of consensus information. Journal of Personality, 1981, 49, S. 75-84

Kun, A. Development of the magnitude-covariation and compensation schemata in ability and effort attributions of performance. Child Development, 1977, 48, S. 862-873

Kun, A., Parsons, J. E. u. Ruble, D. Development of integration processes. Using ability and effort information to predict outcome. Developmental Psychology, 1974, 10, S. 721-732

Kun, A. u. Weiner, B. Necessary versus sufficient causal schemata for success and failure. Journal of Research in Personality, 1973, 7, S. 197-207

Langer, E. J. The psychology of chance. Journal of the Theory of Social Behavior, 1977, 7, S. 185-207

Langer, E. J. Rethinking the role of thought in social interaction. In: Harvey, J. H., Ickes, W. J. u. Kidd, R. F. (Eds.), New directions in attribution research, Vol. 2, New York 1978, S. 35-58

Larson, J. R. Evidence for a self-serving bias in the attribution of causality. Journal of Personality, 1977, 45, S. 430-441

Lau, R. R. u. Russell, D. Attributions in the sports pages. Journal of Personality and Social Psychology, 1980, 39, S. 29-38

Lauth, G. u. Wolff, J. Attribuierung von schulisch relevantem Erfolg und Mißerfolg bei Haupt- und Sonderschülern. Psychologie in Erziehung und Unterricht, 1979, 26, S. 174-176

Lavelle, T. L., Metlasky, G. I. u. Coyne, J. C. Learned helplessness, test anxiety, and acknowledgment of contingencies. Journal of Abnormal Psychology, 1979, 88, S. 381-387

Lenney, E. Women's self-confidence in achievement settings. Psychological Bulletin, 1977, 84, S. 1-13

Lenney, E., Browning, C. u. Mitchell, L. What you don't know can hurt you: The effects of performance criteria ambiguity on sex differences in self-confidence. Journal of Personality, 1980, 48, S. 306-321

Lepper, M. R. u. Greene, D. Turning play into work: Effects of adult surveillance and extrinsic rewards on children's intrinsic motivation. Journal of Personality and Social Psychology, 1975, 31, S. 479-486

Lepper, M. R., Greene, D. u. Nisbett, R. E. Undermining children's intrinsic interest with extrinsic reward: A test of the "overjustification" hypothesis. Journal of Personality and Social Psychology, 1973, 28, S. 129-137

Lerch, H.-J. Schulleistungen. Motivation und ihre Ursachenerklärung. Monographien zur Pädagogischen Psychologie 3, München 1979

Lerner, M. J. Evaluation of performance as a function of performer's reward and attractiveness. Journal of Personality and Social Psychology, 1965, 1, S. 355-360

Lerner, M. J. The desire for justice and reaction to victims. In: Macaulay, J. R. u. Berkowitz, L. (Eds.), Altruism and helping behavior. New York 1970

Levine, M. Hypothesis theory and nonlearning despite ideal S-R reinforcement contingencies. Psychological Review, 1971, 78, S. 130-140

Lewin, K., Dembo, T., Festinger, L. u. Sears, S. P. Level of aspiration. In: Hunt, McV. J. (Ed.), Personality and the behavior disorders, Vol. I, New

York 1944, S. 333-378

Liebhart, E. H. Fähigkeit und Anstrengung im Lehrerurteil: Der Einfluß inter- versus intraindividueller Perspektive. Zeitschrift für Entwicklungspsychologie und Pädagogische Psychologie, 1977, 9, S. 94-102

Litwin, G. H. Achievement motivation, expectancy of success, and risk-taking behavior. In: Atkinson, J. W. u. Feather, N. T. (Eds.), A theory of achievement behavior. New York 1966, S. 103-115

Lubow, R. E., Rosenblatt, R. u. Weiner, I. Confounding of controllability in the triadic design for demonstrating learned helplessness. Journal of Personality and Social Psychology, 1981, 41, S. 458-468

Luginbuhl, J. E. R., Crowe, D. H. u. Kahan, J. P. Causal attributions for success and failure. Journal of Personality and Social Psychology, 1975, 31, S. 86-93

Maccoby, E. u. Jacklin, C. N. The psychology of sex difference. Stanford, Ca, 1974

Maché, G. Statistische Analyse des irrationalen Spielverhaltens. Schweizerische Zeitschrift für Psychologie und ihre Anwendungen, 1971, 30, S. 46-50

Maracek, J. A. u. Mettee, D. R. Avoidance of continued success as a function of self-esteem, level of esteem certainty and responsibility of success. Journal of Personality and Social Psychology, 1972, 22, S. 98-107

Marlett, N. J. u. Watson, D. L. Test anxiety and immediate or delayed feedback in a test-like avoidence-task. Journal of Personality and Social Psychology, 1968, 8, S. 200-203

McArthur, L. A. The how and what of why: Some determinants and consequences of causal attribution. Journal of Personality and Social Psychology, 1972, 22, S. 171-193

McDonald, P. J. Reactions to objective self-awareness. Journal of Research in Personality, 1980, 14, S. 250-260

McDonald, P. J., Levin, D. W. u. Harris, S. G. Self-awareness in the lavatory: Evidence for an arousal mechanism. Paper presented at the meeting of the Southeastern Psychological Association. Atlanta 1981

McKee, J. P. u. Sherriffs, A. C. The differential evaluation of males and females. Journal of Personality, 1957, 25, S. 356-371

McMahan, I. D. Relationships between causal attributions and expectancy of success. Journal of Personality and Social Psychology, 1973, 28, S. 108-114

Medway, F. J. Causal attributions for school-related problems: Teacher perceptions and teacher feedback. Journal of Educational Psychology, 1979, 71, S. 809-818

Medway, F. J. u. Lowe, C. A. The effect of stimulus person valence on divergent self-other attributions for success and failure. Journal of Research in Personality, 1976, 10, S. 266-278

Meyer, J. P. Causal attribution for success and failure: A multivariate investigation of dimensionality, formation, and consequences. Journal of Personality and Social Psychology, 1980, 38, S. 704-718

Meyer, W.-U. Leistungsmotiv und Ursachenerklärung von Erfolg und Mißerfolg. Stuttgart 1973

Meyer, W.-U. Leistungsorientiertes Verhalten als Funktion von wahrgenommener eigener Begabung und wahrgenommener Aufgabenschwierigkeit. In: Schmalt, H.-D. und Meyer, W.-U. (Hrg.), Leistungsmotivation und Verhalten. Stuttgart 1976, S. 101-135

Meyer, W.-U. Indirect communications about perceived ability estimates. Bielefeld 1981 (Unveröffentlichtes Manuskript).

Meyer, W.-U., Bachmann, M., Biermann, U., Hempelmann, M., Plöger, F. O. u. Spiller, H. The informational value of evaluative behavior: Influences of praise and blame and perceptions of ability. Journal of Educational Psychology, 1979, 71, S. 259-268

Meyer, W.-U. u. Butzkamm, A. Ursachenerklärung von Rechennoten: I. Lehrerattribuierungen. Zeitschrift für Entwicklungspsychologie und Pädagogische Psychologie, 1975, 7, S. 53-66

Meyer, W.-U. u. Plöger, F.-O. Scheinbar paradoxe Wirkung von Lob und Tadel auf die wahrgenommene eigene Begabung. In: Filipp, S.-A. Selbstkonzeptforschung. Probleme, Befunde, Perspektiven. Stuttgart 1979, S. 221-235

Meyer, W.-U., Simons, G. u. Butzkamm, A. Ursachenerklärung von Rechennoten: II. Lehrerattribuierungen und Sanktionen. Zeitschrift für Entwicklungspsychologie und Pädagogische Psychologie, 1978, 10, S. 169-178

Michotte, A. La perception de la causalité. Louvain 1954[2]

Mietzel, G. Pädagogische Psychologie. Göttingen 1973, 1975[2]

Milgram, S. Behavioral study of obedience. Journal of Abnormal and Social Psychology, 1963, 67, S. 371-378

Miller, D. T. Ego- involvement and attributions for success and failure. Journal of Personality and Social Psychology, 1976, 34. S. 901-906

Miller, D. T. What constitutes a self-serving attributional bias? A reply to Bradley. Journal of Personality and Social Psychology, 1978, 36, S. 1221-1223

Miller, D. T. u. Norman, S. A. Actor-observer differences in perceptions of effective control. Journal of Personality and Social Psychology, 1975, 31, S. 503-515

Miller, D. T., Norman, S. A. u. Wright, E. Distortion in person perception as a consequence of the need for effective control. Journal of Personality and Social Psychology, 1978, 36, S. 598-607

Miller, D. T. u. Porter, C. A. Effects of temporal perspective on the attribution process. Journal of Personality and Social Psychology, 1980, 39, S. 532-541

Miller, D. T. u. Ross, M. Self-serving biases in the attribution of causality: Fact or fiction? Psychological Bulletin, 1975, 82, S. 213-225

Miller III, I. W. u. Norman, W. H. Learned helplessness in humans: A review and attribution-theory model. Psychological Bulletin 1979, 86, S. 93-118

Miller, R. S., Goldman, H. J. u. Schlenker, B. R. The effects of task importance and group performance on group members' attributions. The Journal of Psychology, 1978, 99, S. 53-58

Miller, W. R. u. Seligman, M. E. P. Depression and the perception of reinforcement. Journal of Abnormal Psychology, 1973, 82, S. 62-73

Miller, W. R. u. Seligman, M. E. P. Depression and learned helplessness in man. Journal of Abnormal Psychology, 1975, 84, S. 228-238

Mischel, H. N. Sex bias in the evaluation of professional achievement. Journal of Educational Psychology, 1974, 66, S. 157-166

Monson, T. C. u. Snyder, M. Actors, observers, and the attribution process. Journal of Experimental Social Psychology, 1977, 13, S. 89-111

Montanelli, D. S. u. Hill, K. T. Children's achievement expectations and performance as a function of two consecutive reinforcement experiences, sex of subject, and sex of experimenter. Journal of Personality and Social Psychology, 1969, 13, S. 115-128

Mould, D. E. Differentiation between depression and anxiety: A new scale. Journal of Consulting and Clinical Psychology, 1975, 43, S. 592

Murray, S. R. u. Mednick, M. T. S. Black women's achievement orientation: Motivational and cognitive factors. Psychology of Women Quarterly, 1977, 1, S. 247-259

Mynatt, C. u. Sherman, S. J. Responsibility attribution in groups and individuals: A direct test of the diffusion of responsibility hypothesis. Journal of Personality and Social Psychology, 1975, 32, S. 1111-1118

Neubauer, W. u. Lenske, W. Untersuchungen zur Dimensionalität der Kausalattribuierung bei Gymnasialschülern. Psychologie in Erziehung und Unterricht, 1979, 26, S. 199-206

Nicholls, J. G. Causal attributions and other achievement-related cognitions: Effects of task outcome, attainment value, and sex. Journal of Personality and Social Psychology, 1975, 31, S. 379-389

Nicholls, J. G. Effort is virtuous, but it's better to have ability: Evaluative responses to perceptions of effort and ability. Journal of Research in Personality, 1976, 10, S. 306-315

Nicholls, J. G. The development of the concepts of effort and ability, perception of academic attainment, and the understanding that difficult tasks require more ability. Child Development, 1978, 49, S. 800-814

Nisbett, R. E., Borgida, E., Crandall, R. u. Read, H. Popular induction: Information is not necessarily informative. In: Carroll, J. S. und Payne, J. W. (Eds.)., Cognition and social behavior. Hillsdale N. J. 1976, S. 113-133

Nisbett, R. E., Caputo, C., Legant, P. u. Maracek, J. Behavior as seen by the actor and as seen by the observer. Journal of Personality and Social Psychology, 1973, 27, S. 154-164

Nisbett, R. E. u. Wilson, T. D. Telling more than we can know: Verbal reports on mental processes. Psychological Review, 1977, 84, S. 231-259

Nuttin, J. R. Pleasure and reward in motivation and learning. In: Berlyne, D. (Ed.), Pleasure, reward, preference. New York 1973, S. 243-274

O'Leary, K. u. O'Leary, S. (Eds.) Classroom management: The successful use of behavior modification. New York 1977[2]

Orvis, B. R., Cunningham, J. D. u. Kelley, H. H. A closer examination of causal inference: The role of consensus, distinctiveness, and consistency information. Journal of Personality and Social Psychology, 1975, 32, S. 605-616

Ostrove, N. Expectations for success on effort-determined tasks as a function of incentive and performance feedback. Journal of Personality and Social Psychology, 1978, 36, S. 909-916

Parsons, J. E. u. Ruble, D. N. The development of achievement-related expectancies. Child Development, 1977, 48, S. 1075-1079

Parsons, J. E., Ruble, D. N., Hodges, K. L. u. Small, A. Cognitive-developmental factors in emerging sex differences in achievement-related expectancies. Journal of Social Issues, 1976, 32, S. 47-61

Patten, R. L. u. White, L. A. Independent effects of achievement motivation and overt attribution on achievement behavior. Motivation and Emotion, 1977, 1, S. 39-59

Peck, T. When women evaluate women, nothing succeeds like success: The differential effects of status upon evaluations of male and female professional

207

ability. Sex Roles, 1978, 4, 205-213

Peterson, C. Recognition of noncontingency. Journal of Personality and Social Psychology, 1980, 38, S. 727-734

Phares, E. J. Expectancy changes in skill and chance situations. Journal of Abnormal and Social Psychology, 1957, 54, S. 339-342

Piehl, J. Bedingungen unterschiedlicher Ursachenerklärungen von Examensnoten. Zeitschrift für Entwicklungspsychologie und Pädagogische Psychologie, 1976, 8, S. 51-57

Piliavin, I. M. Rodin, J. u. Piliavin, J. A. Good samaritanism: An underground phenomenon? Journal of Personality and Social Psychology, 1969, 13, S. 289-299

Platzköster, A. A cognitive (attribution) − emotion − action model of motivated behavior: Ein Kommentar zu Weiners Analyse des Helfens. Unveröffentlichtes Manuskript, Universität Duisburg 1980

Price, K. P., Tryon, W. W. u. Raps, C. S. Learned helplessness and depression in a clinical population: A test of two behavioral hypotheses. Journal of Abnormal Psychology, 1978, 87, S. 112-121

Pyszczynski, T. A. u. Greenberg, J. Role of disconfirmed expectancies in the instigation of attributional processing. Journal of Personality and Social Psychology, 1981, 40, S. 31-38

Read, S. J. u. Stephan, W. G. An integration of Kelley's attribution cube and Weiner's achievement attribution model. Personality and Social Psychology Bulletin. 1979, 5, S. 196-200

Regan, D. T. Attributional aspects of interpersonal attraction. In: Harvey, J. H., Ickes, W. J. u. Kidd, R. F. (Eds.), New directions in attribution research, Vol. 2, Hillsdale, N. J. 1978, S. 207-233

Regan, D. T., Straus, E. u. Fazio, R. Liking and the attribution process. Journal of Experimental Social Psychology, 1974, 10, S. 385-397

Regan, D. T. u. Totten, J. Empathy and attribution: Turning observers into actors. Journal of Personality and Social Psychology, 1975, 32, S. 850-858

Rejeski, W. J. u. Lowe, C. A. The role of ability and effort in attributions for sport achievement. Journal of Personality, 1980a, 48, S. 233-244

Rejeski, W. J. u. Lowe, C. A. Nonverbal expression of effort as causally relevant information. Personality and Social Psychology Bulletin. 1980b, 6, S. 436-440

Reno, R. Sex differences in attribution for occupational success. Journal of Research in Personality, 1981, 15, S. 81-92

Rheinberg, F. Zeitstabilität und Steuerbarkeit von Ursachen schulischer Leistung in der Sicht des Lehrers. Zeitschrift für Entwicklungspsychologie und Pädagogische Psychologie, 1975, 7, S. 180-194

Rheinberg, F. Bezugsnorm-Orientierung − Versuch einer Integration motivierungsbedeutsamer Lehrervariable. In: Tack, E. H. (Hrg.), Bericht über den 30. Kongreß der D. G. f. P., Göttingen 1977, S. 318-319

Rheinberg, F. Leistungsbewertung und Lernmotivation. Göttingen 1980

Rheinberg, F., Duscha, R. u. Michels, U. Zielsetzung und Kausalattribution in Abhängigkeit vom Leistungsvergleich. Zeitschrift für Entwicklungspsychologie und Pädagogische Psychologie, 1980, 12, S. 177-189

Rheinberg, F., Krug, S., Lübbermann, E. u. Landscheid, K. Beeinflussung der Leistungsbewertung im Unterricht: Motivationale Auswirkungen eines Interventionsversuchs. Unterrichtswissenschaft, 1980, 1, S. 48-60

Rheinberg, F., Kühmel, B. u. Duscha, R. Experimentell variierte Schulleistungs-bewertung und ihre motivationalen Folgen. Zeitschrift für Empirische Pädagogik, 1979, 3, S. 1-12

Riemer, B. S. Influence of causal beliefs on affect and expectancy. Journal of Personality and Social Psychology, 1975, 31, S. 1163-1167

Riess, M., Rosenfeld, P., Melburg, V. u. Tedeschi, J. T. Self-serving attributions: Biased private perceptions and distorted public descriptions. Journal of Personality and Social Psychology, 1981, 41, S. 224-231

Rosenbaum, R. M. A dimensional analysis of the perceived causes of success and failure. Unpublished Ph. D. dissertation. University of California, Los Angeles 1972

Rosenberg, M. J. The conditions and consequences of evaluation. In: Rosenthal, R. u. Rosnow, L. (Eds.), Artifact in behavioral research. New York 1969

Rosenfield, D., Folger, R. u. Adelman, H. F. When rewards reflect competence: A qualification of the overjustification effect. Journal of Personality and Social Psychology, 1980, 39, S. 368-376

Rosenthal, R. Experimenter effects in behavioral research. New York 1976[2]

Rosenthal, R. u. Jacobson, L. Pygmalion in the classroom. New York 1968

Ross, L. The intuitive psychologist and his shortcomings: Distortions in the attribution process. In: Berkowitz, L. (Ed.), Advances in experimental social psychology, Vol. 10, New York 1977, S. 173-220

Ross, L., Bierbrauer, G. u. Polly, S. Attribution of educational outcomes by professional and nonprofessional instructors. Journal of Personality and Social Psychology, 1974, 29, S. 609-618

Ross, M. Salience of reward and intrinsic motivation. Journal of Personality and Social Psychology, 1975, 32, S. 245-254

Roth, S. u. Bootzing, R. R. Effects of experimentally induced expectancies of external control: An investigation of learned helplessness. Journal of Personality and Social Psychology, 1974, 29, S. 253-264

Roth. S. u. Kubal, L. Effects of noncontingent reinforcement on tasks of differing importance: Facilitation and learned helplessness. Journal of Personality and Social Psychology, 1975, 31, S. 680-691

Rotter, J. B. Generalized expectancies for internal versus external control of reinforcement. Psychological Monographs, 1966, 80 (whole No. 609), S. 1-28

Ruble, D. N. u. Feldman, N. S. Order of consensus, distinctiveness, and consistency information and causal attribution. Journal of Personality and Social Psychology, 1976, 34, S. 930-957

Ruble, D. N., Feldman, N. S. u. Boggiano, A. K. Social comparison between young children in achievement situations. Developmental Psychology, 1976, 12, S. 192-197

Rusbult, C. E. u. Medlin, S. M. Information availability, goodness of outcome and attributions of causality. Journal of Experimental Social Psychology (in prep.)

Rüssmann-Stöhr, C. Kausalattribuierung in einer selbstwertrelevanten Leistungssituation. Unveröffentlichte Dissertation. Universität Duisburg 1981.

Rychlak, J. F. u. Lerner, J. J. An expectancy interpretation of manifest anxiety. Journal of Personality and Social Psychology, 1965, 2, S. 667-684

Sarason, I. G. u. Stoops, R. Test anxiety and the passage of time. Journal of

Consulting and Clinical Psychology, 1978, 46, S. 102-109

Schefer, G. Das Gesellschaftsbild des Gymnasiallehrers. Frankfurt 1969

Schlenker, B. R. Self-presentation: Managing the impression of consistency when reality interferes with self-enhancement. Journal of Personality and Social Psychology, 1975, 32, S. 1030-1037

Schlenker, B. R. u. Miller, R. S. Egocentrism in groups: Self-serving biases or logical information processing? Journal of Personality and Social Psychology, 1977, 35, S. 755-764

Schlenker, B. R., Miller, R. S., Leary, M. R. u. McCown, N. E. Group performance and interpersonal evaluations as determinants of egotistical attributions in groups. Journal of Personality, 1979, 47, S. 575-594

Schlenker, B. R., Soraci, S. Jr. u. McCarthy, B. Self-esteem and group performance as determinants of egocentric perceptions in cooperative groups. Human Relations, 1976, 29, S. 1163-1176

Schmalt, H.-D. Leistungsthematische Kognitionen I: Kausalerklärungen für Erfolg und Mißerfolg. Zeitschrift für experimentelle und angewandte Psychologie, 1978, 25, S. 246-272

Schneider, K. Motivation unter Erfolgsrisiko. Göttingen 1973

Schneider, K. Leistungsmotiviertes Verhalten als Funktion von Motiv, Anreiz und Erwartung. In: Schmalt, H. D. u. Meyer, W.-U. (Hrg.), Leistungsmotivation und Verhalten. Stuttgart 1976, S. 33-60

Schneider, K. Leistungsmotive, Kausalerklärungen für Erfolg und Mißerfolg und erlebte Affekte nach Erfolg und Mißerfolg. Zeitschrift für experimentelle und angewandte Psychologie, 1977, 24, S. 613-637

Schneider, K. Die Wirkung von Erfolg und Mißerfolg auf die Leistungen bei einer visuellen Diskriminationsaufgabe und auf physiologische Anstrengungsindikatoren. Archiv für Psychologie, 1978, 130, S. 69-88

Schneider, K. u. Eckelt, D. Die Wirkung von Erfolg und Mißerfolg auf die Leistung bei einer einfachen Vigilanzaufgabe. Zeitschrift für experimentelle und angewandte Psychologie, 1975, 22, S. 263-289

Schneider, K. u. Heggemeier, D. Die Wirkung von Erfolg und Mißerfolg auf die Güte- und Mengenleistung bei motorischen Aufgaben in Abhängigkeit von der überdauernden Leistungsmotivation. Zeitschrift für experimentelle und angewandte Psychologie, 1978, 25, S. 291-301

Schopler, J. u. Layton, B. Determinants of the self-attribution of having influenced another person. Journal of Personality and Social Psychology, 1972, 22, S. 326-332

Schwarzer, R. Bezugsgruppeneffekte in schulischen Umwelten. Zeitschrift für empirische Pädagogik, 1979, 3, S. 153-166

Seligman, M. E. P. Helplessness: On depression, development, and death. San Francisco 1975

Semin, G. R. A gloss on attribution theory. British Journal of Social and Clinical Psychology, 1980, 19, S. 291-300

Shaklee, H. Development in inferences of ability and task difficulty. Child Development, 1976, 47, S. 1051-1057 ˙

Shaver, K. G. Defensive attribution: Effects of severity and relevance on the responsibility assigned for an accident. Journal of Personality and Social Psychology, 1970, 14, S. 101-113

Shaver, K. G. An introduction to attribution processes. Cambridge/Mass. 1975

Shaver, K. G. Back to basics: On the role of theory in the attribution of causality. In: Harvey, J. H., Ickes, W. J. u. Kidd, R. F. (Eds.), New directions in attribution research, Vol. 3, Hillsdale, N. J. 1981 (im Druck)

Sherrod, D. R. u. Downs, R. Environmental determinants of altruism: The effects of stimulus overload and perceived control on helping. Journal of Experimental Social Psychology, 1974, 10, S. 468-479

Shovar, N. u. Carlston, D. Reactions to attributional self-presentations. Paper presented at the Annual Meeting of the Midwestern Psychological Association. Chicago 1979

Shrauger, J. S. Self-esteem and reactions to being observed by others. Journal of Personality and Social Psychology, 1972, 23, S. 192-200

Shrauger, J. S. Responses to evaluation as a function of initial self-perceptions. Psychological Bulletin. 1975, 82, S. 581-596

Shrauger, J. S. u. Lund, A. K. Self-evaluation and reactions to evaluations from others. Journal of Personality, 1975, 43, S. 94-108

Shrauger, J. S. u. Osberg, T. M. The relationship of time investment and task outcome to causal attributions and self-esteem. Journal of Personality, 1980, 48, 360-378

Shultz, T. R., Butkowsky, I., Pearce, J. W. u. Shanfeld, H. Development schemes for the attribution of multiple psychological causes. Developmental Psychology, 1975, 11, S. 502-510

Sicoly, F. u. Ross, M. Facilitation of ego-biased attributions by means of self-serving observer feedback. Journal of Personality and Social Psychology, 1977, 35, S. 734-741

Sigall, H. u. Gould, R. The effects of self-esteem and evaluator demandingness on effort expenditure. Journal of Personality and Social Psychology,, 1977, 35, S. 12-20

Singh, R., Gupta, M. u. Dalal, A. K. Cultural difference in attribution of performance: An integration-theoretical analysis. Journal of Personality and Social Psychology, 1979, 37, S. 1342-1351

Skinner, B. F. Science and human behavior. New York 1953

Smith, E. R. u. Miller, F. D. Limits on perception of cognitive processes: A reply to Nisbett and Wilson. Psychological Review, 1978, 85, S. 355-362

Smith, M. C. Children's use of the multiple sufficient cause scheme in social perception. Journal of Personality and Social Psychology, 1975, 32, S. 737-747

Snyder, M. The self-monitoring of expressive behavior. Journal of Personality and Social Psychology, 1974, 30, S. 526-537

Snyder, M. Seek, and ye shall find: Testing hypotheses about other people. In: Higgins, E. T., Herman, C. P., Zanna, M. P. (Eds.), Social cognition: The Ontario symposium on personality and social psychology. Hillsdale, N. J. 1981 (in press)

Snyder, M. u. Campbell, B. Testing hypotheses about other people: The role of hypothesis. Personality and Social Psychology Bulletin 1980, 6, S. 421-426

Snyder, M. u. Gangestad, S. Hypothesis-testing processes. In: Harvey, J. H., Ickes, W. J. u. Kidd, R. F. (Eds.), New directions in attribution research, Vol. 3, Hillsdale, N. J. 1981 (in press)

Snyder, M. u. Swann (Jr.), W. B. Hypothesis-testing processes in social interaction. Journal of Personality and Social Psychology, 1978, 36, S. 1202-1212

Snyder, M. L., Smoller, B., Strenta, A. u. Frankel, A. A comparison of egotism, negativity, and learned helplessness as explanations for poor performance after unsolvable problems. Journal of Personality and Social Psychology, 1981, 40, S. 24-30

Snyder, M. L., Stephan, W. G. u. Rosenfield, D. Egotism and attribution. Journal of Personality and Social Psychology, 1976, 33, S. 435-441

Snyder, M. L., Stephan, W. G. u. Rosenfield, D. Attributional egotism. In: Harvey, J. H., Ickes, W. u. Kidd, R. F. (Eds.), New directions in attribution research, Vol. 2, Hillsdale 1978, S. 91-117

Snyder, M. L. u. Wicklund, R. A. Attribute ambiguity. In: Harvey, J. H., Ickes, W. J. u. Kidd, R. F. (Hrg.), New directions of attribution research, Vol. 3, Hillsdale, N. J. 1981, S. 197-221

Sohn, D. Affect-generating powers of effort and ability self attributions of academic success and failure. Journal of Educational Psychology, 1977, 69, S. 500-505

Solomon, S. Measuring dispositional and situational attributions. Personality and Social Psychology Bulletin, 1978, 4, S. 589-594

Spink, K. S. Correlation between two methods of assessing causal attribution. Perceptual and Motor Skills, 1978, 46, S. 1173-1174

Stephan, C., Burnam, M. A. u. Aronson, E. Attribution for success and failure after cooperation, competition, or team competition. European Journal of Social Psychology, 1979, 9, S. 109-114

Stephan, W. G. u. Gollwitzer, P. M. Affect as a mediator of attributional egotism. Paper presented at the annual meeting of the APA, New York City 1979

Storms, M. D. Videotape and the attribution process: Reversing actors' and observers' points of view. Journal of Personality and Social Psychology, 1973, 27, S. 165-175

Suls, J. u. Mullen, B. Life events, perceived control and illness: The role of uncertainty. Journal of Human Stress, 1981, 7, S. 30-34

Swann (Jr.), W. B. u. Pittman, T. S. Initiating play activity of children: The moderating influence of verbal cues on intrinsic motivation. Child Development, 1977, 48, S. 1128-1132

Teglasi, H. Sex-role orientation, achievement motivation, and causal attributions of college females. Sex Roles, 1978, 4, S. 381-397

Tennen, H. u. Eller, S. J. Attributional components of learned helplessness and facilitation. Journal of Personality and Social Psychology, 1977, 35, S. 265-271

Tetlock, P. E. The social consequences of defensive and counterdefensive attributions. Paper presented at the annual meeting of the APA, New York 1979

Therrien, S. Teachers' attributions of student ability. Alberta Journal of Educational Research, 1976, 22, S. 205-215

Thorndike, R. Review of Pygmalion in the classroom. American Educational Research Journal, 1968, 5, S. 708-711

Thornton, J. W. u. Jacobs, P. D. Learned helplessness in human subjects. Journal of Experimental Psychology, 1971, 87, S. 376-372

Thornton, J. W. u. Jacobs, P. D. The facilitating effects of prior inescapable/ unavoidable stress on intellectual performance. Psychonomic Science, 1972, 26, S. 185-187

Tyler, T. u. Devinitz, V. Self-serving bias in the attribution of responsibility:

Cognitive versus motivational explanations. Journal of Experimental Social Psychology, 1981, 17, S. 408-416

Valle, V. A. The effect of the stability of attributions on future expectations. Personality and Social Psychology Bulletin, 1974, 1, S. 97-99

Valle, V. A. u. Frieze, I. H. Stability of causal attributions as a mediator in changing expectations for success. Journal of Personality and Social Psychology, 1976, 33, S. 579-587

Walster, E. Assignment of responsibility for an accident. Journal of Personality and Social Psychology, 1966, 3, S. 73-79

Weary, G. u. Arkin, R. M. Attributional self-presentation. In: Harvey, J. H., Ickes, W. J. u. Kidd, R. F. (Eds.), New directions in attribution research, Vol. 3, Hillsdale, N. J. 1981 (in press)

Weiner, B. Theories of motivation. From mechanism to cognition. Chicago 1972

Weiner, B. Die Wirkung von Erfolg und Mißerfolg auf die Leistung. Stuttgart 1975

Weiner, B. An attributional approach for educational psychology. In: Shulman, L. (Ed.), Review of research in education. Itaska, Ill. 1976, S. 179-209

Weiner, B. Attribution and affect: Comments on Sohn's critique. Journal of Educational Psychology, 1977, 69, S. 506-511

Weiner, B. A theory of motivation for some classroom experiences. Journal of Educational Psychology, 1979, 71, S. 3-25

Weiner, B. A cognitive (attribution) – emotion – action model of motivated behavior: An analysis of jugdments of help-giving. Journal of Personality and Social Psychology, 1980a, 39, S. 186-200

Weiner, B. The role of affect in rational (attributional) approaches to human motivation. Educational Researcher, 1980b, S. 4-11

Weiner, B. May I borrow your class notes? An attributional analysis of jugdments of help giving in an achievement-related context. Journal of Educational Psychology, 1980c, 72, S. 676-681

Weiner, B. The emotional consequences of causal ascriptions. Los Angeles 1981 (Unpublished manuscript)

Weiner, B., Graham, S. u. Chandler, C. An attributional analysis of pity, anger, and guilt. Los Angeles 1981a (Unpublished manuscript)

Weiner, B., Graham, S. Stern, P. U. Lawson, M. E. Using affective cues to infer causal thoughts. Los Angeles 1981b (Unpublished manuscript)

Weiner, B., Heckhausen, H., Meyer, W.-U. u. Cook, R. E. Causal ascriptions and achievement behavior: A conceptual analysis of effort and reanalysis of locus of control. Journal of Personality and Social Psychology, 1972, 21, S. 239-248

Weiner, B. u. Kukla, A. An attributional analysis of achievement motivation. Journal of Personality and Social Psychology, 1970, 15, S. 1-20

Weiner, B. u. Kun, A. The development of causal attributions and the growth of achievement and social motivation. Los Angeles 1976 (Unpublished manuscript)

Weiner, B. u. Litman-Adzies, T. An attributional, expectancy-value analysis of learned helplessness and depression. In: Garber, J. u. Seligman, M. E. P. (Eds.), Human helplessness: Theory and applications. New York (in press)

Weiner, B., Nierenberg, R. u. Goldstein, M. Social learning (locus of control) versus attributional (causal stability) interpretations of expectancy of success.

Journal of Personality, 1976, 44, S. 52-68

Weiner, B., Russell, D. u. Lerman, D. The cognition-emotion process in achievement-related contexts. Journal of Personality and Social Psychology, 1979, 7, S. 1211-2220

Weiner, B. u. Sierad, J. Misattribution for failure and enhancement of achievement strivings. Journal of Personality and Social Psychology, 1975, 31, S. 415-421

Weinert, F. E., Knopf, M. u. Storch, C. Erwartungsbildung bei Lehrern. In: Hofer, M. (Hrg.), Informationsverarbeitung und Entscheidungsverhalten von Lehrern. München 1981, S. 157-191

Weisz, J. R. Perceived control and learned helplessness among mentally retarded and nonretarded children: A development analysis. Developmental Psychology, 1979, 15, S. 311-319

Weisz, J. R. Effects of the "mentally retarded" label on adult jugdments about child failure. Journal of Abnormal Psychology, 1981, 90, S. 371-374

Wells, G. L. u. Harvey, J. H. Do people use consensus information in making causal attributions? Journal of Personality and Social Psychology, 1977, 35, S. 279-293

White, P. Limitations on verbal reports of internal events: A refutation of Nisbett and Wilson and of Bem. Psychological Review, 1980, 87, S. 105-112

White, R. W. Motivation reconsidered: The concept of competence. Psychological Review, 1959, 66, S. 297-333

Wicklund, R. A. Objective self-awareness. In: Berkowitz, L. (Ed.), Advances in experimental social psychology, Vol. 8, New York 1975, S. 233-275

Wiley, M. G. u. Esklison, A. Why did you learn in school today? Teachers' perceptions of causality. Sociology of Education, 1978, 51, S. 261-269

Williams, B. W. Reinforcement, behavior constraint, and the overjustification effect. Journal of Personality and Social Psychology, 1980, 39, S. 599-614

Wine, J. Test anxiety and direction of attention. Psychological Bulletin, 1971, 76, S. 92-104

Wollert, R. W. Expectancy shifts and expectancy confidence hypothesis. Journal of Personality and Social Psychology, 1979, 37, S. 1888-1901

Wong, P. T. P. u. Weiner, B. When people aks "why" questions, and the heuristics of attributional search. Journal of Personality and Social Psychology, 1981, 40, S. 650-663

Wortman, C. B. Causal attributions and personal control. In: Harvey, J. H., Ickes, W. J. u. Kidd, R. F. (Eds.), New directions in attribution research, Vol. 1, Hillsdale, Ill. 1976, S. 23-52

Wortman, C. B. u. Brehm, J. W. Responses to uncontrollable outcomes: An integration of reactance theory and the learned helplessness model. In: Berkowitz, L. (Ed.), Advances in experimental social psychology, Vol. 8, New York 1975, S. 277-336

Wortman, C. B., Panciera, L., Shusterman, L. u. Hibscher, J. Attributions of causality and reactions to uncontrollable outcomes. Journal of Experimental Social Psychology, 1976, 12, S. 301-316

Younger, J. C., Arrowood, A. J. u. Hemsley, G. And the lucky shall inherit the earth: Perceiving the causes of financial success and failure. European Journal of Social Psychology, 1977, 7, S. 509-515

Younger, J. C., Earn, B. M. u. Arrowood, A. J. Happy accidents: Defensive attribution or rational calculus? Personality and Social Psychology Bulletin, 1978, 4, S. 52-55

Zajonc, R. B. Feeling and thinking. Preferences need no inferences. American Psychologist, 1980, 35, S. 151-175

Zigler, E. The retarded child as a person. In: Adams, H. E. u. Boardman, W. K. (Eds.), Advances in experimental clinical psychology. Elmsford, N. Y. 1971

Zuckerman, M. Use of consensus information in prediction of behavior. Journal of Experimental Social Psychology, 1978, 14, S. 163-171

Zuckerman, M. Attribution of success and failure revisited, or: The motivational bias is alive and well in attribution theory. Journal of Personality, 1979, 47, S. 245-287

Zuckerman, M. u. Lublin, B. Manual for the multiple affect adjective list. San Diego 1965

Stichwortregister